国家林业和草原局普通高等教育“十四五”重点规划教材

有机化学实验

（第 3 版）

赵汗青　梁　丹　主编

中国林业出版社
CFPH China Forestry Publishing House

内 容 简 介

本教材由 8 个部分组成：有机化学实验的基本知识，基本操作，有机化合物的制备，天然有机化合物的提取，有机化合物的基本性质，绿色有机合成及应用实验，有机化合物官能团的鉴定，微型与小型实验简介。本教材对实验的重点与难点有较详尽的注释，每个实验后均有思考题。附录中有配套资料可供查阅。

本教材可供农林和建筑类高等院校的植物生产类、动物生产类、生命科学类、食品科学与工程类、环境类和材料类本科生使用，也可供有关院校及农林科技工作者参考。

图书在版编目（CIP）数据

有机化学实验／赵汗青，梁丹主编. —3 版. —北京：中国林业出版社，2024. 1

国家林业和草原局普通高等教育“十四五”重点规划教材

ISBN 978-7-5219-2434-3

Ⅰ. ①有… Ⅱ. ①赵… ②梁… Ⅲ. ①有机化学－化学实验－高等学校－教材 Ⅳ. ①O62-33

中国国家版本馆 CIP 数据核字（2023）第 223003 号

策划编辑：高红岩
责任编辑：李树梅
责任校对：苏　梅
封面设计：睿思视界视觉设计

出版发行：中国林业出版社
（100009，北京市西城区刘海胡同 7 号，电话 83223120）
电子邮箱：cfphzbs@163. com
网址：http://www. forestry. gov. cn/lycb. html
印刷：北京中科印刷有限公司
版次：2013 年 11 月第 1 版
2018 年 8 月第 2 版
2024 年 1 月第 3 版
印次：2024 年 1 月第 1 次印刷
开本：787mm×1092mm　1/16
印张：13. 25
字数：325 千字
定价：39. 00 元

数字资源

《有机化学实验》(第3版)
编写人员

主　　编 赵汗青　梁　丹

副 主 编(按姓氏拼音排序)

明　媚　魏朝俊　吴昆明　尹立辉

编　　者(按姓氏拼音排序)

付会芬(北京建筑大学)
高　娃(北京农学院)
贾临芳(北京农学院)
焦晓林(北京城市学院)
李　萍(天津农学院)
梁　丹(北京农学院)
苗芳芳(北京农学院)
明　媚(天津农学院)
潘　虹(天津农学院)
曲江兰(北京农学院)
汪长征(北京建筑大学)
魏朝俊(北京农学院)
吴昆明(北京农学院)
夏子豪(北京农学院)
徐晓萍(天津农学院)
尹立辉(天津农学院)
于宝义(北京农学院)
张立华(北京城市学院)
张人可(北京农学院)
赵汗青(北京农学院)

主　　审 赵建庄(北京农学院)

前　言(第3版)

《有机化学实验》（第 3 版）是根据编者多年积累的有机化学实验课教学经验，同时借鉴了国内外同类实验教材的优点精心编写而成，是国家林业和草原局普通高等教育“十四五”重点规划教材。《有机化学实验》（第 2 版）出版后，广大教师使用该书开展了大量的实验教学实践和实验教学研究，并提出许多宝贵的修改意见和建议。

本书作为高校本科实验教材，紧密对接国家科教兴国战略、人才强国战略、创新驱动发展战略，强化现代化人才建设，通过实验教学，不仅培养学生基本实验技能，更重要的是培养学生独立思考能力和科学研究能力，树立科技创新和可持续发展意识，培养科技自立自强、拔尖创新人才。因此，我们对有关内容进行修改，并充实了部分实验内容，使本书内容丰富、实验形式多样，可帮助学生在掌握有机化学基础知识的同时，学会与时俱进、开拓创新。本书内容全面、编排合理，在编写过程中，力求突出以下几个特点：

（1）注重基本操作技能的训练。书中对有机化学实验基本操作技术、常用仪器的使用等内容做了详尽的说明，并配有表格和插图，便于学生有步骤、有目的地学习。

（2）注重培养学生思维能力。本书由浅入深，在基础性实验基础上编排了难度较大的提取和制备实验，以利于提高学生独立思维能力和科学研究能力。

（3）培养学生有机化学实验学习的兴趣。本书精选了与生活相关的趣味实验内容，让学生不但了解化学与生活的关系，还极大地增加了学生学习有机化学实验的兴趣。

（4）适应多元化学习需求。本书将纸质教材与数字化教材融合统一，学生可利用信息化技术和网络科技，在课堂上及课后通过扫描二维码学习实验内容，适应了学生多元化的学习需求。

本书在编写过程中参阅了部分兄弟院校正在使用的实验教材，在此对相关书籍的作者表示诚挚的谢意；同时对编者所在单位以及中国林业出版社的编辑们表示衷心的感谢。

由于编者水平有限，书中错误和不妥之处在所难免，恳请广大读者批评指正。

编　者

2023 年 4 月

前　言(第2版)

本书是普通高等教育“十三五”规划教材《有机化学》（第2版）的配套用书，也可单独作为有机化学实验教材，供高等农林院校农、林、食品、生物学科等专业本科生使用。

《有机化学实验》（第1版）自2013年出版以来，经过多所兄弟院校使用，深受师生广泛好评。在有机化学实验教学改革的多年实践中，我们认识到化学实验教学的目的不仅在于培养学生的实验操作技能和分析观察能力，更重要的是通过实验教学提高学生的综合素养，培养学生独立思考能力、科研创新能力以及严谨求实的科学态度。为更好地培养高素质创新型农科人才，编委们根据几年来教材使用的反馈情况，对本书内容进行研讨、修订。《有机化学实验》（第2版）主要在以下几方面进行了修订：

（1）修改了某些实验中的试剂用量、仪器规格、操作方法等，以利于减少污染、节省药品、取得更好的实验效果。

（2）修改了有机化学实验基本知识的个别内容和部分仪器及其使用方法。

（3）增加了一些反映学科前沿、紧密结合农业生产实际或日常生活的综合性、研究性实验。

参加本书修订的教师来自北京农学院、天津农学院、北京建筑大学、西藏农牧学院和北京城市学院。初稿完成后，经过主编、副主编审稿和修改，最后由主编赵建庄通读定稿。

本书在修订过程中参阅了大量有机化学实验教材，在此对相关书籍的作者表示感谢；同时对编者所在学校的相关教师及中国林业出版社的大力支持表示诚挚的谢意。

在修订过程中虽力求教材质量有新的提高，但书中难免存在错误和不足之处，敬请专家和读者批评指正。

编　者

2018年4月

前　言(第1版)

本书是普通高等教育“十二五”规划教材，按照我国《高等教育面向21世纪教育内容和课程体系改革计划》的基本要求，结合学生的实际学习情况而编写的。参编教师具有多年的教学经验，同时借鉴了国内同类实验教材的优点，以期内容翔实、重点突出、实验难点解析清楚、针对性和指导性强。本书可供农、林、水高等院校和其他生物学科各专业本科生使用，也可供有关院校及农林科技工作者参考。

有机化学是一门以实验为基础的学科，许多有机化学理论和规律是对大量实验资料进行分析、概括、综合、总结而成的。有机化学实验又为理论的完善和发展提供了依据。“有机化学实验”是学生学习“有机化学”课程必修的一门基础实验课。通过实验加深理解有机化学的基本理论与常见化合物的重要性质和反应规律，训练基本实验操作和技能，培养大学生良好的实验素质。制备实验以常量为主，同时也选取了个别微型和小型实验，以减少污染、节省药品、缩短反应时间，适应我国发展循环经济、低碳经济的形势需要。

书中包括了有机化学实验的基本知识、基本操作、有机化合物的分离和提纯、色谱法、波谱技术、有机化合物的制备、天然有机化合物的提取、有机化合物的基本性质、绿色化有机合成实验及有机应用实验、有机化合物官能团的鉴定、微型与小型实验简介及附录等方面的内容。通过有机化学实验的学习，可以达到以下目的：

（1）学生通过实验获得感性知识，巩固和加深对有机化学基本理论、基础知识的理解，进一步掌握常见有机化合物的重要性质和反应规律，了解常见有机化合物的提纯和制备方法。

（2）学生通过有机化学实验基本操作和基本技能的训练，学会使用一些常用仪器。

（3）培养学生独立进行实验、组织与设计实验的能力。例如，细致观察与记录实验现象，认真测定与处理实验数据，正确阐述实验结果等。

（4）培养学生严谨的科学态度和良好的实验作风。“有机化学实验”课程还为学生学习后续课程、参与实际工作和进行科学研究打下良好的基础。

参加本书编写的教师来自北京农学院、天津农学院、西藏大学农牧学院等。

本书在编写过程中参阅了大量实验教材，在此对相关书籍的作者表示感谢；同时对编者所在学校有关领导以及中国林业出版社编辑的大力支持表示感谢。

限于编者水平，书中错误和不妥之处在所难免，恳请广大读者批评指正。

编　者

2013 年 8 月

目　录

第1部分　有机化学实验的基本知识

第2部分　基本操作

第 3 部分 有机化合物的制备

第 4 部分 天然有机化合物的提取

第 5 部分 有机化合物的基本性质

第 6 部分 绿色有机合成及应用实验

第 7 部分 有机化合物官能团的鉴定

第8部分 微型与小型化学实验简介

第 1 部分
有机化学实验的基本知识

一、有机化学实验室规则

有机化学是一门实验性很强的学科。实验在有机化学的学习中占有重要的地位，因此必须认真做好每一个实验。为保证实验的正常进行、养成良好的实验习惯及培养严谨的科学态度，要求学生必须遵守下列规则。

(1)实验前必须认真预习有关的实验内容，做好预习笔记。通过预习，要明确实验目的和要求，了解实验的基本原理、步骤和操作技术，熟悉实验所需的药品、仪器和装置，重视实验中的注意事项。

(2)进入实验室后，必须遵守实验室的纪律和各项规章制度。实验中不要大声喧哗、不乱拿乱放、不将公物带出实验室，借用公物要自觉归还，损坏东西要如实登记，发现问题要及时报告。

(3)操作实验要严格按照操作规程进行。仔细观察，积极思考，及时准确、实事求是地做好实验记录。

(4)听从教师和实验室工作人员的指导，若有疑难问题或发生意外事故必须立即报告教师，以便及时解决和处理。

(5)实验中应始终保持实验室的卫生，做到桌面、地面、水槽和仪器“四净”。

(6)严格控制药品的规格和用量，节约用水、用电。

(7)实验完毕，必须及时做好整理工作，清洗仪器并放到指定位置、处理废物、检查安全、做好记录并交给教师，待教师签字后方可离开实验室。

(8)每次做完实验，必须认真写出实验报告。

二、有机化学实验室的安全知识

在有机化学实验中，经常使用易燃试剂(如乙醚、丙酮、乙醇、苯、乙炔和苦味酸等)、有毒试剂(如苯肼、硝基苯和氰化物等)、有腐蚀性的试剂(如浓硫酸、浓盐酸、浓硝酸、溴和烧碱等)，而且仪器多为玻璃制品，若使用不当或不加小心，很可能发生着火、烧伤、爆炸、中毒等事故。为了防止意外事故的发生，使实验顺利进行，必须要求学生除了严格遵守操作规程外，还必须熟悉各种仪器、药品的性能和一般事故的处理等实验室安全知识。

(一)实验时注意的事项

(1)实验开始前，应认真进行预习，掌握实验操作；仔细检查仪器是否完整，仪器装置是否安装正确、平稳。

(2)熟悉实验室内水、电、煤气的开关，了解试剂和仪器的性能。

(3)实验中所用的药品，不得随意遗弃，使用后必须放回原处。对反应中产生的有毒气体、实验中产生的废液，应按规定处理。

(4)实验过程中不得擅离岗位，实验室内严禁吸烟、饮食。

(5)熟悉使用各种安全用具(如灭火器、沙桶和急救箱等)。

(6)实验进行中，要认真观察、思考，如实记录实验情况。

(7)进行有危险性的实验时应佩戴防护眼镜、面罩和手套等防护用具或在通风橱中完成。

(二)事故的预防和处理

1. 火灾

为避免发生火灾，必须注意以下几点：

(1)对易挥发和易燃物，切勿乱倒，应专门回收处理。

(2)处理易燃试剂时，应远离火源，不能用烧杯等广口容器盛放易燃溶剂，更不能用明火直接加热。

(3)实验室不得存放大量易燃物。

(4)仔细检查实验装置、煤气管道是否破损漏气。

实验室如果发生着火事故，应沉着冷静及时采取措施。首先，应立即关闭煤气，切断电源，熄灭附近所有火源，迅速移开周围易燃物质，再用沙土或石棉布将火盖熄。一般情况下严禁用水灭火。衣服着火时，应立即用石棉布或厚外衣盖熄；火势较大时，应卧地打滚。

除干沙土、石棉常备物品外，还常用灭火器灭火。实验室常备以下3种灭火器：

(1)二氧化碳灭火器　常用于扑灭油脂、电器及其他贵重物品着火。

(2)四氯化碳灭火器　常用于扑灭电器内或电器附近着火。但在使用四氯化碳灭火器时要注意，因四氯化碳高温时能生成剧毒的光气，且与金属钠接触会发生爆炸，故不能在狭小和通风不良的实验室中使用。

(3)泡沫灭火器　内装含发泡剂的碳酸氢钠溶液和硫酸铝溶液，使用时，有液体伴随大量的二氧化碳泡沫喷出，因泡沫能导电，注意不能用于电器灭火。

无论使用何种方法灭火，都应从火的四周开始向中心灭火。

2. 爆炸

实验中由于违章使用易燃易爆物，或仪器堵塞、安装不当及化学反应剧烈等，均能引起爆炸。为了防止爆炸事故的发生，应严格注意以下几点：

(1)某些化合物如过氧化物、干燥的金属炔化物等，受热或剧烈震动易发生爆炸。使用及贮运中应远离火源，同时避免撞击、震荡和摩擦。

(2)仪器装置安装不正确，也会引起爆炸。因此，常压操作时，安装仪器的全套装置必须与大气相通，不能造成密闭体系。减压或加压操作时，注意仪器装置能否承受其压力，装置安装完毕后，应做空白实验，实验中应随时注意体系压力的变化。

(3)若遇反应过于剧烈，致使某些化合物因受热分解，体系热量和气体体积突增而发生爆炸，通常可用冷冻、控制加料等措施缓和反应。

3. 中毒

化学药品大多有毒，因此实验中要注意以下几点，以防止中毒。

(1)剧毒药品绝对不能用手直接接触。使用完毕后，应立即洗手，并将该药品严密封存。

(2)进行可能产生有毒或腐蚀性气体的实验时，应在通风橱内操作，也可用气体吸收装置吸收有毒气体。

(3)所有沾染过有毒物质的器皿，实验完毕后，要立即进行消毒处理和清洗。

此外，装配玻璃仪器时，注意不要用力过猛；所有玻璃断面应烧熔，消除棱角，防止割伤。应避免皮肤直接接触高温和腐蚀性物质，以免灼伤。

(三)急救常识

1. 玻璃割伤

若玻璃割伤为轻伤，应立即挤出污血，用消毒过的镊子取出玻璃碎片，再用蒸馏水洗净伤口，涂上碘酒或红药水，最后用绷带包扎。伤口如果较大，应立即用绷带扎紧伤口上部，以防止大量出血，立即送医院治疗。

2. 火伤

若火伤为轻伤，应在伤处涂玉树油或蓝油烃油膏；重伤者，立即送医院治疗。

3. 灼伤

灼伤后应立即用大量水冲洗患处，再根据具体情况，选用下列方法处理后，立即送往医院治疗。

(1)酸液、碱液或溴溅入眼中　立即用大量水冲洗；若为酸液，再用1%碳酸氢钠溶液冲洗；若为碱液，再用1%硼酸溶液冲洗。若为溴，则用1%碳酸氢钠溶液冲洗，最后用水冲洗。

(2)皮肤被酸、碱或溴液灼伤　立即用大量水冲洗；若为酸液，再用3%～5%碳酸氢钠溶液冲洗；若为碱液，再用1%乙酸(醋酸)洗；最后均用水洗，涂上烫伤油膏。若为溴，用石油醚或乙醇(酒精)擦洗，再用2%硫代硫酸钠溶液洗至伤处呈白色，然后涂上甘油按摩。

4. 中毒

化学药品大多具有不同程度的毒性，如果不小心皮肤或呼吸道接触到有毒药品，造成中毒，解毒方法要视具体情况而定。

(1)腐蚀性毒物　无论强酸还是强碱，先饮用大量的温开水。对酸，再服氢氧化铝胶、鸡蛋白；对碱，则服用醋、酸果汁或鸡蛋白。无论酸还是碱中毒，都要灌注牛奶，不要服用呕吐剂。

(2)刺激性及神经性毒物　可先服牛奶或鸡蛋白使之缓解，再用约30 g硫酸镁溶于一杯水中，服用催吐。也可用手按压舌根促使呕吐，随即送医院。

(3)有毒气体　先将中毒者移到室外，解开衣领和纽扣。对吸入少量氯气或溴气者，可用碳酸氢钠溶液漱口。

5. 急救药箱

为了及时处理事故，实验室中应备有急救药箱。箱内置有下列物品：

(1)绷带、白纱布、止血膏、医用镊子、药棉、剪刀和橡皮管等。

(2)医用凡士林、玉树油或蓝油烃油膏、獾油、碘酒、紫药水、乙醇、磺胺药物和甘油等。

(3)1%及3%～5%碳酸氢钠溶液、2%硫代硫酸钠溶液、1%乙酸溶液、1%硼酸溶液和硫酸镁等。

三、常用玻璃仪器简介

使用玻璃仪器时，要轻拿轻放。除试管、烧杯和各种烧瓶外，都不能用火直接加热；厚壁器皿(如抽滤瓶)均不能加热；锥形瓶不能用于减压系统；有刻度的计量容器(如量筒)不能高温烘烤；带旋塞的玻璃仪器用完洗净后，应在旋塞与磨口之间垫上纸片，以防黏着；温度计不得用于测量超过温度计刻度范围的温度，也不得作为搅拌棒使用，使用后应缓慢冷却，切勿立即用冷水冲洗，以免炸裂。

(一)常见玻璃仪器

1. 普通玻璃仪器

常用普通玻璃仪器如图1-1所示。

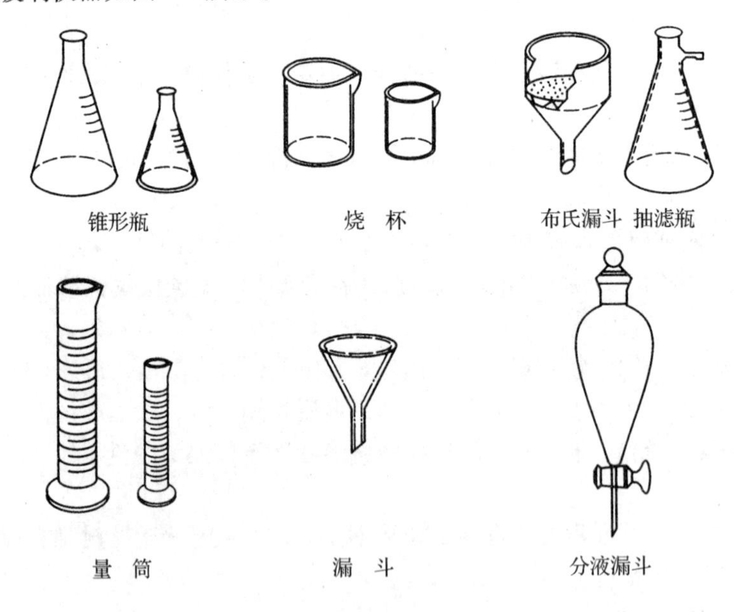

图1-1　常用普通玻璃仪器

2. 标准磨口玻璃仪器

标准磨口玻璃仪器(图1-2)是带有标准内磨口及标准外磨口的玻璃仪器，相同编号的标准内外磨口可以互相严密连接。标准磨口是根据国际通用的技术标准制造的，国内已经普遍生产和使用。现在常用的是锥形标准磨口，磨口部分的锥度为1∶10，即轴向长度$H=10$ mm，锥体大端的直径与小端直径之差$D-d=1$ mm。

短颈圆底烧瓶
短颈平底烧瓶
梨形烧瓶
梨形蒸馏烧瓶
梨形克氏蒸馏瓶
圆形克氏蒸馏瓶
圆形蒸馏烧瓶
直形三口烧瓶
斜形三口烧瓶
梨形三口烧瓶
锥形烧瓶
抽滤瓶
克氏蒸馏头75°
蒸馏头75°
二口连接管
接头(口小塞大)
球形分液漏斗
漏斗60°
恒压式筒形滴液漏斗
砂芯漏斗
刺形分馏管
(具上支管塞)
刺形分馏柱
(又称韦氏分馏柱)
直形
冷凝管
空气
冷凝管
球形
冷凝管
蛇形
冷凝管
温度计

图 1-2　常用标准磨口玻璃仪器

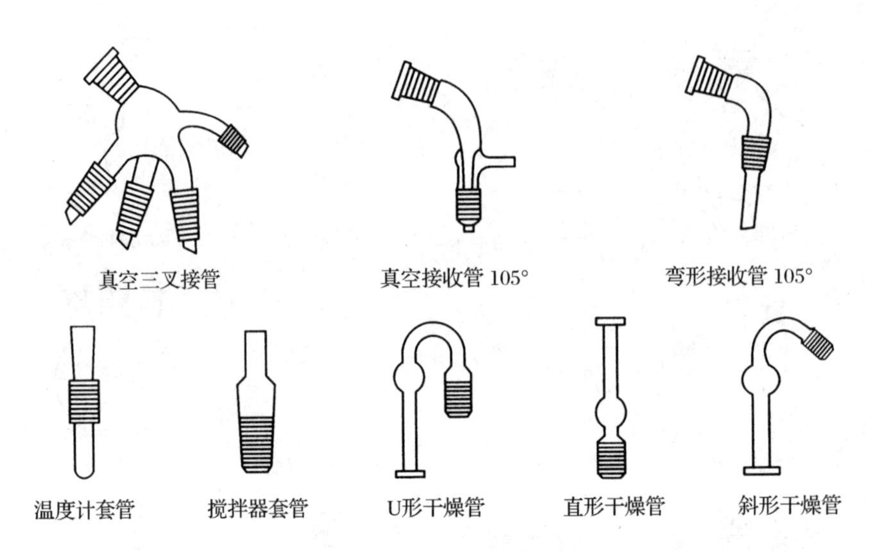

图 1-2 常用标准磨口玻璃仪器(续)

由于玻璃仪器容量及用途不同，标准磨口的大小也有不同。通常以整数数字表示磨口的系列编号，这个数字是锥体大端直径(以毫米表示)的最接近的整数。下面是常用的标准磨口系列：

编号	10	12	14	19	24	29	34
大端直径/mm	10.0	12.5	14.5	18.8	24.0	29.2	34.5

有时也用 D/H 两个数字表示磨口的规格，如 14/23，即大端直径为 14 mm，锥体长度为 23 mm。

由于磨口玻璃仪器具有一定的标准，因此使用磨口玻璃仪器时须注意以下几点：

(1)磨口处须洁净，不得黏有固体杂物，否则，对接不紧密，甚至损坏磨口。

(2)用完后立即拆卸洗净，各部件须分开存放。洗涤磨口时，可用合成洗衣粉或洗涤剂洗刷，避免用去污粉等擦洗，以免损坏磨口。带旋塞或塞子的磨口玻璃仪器，旋塞或塞子不能随意调换，应垫上纸片存放。

(3)常压下使用，无须涂润滑油，以免沾污反应物或产物。但反应中有强碱时，应涂润滑剂，以免磨口连接处受碱腐蚀黏牢。减压操作时，磨口全部表面应涂上一层薄薄的润滑脂。

(4)安装时，仪器装置要整齐、正确，使磨口连接处受力均匀，以免折断仪器。

3. 微型化学制备玻璃仪器

微型化学制备玻璃仪器如图 1-3 所示。

(二)玻璃仪器的清洗和干燥

1. 玻璃仪器的清洗

实验中所用玻璃仪器必须保持洁净，实验台面放置的玻璃仪器、用具必须整齐。实验者应养成实验完毕后立即洗净玻璃仪器的习惯，因为当时对残渣的成因和性质是清楚的，容易找出合适的处理方法。如酸性或碱性残渣，分别可用碱液或酸液处理。

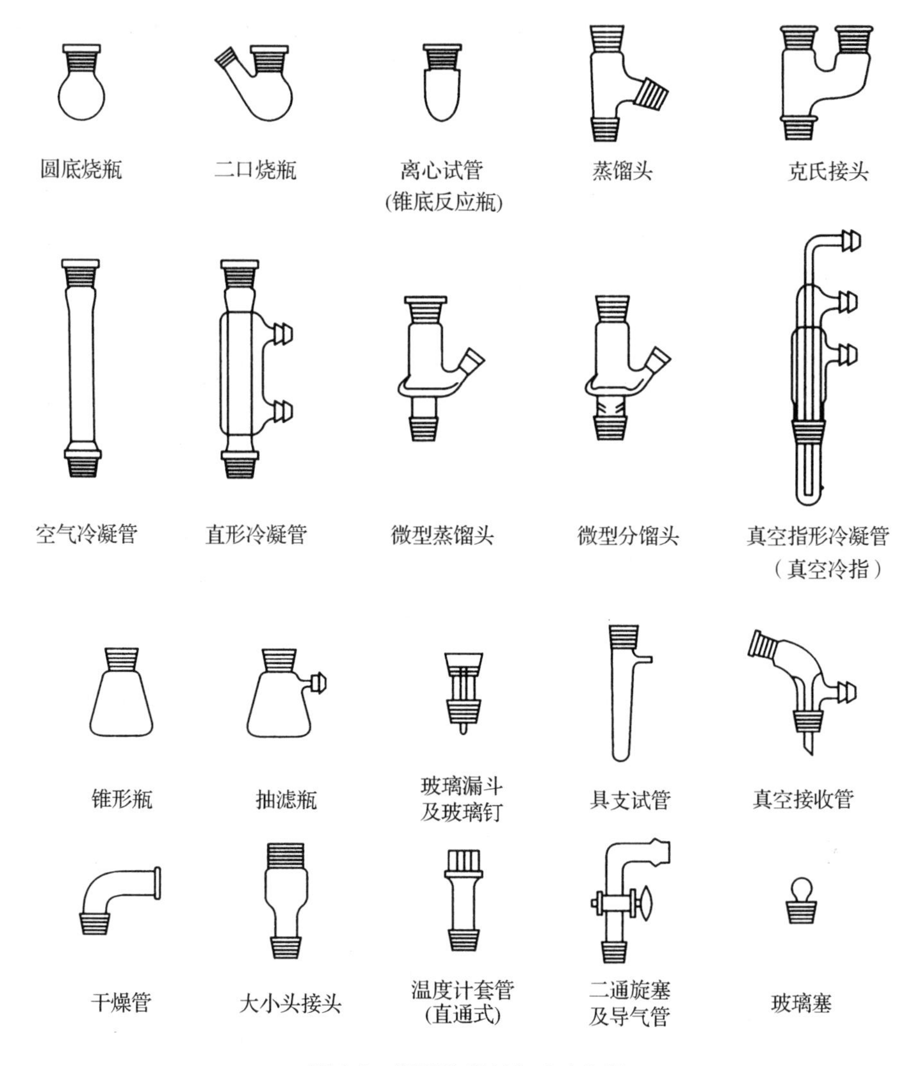

图 1-3　微型化学制备玻璃仪器

最基本的清洗方法是用毛刷和去污粉或合成洗衣粉洗刷，再用清水冲洗。若内容物是金属氧化物和碳酸盐，可用盐酸洗；银镜和铜镜可用硝酸洗；焦油和炭化残渣，若用强酸或强碱洗不掉，可采用铬酸洗液浸洗（配制方法见附录8，铬酸洗液呈红棕色，经长期使用变绿色时，即告失效。使用铬酸洗液时应避免被水稀释），有时也可用废有机溶剂清洗。

一般实验中所用玻璃仪器洗净的标志是：玻璃仪器倒置时，水流出后器壁不挂水珠。

2. 玻璃仪器的干燥

（1）晾干　洗净的玻璃仪器，在规定的地方倒置放置一段时间，自然风干，这是最常用的干燥方法。

（2）烘干　洗净的玻璃仪器，倒尽其中的水，放入烘箱。箱内温度保持在100～120℃。烘干后，停止加热，待冷却至室温取出即可。分液漏斗和滴液漏斗，要拔出旋塞或盖子后，才可加热烘干。

（3）吹干　对冷凝管和蒸馏瓶等，可用吹风机将其吹干。

(4)用有机溶剂干燥　对小体积且急需干燥的玻璃仪器可用此法。将玻璃仪器洗净后，先用少量乙醇或丙酮漂洗，然后用吹风机吹干。用过的溶剂应倒入回收瓶。

(三)塞子的配置与玻璃加工

在有机化学实验中，经常使用塞子和对玻璃管进行加工。这也是有机化学实验工作者必须具备的基本知识和技能。

1. 塞子的配置

(1)塞子的选择　有机化学实验室常用橡皮塞或软木塞来封闭瓶口和连接普通玻璃仪器的各部件，瓶塞选配得当与否，对玻璃仪器的安装和实验能否顺利进行有很大的关系。选用软木塞，其表面不得有裂纹和深洞，塞子大小应与玻璃仪器的口径相适应，塞子进入玻璃仪器口径的部分以塞子本身长度的1/2～2/3为宜(图1-4)。

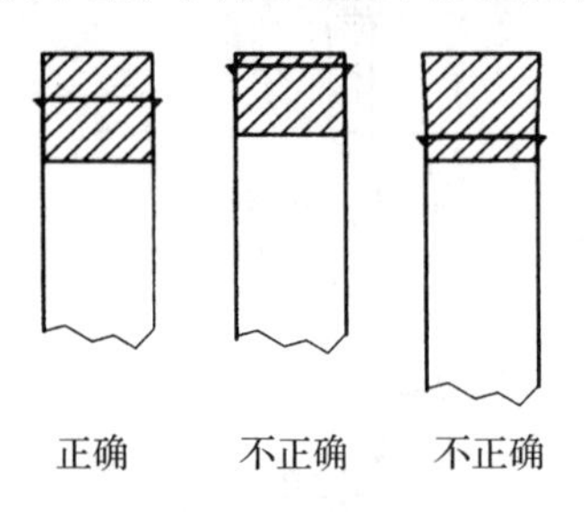

图1-4　塞子的配置

(2)塞子的保护　为了使塞子紧密、耐久和增强耐腐蚀性能，可采用下面两种方法将塞子进行处理。

①将软木塞先在3份皮胶、5份甘油和100份水的溶液中浸泡15～20 min，溶液的温度应保持在50℃。取出干燥后，再用25份凡士林和75份石蜡的熔融混合物浸泡几分钟。

②将橡皮塞放在温度为100℃的熔化石蜡中浸泡1 min。若用来通有腐蚀性气体(如氯气)的橡皮管也应这样处理。

(3)塞子的钻孔和装配　在装配玻璃仪器时，常需在塞子中插入温度计或其他玻璃管，这就需要在塞子上钻孔。钻孔的大小应保证使温度计或管子能够插入，并且不会漏气。软木塞钻孔时，打孔器的外径应略小于所装管子的口径。钻孔时，打孔器要垂直均匀地从塞子的小端旋转钻入(图1-5)，避免把孔眼打斜。当钻到塞子的1/2时，旋出打孔器，捅出其中的塞芯，再从塞子的大端对准原钻孔位置把孔钻透。若用钻孔机，要把钻头对准塞子小端的适当位置，摇动手轮，直至钻透为止，然后反向转动，退出钻头。在给橡皮塞钻孔时，钻孔器应刚好能套在要插入橡皮塞管子的外面。打孔器的前部最好敷以凡士林，使之润滑便于钻入。必要时，塞孔还可以用圆锉进行修整或稍稍扩大。

将温度计或玻璃管插入塞孔时，可先用水或甘油润滑玻璃管插入的一端，然后一手持塞子，另一手捏着玻璃管靠近塞子的部位(必要时也可戴手套或用布包着玻璃管)，逐渐旋转插入(图1-6)。如果手捏玻璃管的位置离塞子太远，操作时往往会折断玻璃管而伤手；更不能捏在弯处，该处较易折断。从塞孔拔出玻璃管时，应遵循同样原则。

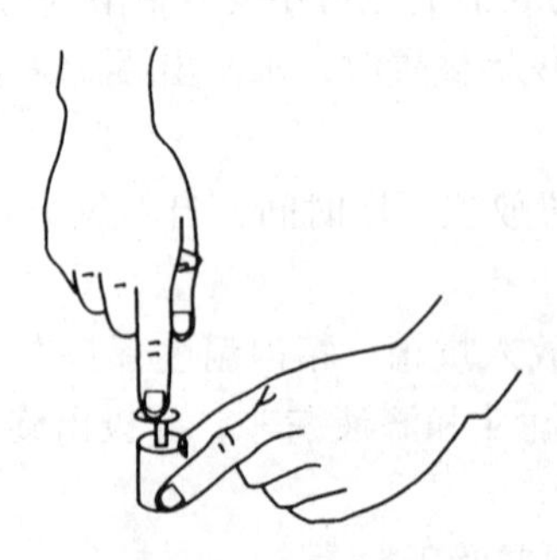

图1-5　橡皮塞的钻孔

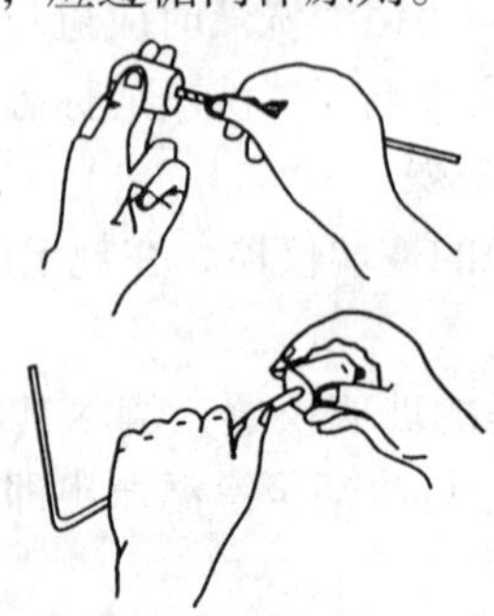

图1-6　温度计或玻璃管配塞的操作

2. 玻璃管的加工

(1)玻璃管的切割　选择干净、粗细合适的玻璃管，平放在台面上，一手捏紧玻璃管，另一手持锉刀，用锋利的边缘压在欲截断处(图 1-7)，从与玻璃管垂直的方向用力向内或向外划出一锉痕(只能按单一方向划)，然后用两手握住玻璃管，锉痕向外，两拇指压于痕口背面轻轻推压，同时两手向外拉(也可用布包住)，则玻璃管即在锉痕处断裂(图 1-8)。

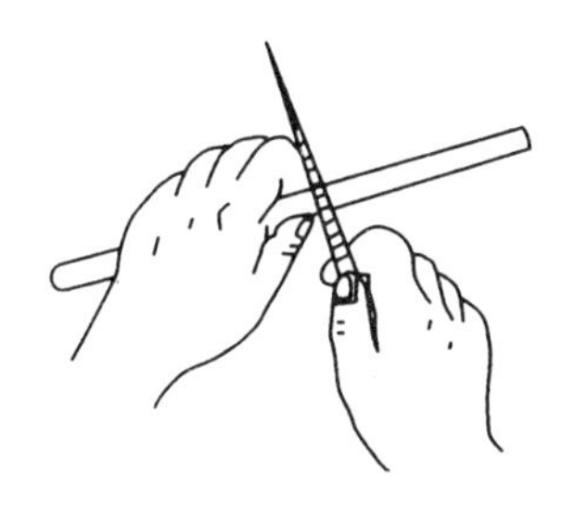

图 1-7　玻璃管的切割

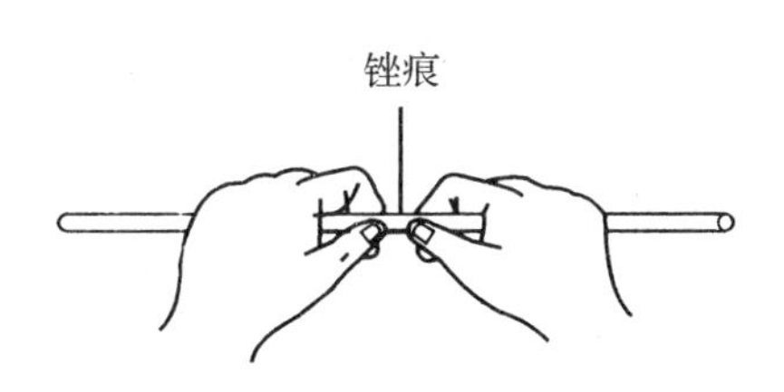

图 1-8　玻璃管的折断

截断较粗的玻璃管时，可利用玻璃管骤热、骤冷易裂的性质，采取下面的方法：将一根拉细的玻璃管末端在灯焰上加热至白炽，呈熔球状时，立即触放到用水滴湿的粗玻璃管的锉痕处，锉痕处骤然受热而断裂。

为了使玻璃管口处平滑，可用锉刀面轻轻将其锉平，或将断口放在火焰上烧熔，使之光滑。熔光方法是将断口放在氧化焰的边缘，不断转动玻璃管，烧到管口微红即可。不可烧得太久，否则会使管口变形、缩小。

(2)玻璃管的弯曲　弯玻璃管时，先将玻璃管放在火焰上左右移动预热，除去管中的水汽。然后两手持玻璃管，将需弯曲处放在火焰中加热，同时两手等速缓慢地旋转玻璃管，使之受热均匀。当玻璃管适当软化但又尚不会自动变形时，迅速离开火焰，然后轻轻地顺势弯曲至所需角度(图 1-9A)。若玻璃管要弯成较小的角度时，可分多次弯成。玻璃管弯曲部分，厚度和粗细必须保持均匀，不应在弯曲处出现瘪陷和纠结(图 1-9B)。

(3)滴管的拉制　选取粗细、长度合适的干净玻璃管，两手持玻璃管的两端，将中间部位放入喷灯火焰中加热，并不断地朝一个方向慢慢转动，使之受热均匀(图 1-10)。当玻璃管烧至颜色发黄变软时，立即离开火焰，沿水平方向慢慢地向两端拉开，待其粗细程度符合要求时停止拉伸。拉出的细管应和原来的玻璃管在同一轴上，不能歪斜，否则重新拉制(图 1-11)。待冷却后，从拉细部分的中间切断，即得 2 支滴管。然后每支在粗的一端用喷灯烧软，在石棉网上垂直下压，使端头直径稍微变大，装上橡皮乳头即可使用。

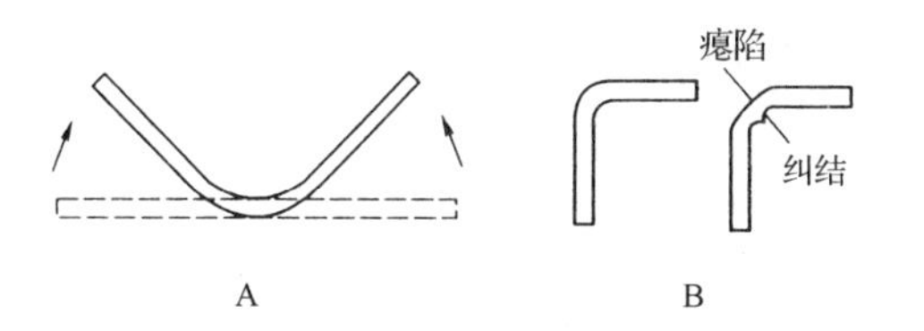

图 1-9　弯成的玻璃管

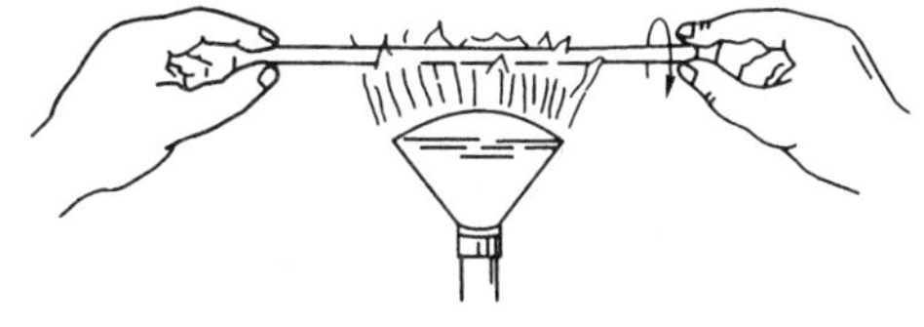

图 1-10　前后转动玻璃管，使四周受热均匀

(4)毛细管的拉制　取一支干净的细玻璃管(直径约 1 cm、壁厚约 1 mm)，放在喷灯上加热，火焰由小到大，同时不断均匀地转动玻璃管，当玻璃管被烧黄软化时，立即离开火焰，两手水平地边拉边转动，开始拉时要慢一些，然后较快地拉长，直到拉成直径约为

1 mm的毛细管(图1-12)。再把拉好的毛细管按所需长度的两倍截断，两端用小火封闭以免贮藏时有灰尘和湿气进入。使用时，从中间截断，即可作熔点管和沸点管的内管。直径为0.1 mm左右的毛细管可用于制作层析点样管。

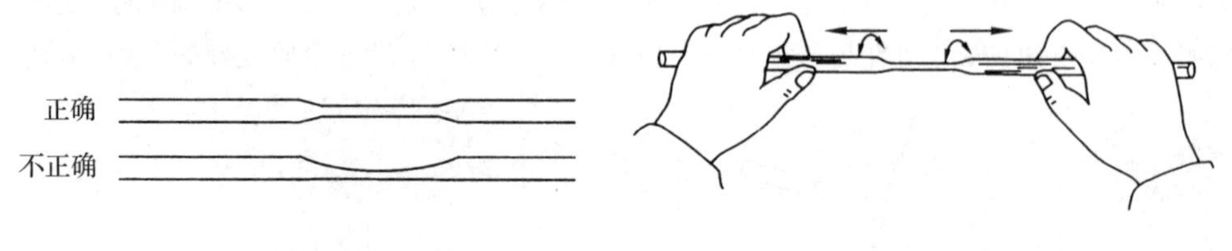

图1-11 拉细后的玻璃管　　图1-12 拉制毛细管

(四)加热和冷却

1. 加热

由于有些有机反应在常温下很难进行或反应速率很慢，因此常需要加热来使反应加速。一般反应温度每提高10℃，反应速率就相应增加2～4倍。实验室中常采用的加热方法有直接加热、水浴加热和电热套加热。

(1)直接加热　在玻璃仪器下垫石棉网进行加热。加热时，灯焰要对着石棉块，不要偏向铁丝网，否则造成局部过热、仪器受热不均匀，甚至发生仪器破损。这种加热方式只适用于沸点高且不易燃烧的物质。

(2)水浴加热　加热温度在80℃以下的可用水浴。加热时，将容器下部浸入热水中(热浴的液面高度应略高于容器中的液面)，切勿使容器接触水浴锅底。调节火焰的大小，使水浴锅中水温控制在所需的温度范围之内。如需要加热到接近100℃，可用沸水浴或水蒸气浴。由于水的不断蒸发，应注意及时补加热水。

(3)油浴加热　如果加热温度在80～250℃，可用油浴。常用于油浴中的油类见表1-1。

表1-1 常用的油浴

油　类	液状石蜡	豆油和棉籽油	硬化油	甘油和邻苯二甲酸二丁酯
可加热的最高温度/℃	220	200	250	140～180

由于油易燃，加热时油蒸气易污染实验室和着火。因此，应在油浴中悬挂温度计，随时观察和调节温度。若发现油严重冒烟，应立即停止加热。注意油浴温度不要超过所能达到的最高温度。植物油中加1%对苯二酚，可增加其热稳定性。

(4)沙浴加热　加热温度在250～350℃的可用沙浴。一般用铁盘装沙，将容器下部埋在沙中，并保持底部有薄沙层，四周的沙稍厚些。因为沙子的导热效果较差，温度分布不均匀，温度计水银球要紧靠容器。此外，也可用与容器大小一致的电热包或封闭式电炉加热。

(5)电热套加热　电热套是用玻璃纤维丝与电热丝编织成半圆形的内套，外边加上金属外壳，中间填上保温材料。根据内套直径的大小(单位：mL)分为50、100、150、200、250等规格，最大可到3000 mL。此设备不用明火加热，使用较安全。由于它的结构是半圆形的，在加热时，烧瓶处于热气流中，因此，加热效率较高。使用时应注意，不要将药品洒在电热套中，以免加热时药品挥发、污染环境，同时避免电热丝被腐蚀而断开。用完后放在干燥处，否则内部吸潮后会降低绝缘性能。

2. 冷却

在有些放热反应中，随着反应的进行，温度不断上升，反应越加猛烈，而同时副反应也增多。因此，必须用适当的冷却剂，使反应温度控制在一定范围内。此外，冷却也用于减小某化合物在溶剂中的溶解度，以便得到更多的结晶。

根据冷却的温度不同，可选用不同的冷却剂。最简单的方法是将反应容器浸在冷水中。若反应要求在室温以下进行，可选用冰或冰 - 水作冷却剂。若水对整个反应无影响，也可将冰块直接投入反应容器内。

如果要进行0℃以下的冷却，可用碎冰加无机盐的混合物作冷却剂(表1-2)。注意：在制备冷却剂时，应把盐研细，再与冰按一定比例混合。

固体二氧化碳(干冰)和某些有机溶剂(乙醇、氯仿等)混合，可得更低温度(-78～-50℃)。当冷却温度低于-38℃时，不能用水银温度计，应使用内装有机液体的低温温度计。

表1-2　冰盐冷却剂

盐　类	100 g碎冰中加入盐/g	能达到的最低温度/℃
NH_4Cl	25	-15
$NaNO_3$	50	-18
NaCl	33	-21
$CaCl_2 \cdot 6H_2O$	100	-29
$CaCl_2 \cdot 6H_2O$	143	-55

(五)干燥

干燥是指除去固体、液体和气体内少量水分(也包括除去有机溶剂)。有机化学实验中，干燥是既普遍又重要的基本操作之一。例如，样品的干燥与否直接影响熔点、沸点测定的准确性；有些有机反应，要求原料和产品“绝对”无水，为防止在空气中吸潮，在与空气相通的地方，还必须安装各种干燥管。因此，对干燥操作必须严格要求，认真对待。

干燥方法一般可分为物理法和化学法。

物理法有吸附、分馏和共沸蒸馏等。此外，离子交换树脂和分子筛也常用于脱水干燥。离子交换树脂是一种不溶于水、酸、碱和有机物的高分子聚合物。分子筛是多水硅铝酸盐晶体，因它们内部都有许多空隙或孔穴，可以吸附水分子。加热后，又释放出水分子，故可反复使用。

化学法是用干燥剂去水。按其去水作用可分为两类：第一类与水可逆地结合生成水合物，如无水氯化钙、无水硫酸镁等；第二类与水不可逆地生成新的化合物，如金属钠、五氧化二磷等。实验中，应用较广的是第一类干燥剂。

1. 液态有机化合物的干燥

(1)利用分馏或生成共沸混合物去水　对于不与水生成共沸混合物的液体有机物，若其沸点与水相差较大，可用精密分馏柱分开。还可利用某些有机物与水形成共沸混合物的特性，向待干燥的有机物中加入另一些有机物，由于该有机物与水所形成的共沸混合物的共沸点低于待干燥有机物的沸点，蒸馏时可逐渐将水带出，从而达到干燥的目的。

(2)使用干燥剂去水

①干燥剂的选择：选择干燥剂时，除考虑干燥效能外，还应注意下列几点。

——不能与被干燥的有机物发生任何化学反应或起催化作用；

——不溶于该有机物中；

——干燥速度快，吸水量大，价格低廉。

通常是先用第一类干燥剂后，再用第二类干燥剂除去残留的微量水分，而且仅在要彻底干燥的情况下，才用第二类干燥剂。各类有机物常用的干燥剂见表1-3。

表1-3 各类有机物常用的干燥剂

化合物类型	干燥剂	化合物类型	干燥剂
烃	$CaCl_2$、Na、P_2O_5	酮	K_2CO_3、$CaCl_2$、$MgSO_4$、Na_2SO_4
卤代烃	$MgSO_4$、Na_2SO_4、$CaCl_2$、P_2O_5	酸、酚	$MgSO_4$、Na_2SO_4
醇	K_2CO_3、$MgSO_4$、Na_2SO_4、CaO	酯	$MgSO_4$、Na_2SO_4、K_2CO_3
醚	$CaCl_2$、Na、P_2O_5	胺	KOH、NaOH、K_2CO_3、CaO
醛	$MgSO_4$、Na_2SO_4	硝基化合物	$CaCl_2$、$MgSO_4$、Na_2SO_4

②干燥剂的性能：干燥剂的性能是指达到平衡时液体被干燥的程度。对于形成水合物的无机酸盐类干燥剂，常用吸水后结晶水的蒸气压来表示。例如，硫酸钠形成10个结晶水的水合物，其吸水容量(指单位质量干燥剂所吸的水量)达1.25；氯化钙最多能形成6个结晶水的水合物，其吸水容量达0.97，两者在25℃时结晶水的蒸气压分别为253.27 Pa及39.99 Pa。因此，硫酸钠的吸水量较大，但干燥性能弱。所以，在干燥含水量较多又不易干燥的化合物时，常先用吸水量较大的干燥剂除去大部分水，然后用干燥性能强的干燥剂。常用干燥剂的性能与应用范围见表1-4。

表1-4 常用干燥剂的性能与应用范围

干燥剂	吸水作用	吸水容量	干燥性能	干燥速度	应用范围
$CaCl_2$	形成 $CaCl_2 \cdot nH_2O$ ($n=1$、2、4、6)	0.97 (按 $n=6$ 计)	中等	较快	常用于干燥液体和气体，但不能用于醇、酚、胺、酰胺及某些醛、酮的干燥
$MgSO_4$	形成 $MgSO_4 \cdot nH_2O$ ($n=1$、2、4、5、6、7)	1.05 (按 $n=7$ 计)	较弱	较快	干燥酯、醛、酮、腈、酰胺等
Na_2SO_4	$Na_2SO_4 \cdot 10H_2O$	1.25	弱	缓慢	一般用于有机液体的初步干燥
$CaSO_4$	$CaSO_4 \cdot H_2O$	0.06	强	快	用于最后干燥(与硫酸镁配合)
KOH(NaOH)	溶于水	—	中等	快	用于干燥胺、杂环等碱性化合物
金属钠	$Na + H_2O \longrightarrow NaOH + 1/2H_2$	—	强	快	只用于干燥醚、烃类中少量水分
CaO	$CaO + H_2O \longrightarrow Ca(OH)_2$	—	强	较快	用于干燥低级醇类
P_2O_5	$P_2O_5 + 3H_2O \longrightarrow 2H_3PO_4$	—	强	快	用于干燥醚、烃、卤代烃、腈
分子筛	物理吸附	0.25	强	快	用于干燥各类有机物

③干燥剂的用量：干燥剂的用量可根据干燥剂的吸水量和水在液体中的含量以及液体的分子结构来估计。一般对于含亲水基团的化合物(如醇、醚、胺等)，干燥剂的用量要过量多些，而不含亲水基团的化合物要过量少些。由于各种因素的影响，很难规定具体的用量。大体上说，每10 mL液体需0.5～1 g干燥剂。

在干燥前，要尽量除净待干燥液体中的水，不应有任何可见水层及悬浮水珠。将液体置于锥形瓶中，加入干燥剂(其颗粒大小适宜，太大，吸水缓慢；过细，吸附有机物较多，且难以分离)，塞紧瓶口，振荡片刻，静置观察。若发现干燥剂黏结于瓶壁，应补加干燥剂。然后放置0.5 h以上，最好过夜。有时干燥前液体显浑浊，干燥后可变为澄清，以此作为水分已基本除去的标志。已干燥的液体，可直接滤入蒸馏瓶中进行蒸馏。

2. 固态有机化合物的干燥

固态有机化合物的干燥主要指除去残留在固体中的少量低沸点有机溶剂。

(1)干燥方法

①自然干燥：适用于干燥在空气中稳定、不分解、不吸潮的固体。干燥时，把待干燥的物质放在干燥洁净的表面皿或其他敞口容器中，薄薄摊开，任其在空气中通风晾干。这是最简便、最经济的干燥方法。

②加热干燥：适用于熔点较高且遇热不分解的固体。把待烘干的固体，放在表面皿或蒸发皿中，用恒温烘箱或红外灯烘干。注意加热温度必须低于固体有机物的熔点。

③干燥器干燥：凡易吸潮分解或升华的物质，最好放在干燥器内干燥。干燥器内常用的干燥剂见表1-5。

表1-5　干燥器内常用的干燥剂

干燥剂	吸去的溶剂或其他杂质
CaO	水、乙酸、氯化氢
$CaCl_2$	水、醇
NaOH	水、乙酸、氯化氢、酚、醇
浓硫酸*	水、乙酸、醇
P_2O_5	水、醇
石蜡片	醇、醚、石油醚、苯、甲苯、氯仿、四氯化碳
硅胶	水

注：*为了判断浓硫酸是否失效，通常在100 mL浓硫酸中溶解18 g硫酸钡。若浓硫酸吸水后浓度降到84%以下，有细小的硫酸钡结晶析出，就应更换浓硫酸。

(2)干燥器的类型

①普通干燥器：因其干燥效率不高且所需时间较长，一般用于保存易吸潮的药品。

②真空干燥器：其干燥效率比普通干燥器好。使用时，注意真空度不宜过高，一般以水泵抽至盖子推不动即可，启盖前必须首先缓缓放入空气，然后启盖，防止气流冲散样品。

③真空恒温干燥器：干燥效率高，特别适用于除去结晶水或结晶醇。但此法仅适用于少量样品的干燥。

3. 气体的干燥

气体的干燥主要用吸附法。

(1)用吸附剂吸水　吸附剂是指对水有较大亲和力，但不与水形成化合物，且加热后可重新使用的物质，如氧化铝、硅胶等。前者吸水量可达其质量的15%~20%；后者可达其质量的20%~30%。

(2)用干燥剂吸水　装干燥剂的仪器一般有干燥管、干燥塔、U形管及各种形式的洗气瓶。前三者装固体干燥剂，后者装液体干燥剂。根据待干燥气体的性质、潮湿程度、反应条件及干燥剂的用量，可选择不同仪器。气体干燥时常用的干燥剂见表1-6。

表1-6　气体干燥时常用的干燥剂

干燥剂	可干燥的气体
CaO、NaOH、KOH	NH_3类
$CaCl_2$	H_2、HCl、CO_2、SO_2、N_2、O_2、低级烷烃、醚、烯烃、卤代烃
P_2O_5	H_2、O_2、CO_2、SO_2、N_2、烷烃、乙烯
浓硫酸	H_2、N_2、CO_2、Cl_2、HCl、烷烃
$CaBr_2$、$ZnBr_2$	HBr

为提高干燥效果，应注意以下几点：

①用无水氯化钙、生石灰干燥气体时，应选用颗粒状干燥剂，勿用粉末状，以防吸潮后结块堵塞。

②用气体洗气瓶时，应注意进、出管口，不能接错，并调好气体流速，不宜过快。

③干燥完毕，应立即关闭各通路，以防吸潮。

四、其他常用仪器设备简介

实验室有很多仪器设备，使用时应注意安全，并保持这些设备的清洁，严禁将药品洒到设备上。若有遗洒，须马上清理。

1. 烘箱

实验室一般使用的是恒温鼓风干燥箱，主要用于干燥玻璃仪器或无腐蚀性、热稳定好的药品。使用时应先调好温度(烘玻璃仪器一般控制在100~110℃)。刚洗好的玻璃仪器应将水控干后再放入烘箱中。烘玻璃仪器时，将烘热干燥的玻璃仪器放在上边，湿玻璃仪器放在下边，以防湿玻璃仪器上的水滴到热玻璃仪器上造成玻璃仪器炸裂。热玻璃仪器取出后，不要马上碰冷的物体如冷水、金属用具等。带旋塞或具塞的玻璃仪器，应取下塞子后再放入烘箱中烘干。

2. 气流烘干器

气流烘干器(图1-13)是一种用于快速烘干仪器的设备。使用时，将仪器洗干净后，甩掉多余的水分，然后将仪器套在烘干器的多孔金属管上。注意随时调节热空气的温度。气流烘干器不宜长时间加热，以免烧坏电机和电热丝。

3. 吹风机

实验室用吹风机，主要是供纸色谱、薄层色谱溶剂挥发及玻璃仪器快速干燥用，应具有可吹冷、热风功能。不宜长时间连续吹热风，以防损坏电热丝。

4. 电动搅拌器

电动搅拌器(图1-14)用于反应器内搅拌，使用时注意接地线，正确安装电动搅拌器，使用中严禁移动。随时检查电动机发热情况，以免超负载运转而烧坏。不宜用于太黏稠液体的搅拌。

5. 磁力搅拌器

磁力搅拌器(图 1-15)主要由一个可旋转的磁铁和用玻璃或聚四氟乙烯密封的磁转子组成，仪器附有电热板，转速和温度开关均由专用电位器控制和调节。使用时，把磁转子投入反应器内，将反应器置于磁力搅拌器的托盘(电热板)上，接通电源，慢慢开启调速旋钮至合适的速度档即可；用完后，切断电源，所有旋钮应恢复到零位。注意切勿使水或反应液漏进磁力搅拌器内，以防发生短路而损坏仪器。

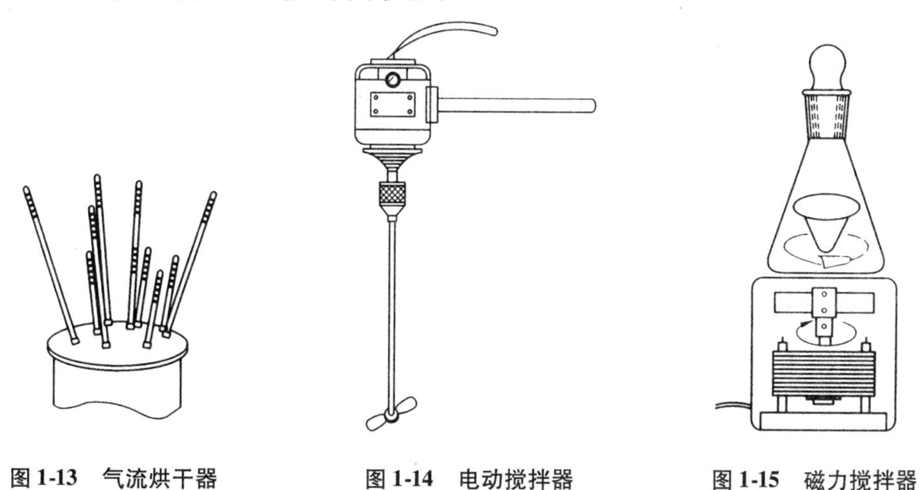

图 1-13　气流烘干器　　图 1-14　电动搅拌器　　图 1-15　磁力搅拌器

6. 调压变压器

调压变压器分为两类：一类可与电热套相连，用来调节电热套温度；另一类可与电动搅拌器相连，用来调节搅拌器速度。也可以将两种功能集中在一台仪器上，这样使用起来更为方便。但是两种仪器由于内部结构不同不能相互串用，否则会将仪器烧毁。使用时应注意以下几点：

(1)先将调压器调至零点，再接通电源。

(2)使用旧式调压器时，应注意安全，要接好地线，以防外壳带电。注意输出端与输入端不要接错。

(3)使用时，先接通电源，再调节旋钮到所需要的位置(根据加热温度或搅拌速度来调节)。调节变换时，应缓慢进行。无论使用哪种调压变压器都不能超负荷运行，最大使用量为满负荷的 2/3。

(4)用完后将旋钮调至零点，关上开关，拔掉电源插头，放在干燥通风处，应保持调压变压器的清洁，以防腐蚀。

7. 旋转蒸发器

旋转蒸发器(图 1-16)由一台电机带动可旋转的蒸发瓶(一般用圆底烧瓶)、冷凝管、接收瓶组成。可用来回收、蒸发有机溶剂。由于使用方便，在有机实验室中被广泛使用。此装置可在常压或减压下使用，可一次进料，也可分批进料。由于蒸发器在不断旋转，可免加沸石而不会暴沸。同时，液体附于壁上形成了一层液膜，加大了蒸发面积，使蒸发速度加快。使用时应注意以下几点：

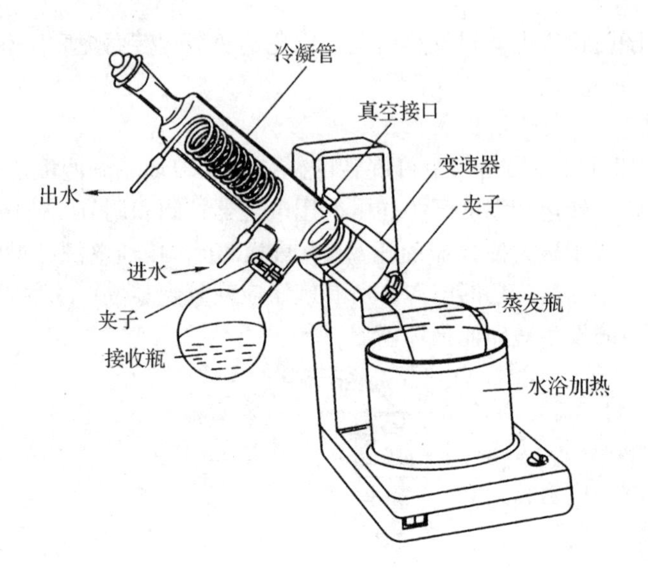

图 1-16 旋转蒸发器

(1)减压蒸馏时，当温度高、真空度高时，瓶内液体可能会暴沸。此时，及时转动真空接口处，放空活塞，通入冷空气降低真空度即可。对于不同的物料，应找出合适的温度与真空度，以平稳地进行蒸馏。

(2)停止蒸发时，先停止加热，再切断电源，最后停止抽真空。若烧瓶取不下来，可趁热用木槌轻轻敲打，以便取下。

8. 电子天平

电子天平(图 1-17)是实验室常用的称量设备，尤其在微量、半微量实验中经常使用。其设计精良，可靠耐用。它采用前面板控制，具有简单易懂的菜单，可自动关机。电源可以采用9 V 电池或随机提供的适配器。

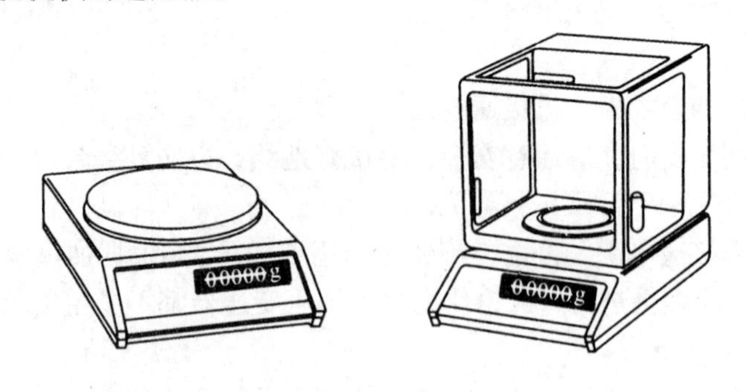

图 1-17 电子天平

使用方法如下：

(1)开机 按“rezero on”，瞬时显示所用的内容符号后依次出现软件版本号和0.0000 g。热机时间为5 min。

(2)关机 按“mode off”直至显示屏指示“off”，然后松开此键即可关机。

(3)称量 天平可选用的称量单位有：克(g)、盎司(oz)、英两(ozt)、英担(dwt)。重复按“mode off”选定所需要的单位，然后按“rezero on”，调至零点(一般已调好，请不要动）。在天平的称量盘上添加需要称量的样品，从显示屏上读数。

（4）去皮　在称量容器内的样品时，可通过去皮功能，将称量盘上的容器质量从总质量中除去。将空的容器放在称量盘上，按“rezero on”使显示屏置零，加入所称量的样品，天平即显示出净质量，并可保持容器的质量直至再次按“rezero on”。

电子天平是一种比较精密的仪器，因此，使用时应注意以下几点：

①天平应放在清洁、稳定的环境中，以保证测量的准确性。勿放在通风、有磁场或产生磁场的设备附近，勿在温度变化大、有震动或存在腐蚀性气体的环境中使用。

②请保持机壳和称量台的清洁，以保证天平的准确性，可用蘸有柔性洗涤剂的湿布擦洗。

③将校准砝码存放在安全干燥的场所，在不使用时拔掉交流适配器，长时间不用时取出电池。

④使用时，不要超过天平的最大量程。

9. 循环水多用真空泵

循环水多用真空泵是以循环水作为流体，利用射流产生负压的原理而设计的一种新型多用真空泵，广泛用于蒸发、蒸馏、结晶、过滤、减压和升华等操作中。由于水可以循环使用，避免了直排水的现象，节水效果明显，是实验室理想的减压设备。水泵一般用于对真空度要求不高的减压体系中。图1-18为SHB－Ⅲ型循环水多用真空泵的外观示意。

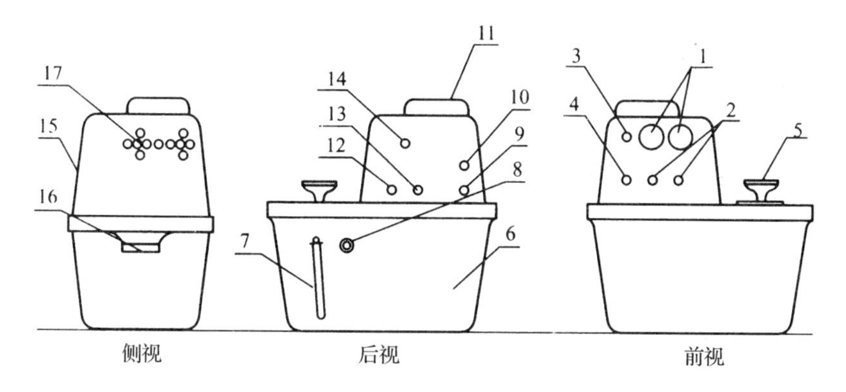

图1-18　SHB－Ⅲ型循环水多用真空泵的外观示意

1. 真空表　2. 抽气嘴　3. 电源指示灯　4. 电源开关　5. 水箱上盖手柄　6. 水箱　7. 放水软管　8. 溢水嘴　9. 电源线进线孔　10. 保险座　11. 电机风罩　12. 循环水出水嘴　13. 循环水进水嘴　14. 循环水开关　15. 上帽　16. 水箱把手　17. 散热孔

使用时应注意以下几点：

①真空泵抽气口最好接一个缓冲瓶，以免停泵时，水被倒吸入反应瓶中，使反应失败。

②开泵前，应检查是否与体系接好，然后，打开缓冲瓶上的旋塞。开泵后，用旋塞调至所需要的真空度。使用结束后，先打开缓冲瓶上的旋塞，拆掉与体系的接口，再关泵。切忌相反操作。

③应经常补充和更换水泵中的水，以保持水泵的清洁和真空度。

10. 真空压力表

真空压力表常与水泵或油泵连接在一起使用，测量体系内的真空度。常用的压力表有水银压力计和莫氏真空规等（图1-19）。水银压力计有封闭式和开口式两种。开口式水银压力计的两臂汞柱高度之差即为大气压力与系统中压力之差，故蒸馏系统内的实际压力就是大气压力减去汞柱差。封闭式水银压力计的两臂液面高度之差即为系统中的压力。此种压力计管后木座上装有可滑动的刻度标尺。测定压力时，通常把滑动标尺的零点调整到U形管右臂的汞柱顶端线上，则根据左臂的汞柱顶端线所指示的刻度，可直接读出测定的压力。

在使用水银压力计时应注意：停泵前，先慢慢打开缓冲瓶上的放空阀，再关泵。否则，由于汞的密度较大(13.9 g/cm^3)，在快速流动时，会冲破玻璃管，使汞喷出，造成污染。在拉出和推进泵车时，应注意保护水银压力计。

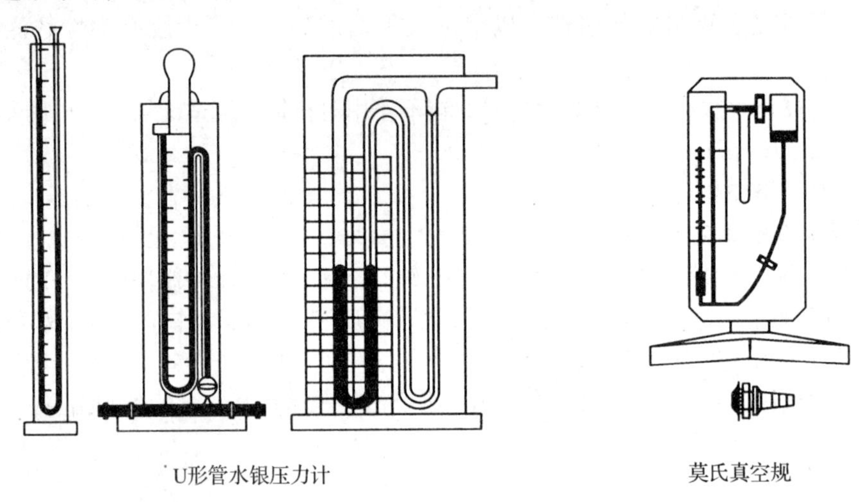

图1-19 压力表

五、实验预习和实验报告

1. 实验预习

有机化学实验是一门综合性的理论联系实际的课程，同时，也是培养学生独立工作的重要环节，因此，要达到实验的预期效果，必须在实验前认真地预习有关实验内容，做好实验前的准备工作。

实验前的预习，归结起来是看、查、写。

(1)看 仔细地阅读与本次实验有关的全部内容，不能有丝毫的粗心和遗漏。

(2)查 通过查阅手册和有关资料来了解实验中要用到或可能出现的化合物的性能和物理常数。

(3)写 在看和查的基础上认真做好预习笔记。每个学生都应准备一个实验预习的笔记本。预习笔记内容包括：

①实验目的和要求，实验原理和反应式，需用的仪器和装置的名称及性能，溶液浓度和配制方法，主要试剂和产物的物理常数，主要试剂的规格用量(g、mL、mol)等。

②阅读实验内容后，根据实验内容用自己的语言正确写出简明的实验步骤(不能照抄)，关键之处应注明。步骤中的文字可用符号简化。例如，化合物只写分子式；克用“g”，毫升用“mL”，加热用“△”，加物用“+”，沉淀用“↓”，气体逸出用“↑”；仪器以示意图代替。这样，在实验前形成一个工作提纲，实验时按此提纲进行。

③合成实验应列出粗产物纯化过程及原理。

④对于将要做的实验中可能会出现的问题(包括安全和实验结果)，要写出防范措施和解决方法。

2. 实验记录

实验时应认真操作，仔细观察，积极思考，并且应不断地将观察到的实验现象及测得的各种实验数据及时、如实地记录在记录本上。记录必须做到简明、扼要，字迹整洁。实验完毕后，将实验记录交教师审阅。

3. 实验报告

实验报告是总结实验进行的情况、分析实验中出现的问题、整理归纳实验结果必不可少的基本环节，把直接的感性认识提高到理性思维阶段的必要一步，因此必须认真地写好实验报告。实验报告的格式如下：

(1)性质实验报告

实验名称

(一)实验目的和要求

(二)实验原理

(三)操作记录

实验步骤	现　象	解释和反应式

(四)讨论

(2)合成实验报告

实验名称

(一)实验目的和要求

(二)装置图及反应式

(三)主要试剂用量及规格

(四)实验步骤及现象

实验步骤	现　象

(五)粗产物精制

(六)产量、计算产率

(七)问题讨论

最后注意，实验报告只能在实验完毕后报告自己的实验情况，不能在实验前写好。实验后必须交实验报告。报告中的问题讨论，一定是自己实验的心得体会和对实验的意见、建议。通过讨论来总结和巩固在实验中所学的理论和技术，培养分析问题和解决问题的能力。

第 2 部分
基本操作

I　有机化合物的分离和提纯

i　液态有机物的分离和提纯

液态有机物的使用通常是需要有一定纯度的，如分析纯、化学纯等。但有机反应又是复杂的，副反应、副产物等较为普遍，要想制备、使用某一液态有机物，就需要将反应后的混合物进行分离提纯。常用的提纯液态有机物的方法有蒸馏、分馏、水蒸气蒸馏、减压蒸馏等。

实验 1　蒸　馏

一、实验目的

(1) 了解普通蒸馏的意义及实验方法。
(2) 掌握蒸馏的原理、装置及操作方法。

二、实验原理

蒸馏是将液体加热沸腾变为蒸气，然后冷凝为液体的过程，也称普通蒸馏。蒸馏是分离和提纯液态有机物的常用的重要方法之一。它可把不同沸点的物质及有色杂质分离开。在通常情况下，纯液体表面在某一温度下有一定的蒸气压，蒸气压随温度的升高而增大，当达到与外界压力相等时，液体开始沸腾，此时的温度就是沸点。沸点的高低随液面所受外界压力的改变而改变。纯液态有机物在一定压力下有一定的沸点，可用蒸馏法测定。如果液体在蒸馏过程中，沸点发生变动，则说明液体不纯。蒸馏除了测定物质的沸点，还可以定性地检验物质的纯度。但需要注意的是，某些有机物能和其他组分形成二元或三元恒沸混合物，它们也有固定的沸点，故不能说沸点一定的物质就是纯物质。

蒸馏混合液体时，先蒸出的主要是低沸点组分，后蒸出的是高沸点组分，不挥发物质则留在容器中。因此，蒸馏可分离和纯化沸点有显著差异(30℃以上)的两种或两种以上的混合物及非共沸的液体混合物，也常用于溶剂的回收。

三、仪器和药品

1. 仪器

圆底烧瓶、磨口锥形瓶、蒸馏头、接液管、直形冷凝管、温度计、量筒、乳胶管、沸石、热源等。

2. 药品

凡士林、95%乙醇①等。

四、实验步骤

(一)仪器装置

蒸馏装置主要是由蒸馏烧瓶、冷凝管、接收器和热源四部分组成。

1. 蒸馏烧瓶(或标准磨口的圆底烧瓶)

长颈圆底烧瓶适宜蒸馏沸点在120℃以下的产物，短颈圆底烧瓶适宜蒸馏沸点高于120℃的物质。选用何种形状、规格的烧瓶，是由蒸馏所用液体的体积决定的。通常蒸馏的液体体积应占烧瓶容量的1/3～2/3。液体装入过多，加热沸腾时，液体易冲出带来危险；液体装得太少，则蒸馏结束时相对地会有较多的残留液蒸不出来。

温度计在烧瓶中的位置，以水银球能被蒸气完全包围为宜。通常水银球的上端要恰好与蒸馏头支管下沿相切在一条水平线上。

2. 冷凝管

由水来控制蒸气在冷凝管内冷凝为液体。直形冷凝管适用于液体沸点低于140℃的物质；若沸点高于140℃应改用空气冷凝管，如图2-1所示。

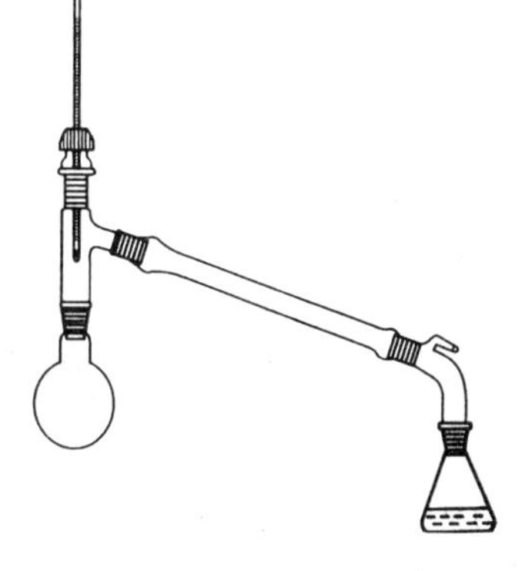

图2-1 空气冷凝的蒸馏装置

3. 接收器

接收器用于收集冷凝后的馏出液。常选用锥形瓶作容器与接收管配合使用。接收器通常需要称量，便于最后计算产率。

4. 热源

热源通常为酒精灯、电热套或煤气灯。沸点低于80℃时常采用水浴，沸点高于80℃以上则用空气浴或油浴。

(二)仪器安装

安装顺序从热源开始，按自下而上、自左至右的方法。高度以热源为准。各固定的铁夹

---

① 因乙醇和水形成共沸混合物(沸点78.17℃)，蒸馏法只能将乙醇提纯到95%，若要制得无水乙醇，需用生石灰法、金属钠法或镁条法等化学方法制备。

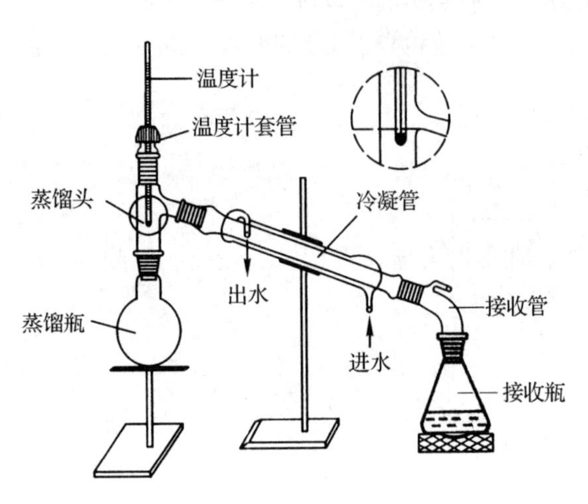

图 2-2 普通蒸馏装置

位置应以蒸馏头自然与冷凝管连接成一直线为宜。冷凝管的进水口应在靠近接收管一端。完善的仪器装置如图 2-2 所示。

安装过程中还要特别注意：各仪器接口要用凡士林密封；铁夹以夹住仪器又能轻微转动为宜。不可让铁夹的铁柄直接接触玻璃仪器，以防损坏仪器；整个装置安装好后，从正面或侧面观察，全套仪器的各部分皆在同一平面内。

如果馏分易受潮分解，则可在接收器上连接一个氯化钙干燥管，防止潮气侵入；如蒸馏时还放出有毒气体，则需加装一个气体吸收装置，如图 2-3 所示。若蒸出的物质中还含有易挥发、易燃或有毒气体，也可在接收器上连一个长乳胶管，通入水槽的下水管内或引出室外(图 2-4)。

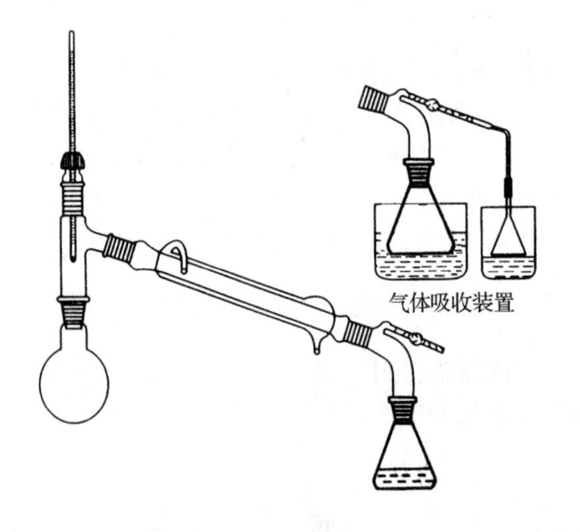

图 2-3 蒸馏装置

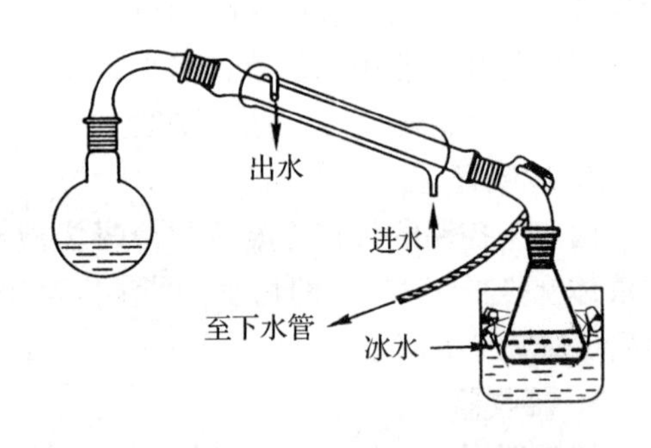

图 2-4 连有软管和冰水浴的蒸馏装置

(三)蒸馏操作

1. 加料

将 25 mL 95% 乙醇和 25 mL 水(或其他待蒸馏样品)通过长颈漏斗倒入圆底烧瓶中，再加入 2 ~ 3 粒沸石(或 2 ~ 3 块素瓷片)，按图 2-2 安好装置，接通冷凝水①。

沸石的作用是防止液体暴沸，使沸腾液体保持平稳。持续沸腾时，沸石继续有效，但停止加热后，再进行加热则沸石失效，应补加些新沸石防止暴沸。若事先忘加沸石，绝对不能

① 接通冷凝水时，应从冷凝管的下口入水，上口出水，方可达到最好的冷凝效果。

在液体近沸时补加，否则会引起剧烈的暴沸，致使液体冲出瓶外或发生火灾事故，应待液体冷却一会儿后再补加。

若蒸馏液体很黏稠或含有较多的固体物质，加热时易发生局部过热和暴沸，此时沸石失效。在此情况下，可选用油浴等方法加热。

2. 加热

通好冷凝水后，可开始加热。选择水浴、油浴、直接加热圆底烧瓶等要根据液体的性质决定，开始加热时可大火加热，使温度上升稍快，开始沸腾后，蒸气缓慢上升，温度计读数增加。当蒸气包围温度计水银球时，温度计读数急速上升，记录下第一滴馏出液进入接收器时的温度①。此时调节热源，使水银球上始终保持液滴，并与周围蒸气达到平衡，此时的温度即为液体的沸点。

3. 测定沸点，收集馏出液

在液体沸腾达到沸点时，控制加热，使馏出液滴的速度为每秒1～2滴。当温度计读数稳定时，另换一称好质量的接收器收集记录下各馏分的温度范围及质量。95%乙醇馏分最多时应为77～79℃。当保持原加热程度的情况下，不再有馏分且温度突然下降时，应立即停止加热。不能将残液蒸干，否则易发生事故。记下最后一滴液体进入接收器时的温度。关闭冷凝水，计算产率。

4. 拆洗仪器

停止蒸馏时，应先停火，后关闭冷凝水。与安装时相反的顺序拆下接收器、冷凝管、圆底烧瓶等，洗净，收好。

常见的共沸混合物见表2-1～表2-3。

表2-1 二元最低共沸混合物

组分(甲)		组分(乙)		共沸混合物		
名称	沸点/℃	名称	沸点/℃	质量分数(甲)/%	质量分数(乙)/%	沸点/℃
乙醇	78.3	甲苯	110.5	68.0	32.0	76.6
乙酸乙酯	77.1	乙醇	78.3	69.4	30.6	71.8
叔丁醇	82.5	水	100.0	88.2	11.8	79.9
苯	80.1	异丙醇	82.5	66.7	33.3	71.9
苯	80.1	水	100.0	91.1	8.9	69.4
乙酸乙酯	77.1	水	100.0	91.8	8.8	70.4
水	100.0	乙醇	78.3	4.4	95.6	78.2

① 记录温度时，热源温度不能太高或太低。太高，则会在圆底烧瓶中出现过热现象，使温度计读数偏高；太低，温度计水银球周围蒸气短时间中断，使温度计读数偏低或不规则。蒸馏低沸点、易燃液体(如乙醚)，应绝对禁止使用明火(酒精灯、煤气灯等)加热，也不能使用明火加热的水浴，而应用预先加热好的热水水浴，或用电热套加热水浴。

表 2-2　二元最高共沸混合物

组分(甲)		组分(乙)		共沸混合物		
名称	沸点/℃	名称	沸点/℃	质量分数(甲)/%	质量分数(乙)/%	沸点/℃
丙酮	56.4	氯仿	61.2	20.0	80.0	64.7
甲酸	100.7	水	100.0	77.5	22.5	107.3
氯仿	61.2	乙酸乙酯	77.1	22.0	78.0	64.5

表 2-3　三元最低共沸混合物

组分(甲)		组分(乙)		组分(丙)		共沸混合物			
名称	沸点/℃	名称	沸点/℃	名称	沸点/℃	质量分数(甲)/%	质量分数(乙)/%	质量分数(丙)/%	沸点/℃
乙醇	78.3	水	100.0	苯	80.1	18.5	7.4	74.1	64.9
乙酸乙酯	77.1	乙醇	78.3	水	100.0	83.2	9.0	7.8	70.3

五、思考题

1. 什么叫蒸馏？蒸馏的目的、意义和原理是什么？
2. 蒸馏装置由哪几部分组成？为了取得良好的蒸馏效果及安全，操作时应注意什么？
3. 选择蒸馏瓶应考虑什么因素？
4. 蒸馏时温度计应放在什么位置？为什么？
5. 冷凝水应从何方进出？为什么？
6. 怎样防止蒸馏过程中出现暴沸现象？如加热后发现未加沸石，应如何正确加入？
7. 停止蒸馏的顺序是什么？
8. 安装和拆卸装置的顺序各是什么？

实验2　分　馏

一、实验目的

(1)了解分馏的目的、原理和意义。
(2)明确分馏和蒸馏的关系。
(3)掌握分馏柱的原理、使用方法和常压下简单分馏的操作技术。

二、实验原理

分馏也称精馏，是分离纯化沸点相近且又互溶的液体混合物的重要方法，它是利用分馏柱将多次汽化—冷凝过程在一次操作中完成的方法。一次分馏可达到多次蒸馏的效果，比蒸馏省时、简单，减少浪费，并大大提高了分离效率。

分馏是利用分馏柱进行的，通过特殊的柱体增大气液两相的接触面积，提高分离效果。具体地说，就是在分馏柱中使混合物进行多次汽化—冷凝。不断上升的蒸气和重新冷凝下来的液体相遇时，两者间进行了热交换，上升中易挥发(低沸点)组分增加，继续汽化上升，蒸气中高沸点组分被冷凝。最终上升的蒸气中低沸点组分增多，下降的冷凝液中高沸点组分也增多，经过几次热交换就达到了多次蒸馏的效果。低沸点的物质先被蒸出来，高沸点的组分回到烧瓶中，当分馏柱的效率足够高时，达到柱顶的蒸气绝大部多是低沸点的馏分，是纯净的易挥发组分，最后留在烧瓶里的残留液也几乎是纯净的高沸点组分，从而达到良好的分离效果。当混合液体的两组分沸点相差很小时，可通过多次、分段分馏来分离。

分馏柱的效率主要取决于柱高、填充物和保温性能。分馏柱越高，接触时间越长，效率就越高。柱高也是有限度的，过高时分馏困难、速度慢。填充物可增大蒸气与回流液的接触面积，使分离完全。填充物品种很多，可以是玻璃珠、瓷环或金属丝绕成的螺旋圈等。填充物之间要有一定的空隙，使气流流动性增大，阻力减小，分离效果较好。而且分馏柱的保温效果好，有利于热交换的进行，也有利于分离。若绝热性能差，热量散失快，则气液两相的热平衡受到破坏，降低了热交换的效果，使分离不够完全。分馏柱自下而上要保持一定的温度梯度。另外，蒸馏速度太快、太慢也都不利于分离。分馏的关键在于混合液各组分的沸点要有一定差距。

三、仪器和药品

1. 仪器

圆底烧瓶、锥形瓶、蒸馏头、韦氏分馏柱、直形冷凝管、真空接收管、温度计、沸石、乳胶管等。

2. 药品

工业乙醇、5%氢氧化钠溶液、碘－碘化钾溶液(I_2: KI: H_2O ＝ 1:5:15) 等。

四、实验步骤

(一)仪器装置

分馏装置主要由圆底烧瓶、韦氏分馏柱、温度计、冷凝管和接收瓶组成(图2-5)。

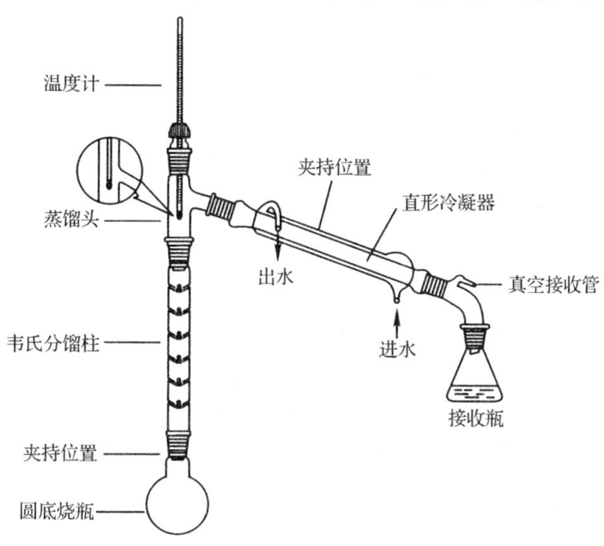

图2-5 分馏装置

仪器的安装基本上同蒸馏装置，仅比蒸馏装置在圆底烧瓶和蒸馏头之间多了一个韦氏分馏柱。装配及操作时，更应注意韦氏分馏柱的支管与冷凝管同轴，避免损坏分馏柱的支管。

(二)分馏操作

1. 加料

在 50 mL 圆底烧瓶中加入 10 mL 工业乙醇及 12 mL 蒸馏水，并放入 2 ~ 3 粒沸石，此时加入液体的体积以不超过圆底烧瓶的 1/2 为宜，然后如图 2-5 所示安装好仪器(注意事项同蒸馏操作)，接通冷凝水。

2. 加热

在热源上加热。为减少分馏柱中热量损失和外界温度对柱温的影响，可在分馏柱外包缠石棉绳等保温材料(如用电热套则可不必包缠)①。如果分馏柱为非磨口仪器，则柱内填充物不要装得太多，以免损害温度计水银球。待液体开始沸腾时，要注意调节温度，使蒸气缓慢而均匀地沿分馏柱壁上升。

3. 收集不同馏分

当蒸气上升至柱顶部时，开始有馏分馏出，记录第一滴馏出液滴入接收瓶时的温度。此时调节温度，使馏出液体每 2 ~ 3 s 下落 1 滴，分别用干燥干净称好质量的接收瓶接收 76℃以下(A 瓶)、76 ~ 83℃(B 瓶)、83 ~ 94℃(C 瓶)及 94℃以上(D 瓶)的馏分。当柱顶温度达到 94℃时停止蒸馏，使馏分回流至烧瓶中②。待最终温度降至 40℃左右时，烧瓶中的残液倒入 D 瓶中，然后分别量取各瓶馏分的体积。

此时可以温度为纵坐标，馏出液的体积为横坐标，画曲线图，得工业乙醇的分馏曲线。

4. 定性测试分馏效果

4 种馏分各取 5 滴，分别置于 4 支洁净试管中，各加 6 ~ 8 滴碘 - 碘化钾溶液，溶液首先呈深红色，然后逐滴加入 5% 氢氧化钠溶液，振摇试管至试管中液体呈微黄色，观察碘仿沉淀生成的量以判断乙醇的含量③。

五、思考题

1. 分馏与普通蒸馏在原理、装置及用途上有何异同?
2. 分馏柱的作用原理是什么? 分馏效率决定于哪些因素?
3. 为什么分馏速度不能太快，也不宜太慢?
4. 分馏柱顶温度计的水银球位置偏高或偏低，对分馏段温度读数精度有何影响?
5. 在安装分馏装置时，分馏柱为什么要尽可能垂直?

---

① 因实验过程中，理想溶液与非理想溶液的分馏都要受外界大气压影响。理想溶液遵循拉乌尔(Raoult)定律：$p = p^* x$(p^* 为纯物质的蒸气压，x 为溶液的摩尔分数)。

② 因乙醇和水能形成共沸混合物，故经多次分馏，也难得到纯乙醇，最高为 95% 乙醇。

③ 碘仿反应：乙醇在碘的氢氧化钠溶液中，形成了次碘酸钠的弱氧化剂，使乙醇氧化成乙醛从而发生碘仿反应，生成三碘甲烷的黄色结晶。

$$CH_3CH_2OH + I_2 + NaOH \longrightarrow CHI_3 \downarrow + HCOONa + NaI + H_2O$$

所以，实验中可利用碘仿生成的多少来粗略地判断各馏分中乙醇含量的多少。

6. 第二次进行分馏时，在操作上要注意什么？

7. 装有填充物的分馏柱在分离两种沸点相近的液体混合物时，为什么比不装填充物的分馏效果好？

8. 如果以混合物的组分(摩尔分数)为横坐标、温度为纵坐标绘制曲线图，则此分馏曲线的意义是什么？

实验3 水蒸气蒸馏

一、实验目的

(1)了解水蒸气蒸馏分离纯化有机物的原理和应用范围。

(2)掌握水蒸气蒸馏的操作方法。

二、实验原理

水蒸气蒸馏是用来分离和提纯液态有机物的重要方法之一。它常用在与水不相溶、具有一定挥发性的有机物的分离和提纯上。操作时将水蒸气通入不溶或难溶于水但有一定挥发性的有机物(约100℃时其蒸气压至少为1333 Pa)中，使该物质在低于100℃的温度下，随水蒸气一起蒸馏出来。

根据道尔顿气体分压定律，在一定温度时，两种(A和B)互不相溶的液体混合物的总蒸气压(p)等于各组分单独在该温度下的分压(p_A和p_B)之和。对于其中任意一物质：如A物质，则$p = p_{水} + p_A$，若此时$p = p_{大气压}$，混合液将沸腾，混合液的沸点也将低于任意物质的沸点，即有机物可在比其沸点低时先被蒸馏出来。图2-6即为蒸气压与温度的关系。

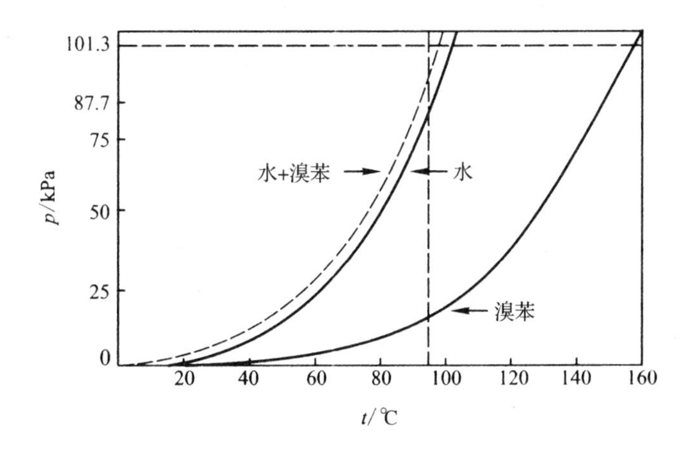

图2-6 溴苯、水及溴苯-水混合物的蒸气压与温度的关系

在水蒸气蒸馏的馏出液中，设有机物质量为m_A，水的质量为$m_{水}$，则两者质量比等于两者的分压与两者的摩尔质量的乘积之比。

$$\frac{m_A}{m_{水}} = \frac{M_A \cdot p_A}{M_{水} \cdot p_{水}}$$

假设在95℃时溴苯和水的混合物的蒸气压分别为15 998 Pa和85 326 Pa，如图2-6所示，则蒸出液的组分可通过上式计算出：

$$\frac{m_A}{m_{水}}=\frac{157\times15\ 998}{18\times85\ 326}=\frac{1.64}{1}$$

通过上式计算结果可知，虽然溴苯在蒸馏温度时的蒸气压小，但其摩尔质量比水大得多，故蒸出物按质量比看，水蒸气的蒸馏液中溴苯要比水多。即每蒸出6.1 g水能够带出10 g溴苯，溴苯占馏出液的62%(质量分数)。

进行水蒸气蒸馏时，对分离的有机物有以下要求：

①不溶或难溶于水，这是满足水蒸气蒸馏的先决条件。

②可长时间与水共沸，但不与水反应。

③在100℃左右时，必须具有一定的蒸气压，一般不少于1333 Pa。但若有机物的蒸气压低时，可通入热蒸汽。

水蒸气蒸馏除对欲分离提纯的有机物有一定要求外，还对分离提纯的方法有一定限制：

①分离某些在常压下蒸馏会发生分解、变质或变色的高沸点有机物。

②从含大量树脂状物质或不挥发性杂质的混合物中，且采用普通蒸馏、萃取等方法都难以分离的不溶于水的挥发性有机物。

③从不挥发的固体物质中除去其吸附的液体。

三、仪器和药品

1. 仪器

水蒸气发生器、长颈圆底烧瓶、二口连接管、蒸馏头、直形冷凝管、接收管、接收瓶、分液漏斗、热源(电炉等)、乳胶管、三通管(“T”形管)等。

2. 药品

苯胺与水的混合液、异戊醇与水杨酸的混合液、0.1%氯化铁溶液、5%重铬酸钾溶液、16%硫酸溶液、乙醚、氢氧化钠、氯化钠、无水氯化钙等。

四、实验步骤

(一)仪器装置

水蒸气蒸馏装置主要由水蒸气发生器和蒸馏装置两部分组成(图2-7)。

水蒸气发生器通常是由金属制成，也可用1000 mL锥形瓶或圆底烧瓶代替。发生器容器中盛水的体积占容器容量的1/2～2/3，瓶口配一软木塞，一孔插入长约1 m、内径约5 mm的玻璃安全管，以保证水蒸气畅通，其末端应接近烧瓶底部，以便水蒸气和蒸馏物充分接触并起搅拌作用，从而调节水蒸气发生器内的压力。另一孔插入内径约8 mm的水蒸气导出管，此导管内径应略粗一些，以便蒸汽能畅通地进入冷凝管中。若内径小，蒸汽的导出要受到一定的阻碍，将会增加烧瓶中的压力。

蒸馏部分由圆底烧瓶、二口连接管和蒸馏头组成。圆底烧瓶中待蒸馏物质的加入量不宜超过容积的1/3，以便被水蒸气加热至沸而汽化。二口连接管主要是用以增长圆底烧瓶口与蒸馏头支管间的距离，以免待蒸馏液溅出混于馏出液中。

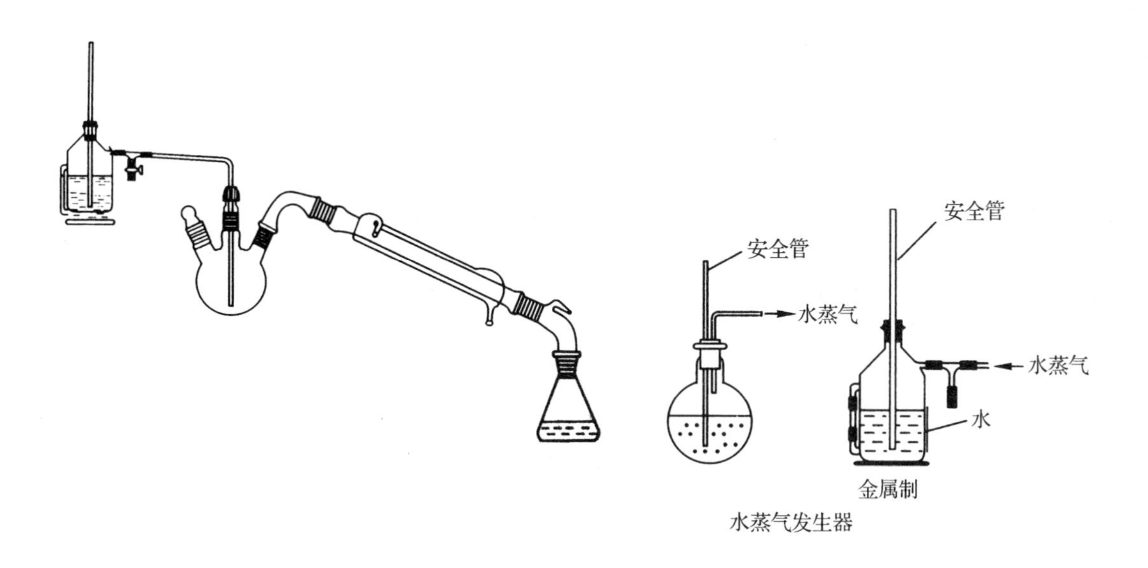

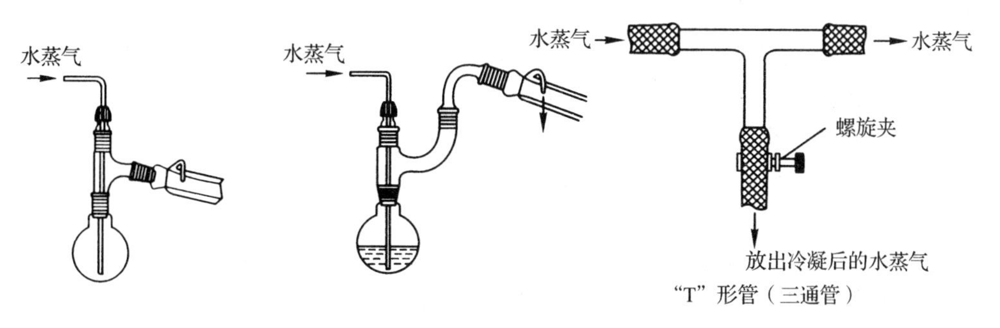

图 2-7　水蒸气蒸馏装置

这两部分要尽可能紧凑，以防蒸汽在通过较长的管道后有部分冷凝成水，而影响蒸馏效率。此时为了减少对蒸馏效率的影响，在发生器与蒸汽导管之间连一个三通管（"T"形管），"T"形管上连一段短乳胶管，夹好螺旋夹，目的是需要时可在此处除去水蒸气冷凝下来的冷凝水。在蒸馏的冷凝部分，应控制冷凝水的流量略大些，以保证混合物蒸气在冷凝管中全部冷凝。但若蒸馏物为高熔点有机物，在冷凝过程中析出固体时，应调节冷凝水流速慢一些或暂停通入冷凝水，待设法使固体熔化后，再通冷凝水。

安装水蒸气的蒸馏装置，应先从水蒸气发生器一方开始，从下往上，从左到右，先在水蒸气发生器中装入少于2/3体积的水，连好安全管和"导管"，连好"T"形管，并夹好"T"形管上乳胶管的螺旋夹。此时导管通过二口连接管中磨口插入圆底烧瓶底部，而冷凝部分与接收器部分的安装同蒸馏。

（二）水蒸气蒸馏操作

首先检查仪器装置的气密性，然后开始蒸馏，打开"T"形管，用火将水蒸气发生器中的水加热至沸，有蒸汽蒸出时，夹紧夹子使水蒸气通入烧瓶，此时瓶中混合物翻腾不息，待有馏出物时，调节火焰，控制馏出液体速度为每秒 2～3 滴。操作时随时注意安全管中水柱是否异常，以及烧瓶中的液体是否发生倒吸现象。如有故障，需排除后，方可继续蒸馏。

当馏出液澄清透明不再含有有机物的油滴时，应停止蒸馏，打开夹子，移去火焰。

1. 苯胺的水蒸气蒸馏

取20 mL苯胺与水的混合液放入100 mL圆底烧瓶中，进行水蒸气蒸馏，至沸腾，蒸出液体的量待馏出液变清后，再多收集10~15 mL清液。

把蒸出液放入分液漏斗中，分出苯胺。其水层被氯化钠在烧瓶中饱和后，转移至分液漏斗中，用60 mL乙醚分3次提取。提取液与前面分出的苯胺合并，再用粒状氢氧化钠干燥后，蒸去乙醚，剩余物改用空气冷凝管进行蒸馏，收集182~184℃的馏出液(无色透明液)，计算产率。

2. 硝基苯的水蒸气蒸馏

取10 mL硝基苯进行水蒸气蒸馏，同上，馏出液倒入分液漏斗中，先分出一部分硝基苯，剩余的水层用30 mL乙醚振荡，静置分层后，分出有机层，水层再用30 mL乙醚萃取1次,合并所有有机相。在合并的硝基苯中加入2~2.5 g无水氯化钙，塞好瓶塞，干燥(振荡几次)。

把干燥过的馏出液再次蒸馏，先加入几粒沸石，温水浴中蒸出乙醚。蒸完后，将烧瓶冷却，再次温水蒸馏乙醚，此时禁止使用明火，以免发生危险。如此重复操作3~4次，最后加热蒸出硝基苯，硝基苯的沸点208℃。蒸馏时不可蒸干，避免副产物二硝基苯爆炸。

3. 异戊醇和水杨酸的水蒸气蒸馏①

(1)混合物中各组分检查　取2支试管分别滴入10滴混合液。在一支试管中加入10滴0.1%氯化铁溶液，观察现象，此时可证明水杨酸的酚羟基存在；在另一支试管中加入10滴5%重铬酸钾溶液，5滴16%硫酸溶液，观察现象，可证明有异戊醇存在。

(2)水蒸气蒸馏　将50 mL异戊醇与水杨酸的混合液倒入250 mL圆底烧瓶中，加热蒸馏，至馏出液澄清不再有油状物，即可停止蒸馏。将馏出液倒入分液漏斗中静止分层，弃去水层。

(3)检查分离物　取2支试管，分别滴入10滴馏出液，经检查，证明仅含异戊醇；再取2支试管，分别滴入10滴圆底烧瓶中的余液，经检验，证明仅含水杨酸，则达到了较好的分离效果。

五、思考题

1. 水蒸气蒸馏的基本原理是什么？与普通蒸馏和分馏相比有何优点？
2. “T”形管的用途是什么？
3. 水蒸气蒸馏操作中有哪些注意事项？

---

① 异戊醇和水杨酸的有关数据见表2-4。

表2-4　异戊醇及水杨酸的有关数据

项　目	有机物名称	
	异戊醇	水杨酸
100℃时蒸气压/Pa	31 810.7	114.7
沸点/℃	131.5	258(分解)
溶解度/(g/100 g水)	2.6	0.16(4℃)、2.8(75℃)、6.6(98℃)

4. 蒸馏完毕时，为什么先开夹子后撤热源？
5. 具有什么条件的有机物可用此法分离提纯？
6. 水蒸气蒸馏可应用于哪些情况？
7. 为什么水蒸气发生器内要加沸石，而圆底蒸馏瓶中不需加？
8. 本实验中如何检查分离物是否分离彻底？

实验4　减压蒸馏

一、实验目的

（1）了解减压蒸馏的装置及其分离有机物的原理。
（2）掌握减压蒸馏的操作技术及应用。

二、实验原理

很多有机物特别是高沸点有机物，在常压下蒸馏往往发生部分或全部分解。在这种情况下，采用减压蒸馏方法最为有效。

物质的沸点随外界压力减小而降低。利用封闭的蒸馏装置，使内部压力降低，物质就在较低的温度下沸腾并被蒸馏出来。这种低于常压的蒸馏叫作减压蒸馏，也称真空蒸馏。它也是分离纯化有机物的方法之一。

由于液体的沸点随外界压力的降低而降低，故沸点与压力的关系近似为

$$\lg p = A + \frac{B}{T}$$

式中　p——蒸气压；
　　T——热力学温度；
　　A，B——常数。

有机物的沸点与压力具有一定关系。一般高沸点有机物的压力降低至2666 Pa时，其沸点要比常压下的沸点低100～120℃。也可通过图2-8所示液体有机物的沸点－压力经验计算图近似地推算出高沸点物质在不同压力下的沸点。

例如，水杨酸乙酯常压下沸点为234℃，现欲知其在2660 Pa（20 mmHg）下的沸点温度是多少？依图2-8在B线上找到温度为234℃的点，与C线上2660 Pa（20 mmHg）处的点连线，并延长此线与A线相交，则所得交点的温度即为水杨酸乙酯在2660 Pa（20 mmHg）处的沸点，约为118℃。

由实验事实人们总结出两个经验规则：

①大气压下降至3333 Pa时，高沸点（250～300℃）有机物的沸点随之下降100～250℃。

②压力在3333 Pa以下时，压力每下降1/2，沸点就下降10℃。

减压达到真空（一般是相对真空），低真空通常指133.3～101 325 Pa，实验室可用水泵抽得；中度真空则常指1.333×10^{-1}～133.3 Pa，此压力需用油泵获得；高真空一般指1.333×10^{-5}～1.333×10^{-1} Pa，此压力只能用真空泵获得。

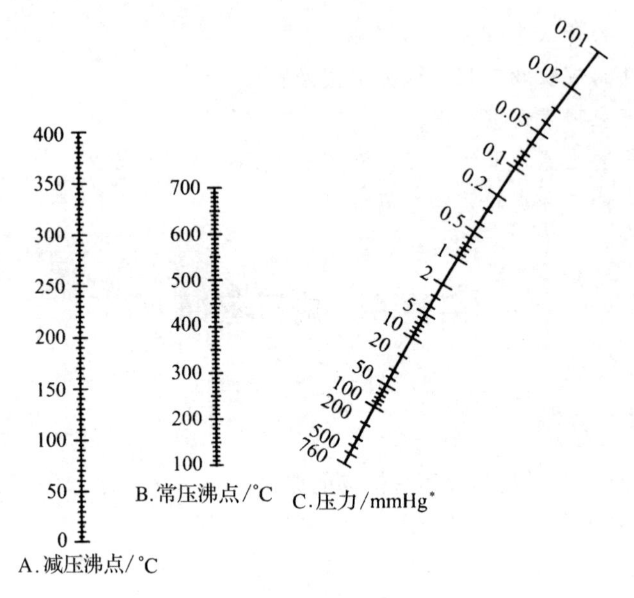

图 2-8　液体有机物的沸点－压力经验计算图

* 1 mmHg = 133 Pa

三、仪器和药品

1. 仪器

克氏烧瓶(或圆底烧瓶加二口连接管、蒸馏头)、直形冷凝管、温度计、安全瓶、油泵、耐压胶管、油浴锅、真空接收管、水银压力计等。

2. 药品

乙酰乙酸乙酯(或糠醛、苯甲醛、苯胺、苯乙酮等)、液体石蜡等。

四、实验步骤

(一)仪器装置

减压蒸馏装置常由蒸馏部分、抽气部分、保护及测压部分组成①，如图 2-9 所示。

1. 蒸馏部分

蒸馏部分由克氏烧瓶(或用圆底烧瓶、二口连接管和蒸馏头代替)、毛细管、温度计、冷凝管、真空接收管和接收器等组成。这部分装置与普通蒸馏装置相似，只是所有仪器都必须耐压。蒸馏瓶的容量应为蒸馏液体体积的 2～3 倍②。温度计的使用同蒸馏装置。另一瓶口应插入一根末端拉成毛细管的厚壁玻璃管，毛细管应伸到离瓶底 1～2 mm 处。玻璃管的另一端连接有一段带螺旋夹的橡皮管，用于调节进入烧瓶的空气量，以控制沸腾程度。减压蒸馏时，空气从毛细管进入烧瓶，冒出小气泡，成为液体沸腾的汽化中心，同时也起一定的

---

① 减压蒸馏装置中，不可使用有裂缝或壁薄的玻璃仪器，也不能使用不耐压的平底瓶，因减压过程中，装置外部的压力较高，不耐压的部分易内向爆炸。

② 为防止液体沸腾冲出冷凝管，蒸馏液的量为容器的 1/3～1/2。

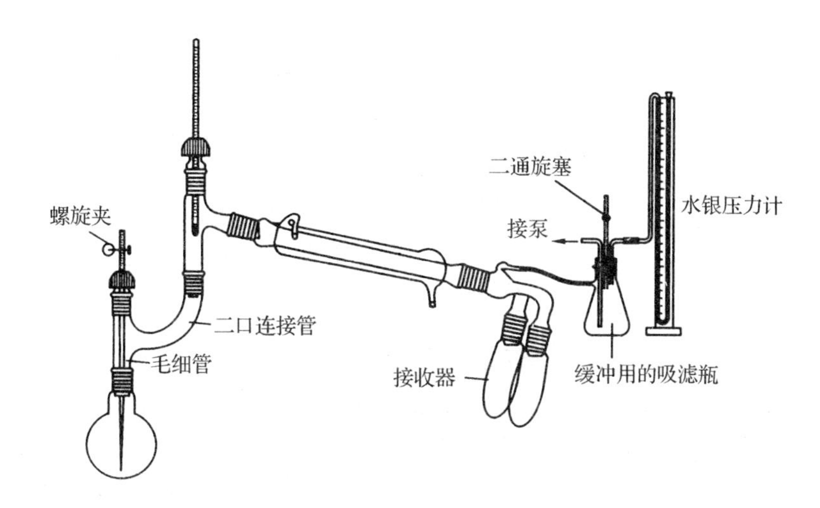

图 2-9 减压蒸馏装置

搅拌作用，使沸腾平稳而不暴沸，这对减压蒸馏是十分重要的。如蒸馏量较少且沸点高或为低熔点固体，则可不用冷凝管，直接用冷水冲淋接收器外表。若要收集不同馏分，且为不中断蒸馏的馏分，则需换用多头接收器即可①。热浴应控制温度高于沸点 20～30℃时为宜。

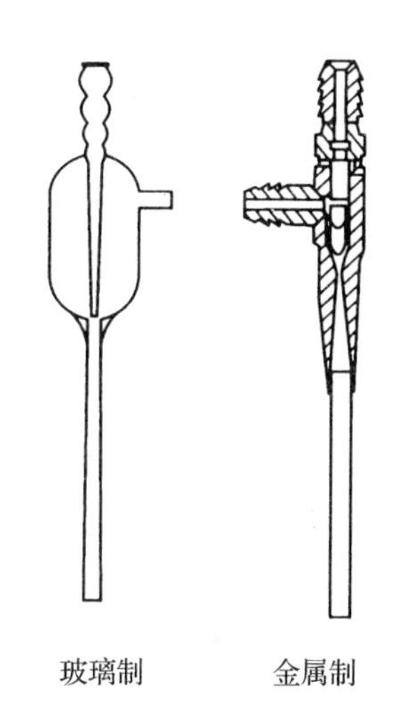

图 2-10 水泵

2. 抽气部分

抽气部分在实验室中使用水泵(图 2-10)、循环水泵或油泵即可。水泵和循环水泵所能达到的最低压力为当时水温下的水蒸气压。若水温为18℃，则水蒸气压为2 kPa，满足一般减压蒸馏要求。若使用油泵，则可把压力很容易地减到 13.3 Pa。但使用油泵时，必须注意防护保养，不可使水、有机物、酸等蒸气进入泵中。因有机物蒸气进入泵内可被机油吸收，污染泵油，损坏泵的使用；水蒸气在泵内，则可使油发生乳化，降低泵效率；酸的进入将腐蚀油泵等。为了保护泵，可在泵前放一个干燥塔，其中装有粒状氢氧化钠和活性炭(或分子筛)等，以吸收这些有害的蒸气。

3. 保护及测压部分

保护及测压部分是由安全瓶、冷却阱、吸收塔(或干燥塔)和水银压力计组成。安全瓶又称缓冲瓶，它的作用是使仪器装置内的压力不发生太突然的变化从而防止泵油倒吸。冷却阱可用冰－盐、干冰－乙醇或干冰－水等冷却剂冷却。冷却阱通常置于盛有冷却剂的广口保温瓶中。实验室中常用的测压装置是水银压力计。保护及测压装置如图 2-11 所示。

(二)仪器的检查

仪器的安装同其他蒸馏相似，从下往上、从左到右安装蒸馏装置，然后安装保护及测压

① 蒸馏的接收部分，可使用燕尾管，连接多个(两个以上)称好质量的梨形瓶，以备接收不同馏分时，只转动燕尾管即可。

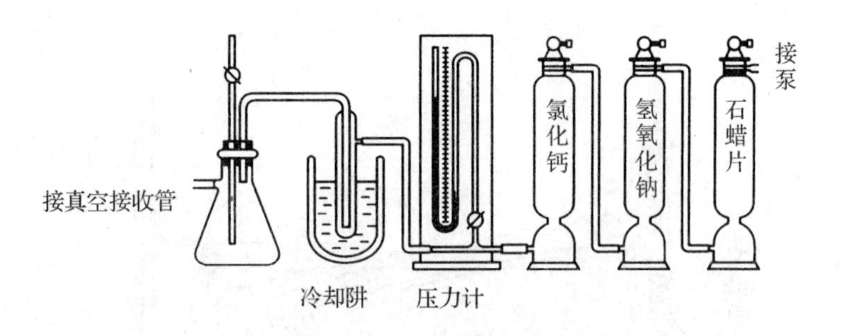

图 2-11 保护及测压装置

装置，全部安装好后，在开始蒸馏前必须检查装置的气密性。首先，检查水泵的最低压力。在安全瓶前接一带螺旋夹的软管，旋紧夹子，连接水泵，然后开泵抽气，检查所能达到的最低压力是否低于或等于实验所需压力值。其次，要检查装置的气密性。开泵减压后，如达不到实验所需压力值，则说明装置中有可能漏气。此时可先用涂抹肥皂水的方法分段寻找漏气点，找到后，要先去掉真空，然后用少量熔化的石蜡涂封。最后，系统气密性检查合格后，可取样 20 mL 乙酰乙酸乙酯(容器量的 1/3 ~ 1/2)①倒入烧瓶中，旋紧毛细管上端的螺旋夹，打开安全瓶上活塞，使系统与大气相通，然后通水并逐渐关闭旋塞，仔细调节旋塞使压力达到 6666 Pa，使容器内液体冒出微小气泡，避免暴沸，这时既调好了系统内压力，又调好了系统内的空气流量。

(三)蒸馏操作

以上仪器装置调整好后，通冷凝水，使烧瓶球体部分有 2/3 浸入浴液中，加热蒸馏，此时烧瓶底部不可接触到浴锅底，使其逐渐升温，达到 95℃ 左右，控制馏出速度为每秒 1 滴②，注意水银压力计的读数，记录时间、压力、液体的沸点、浴温和馏出速度等数据。

蒸馏完毕，停止加热，撤去油浴，慢慢打开旋塞，使系统与大气相通，但需注意，应使压力计的水银柱慢慢恢复原状，这样可避免损坏压力计。待里外大气压相等时，关闭油泵③，以防泵油倒吸。最后拆卸仪器。

五、思考题

1. 什么叫减压蒸馏？什么情况下使用减压蒸馏？

---

① 乙酰乙酸乙酯常压蒸馏时，易分解导致产量降低，所以宜采用减压蒸馏。

② 蒸馏速度过快，会使测得的压力与蒸馏烧瓶内实际压力相差太大。因减压时冷凝成一滴液体的蒸气体积比常压大得多。若保持常压蒸馏速度每秒 2 ~ 4 滴，会使进入冷凝管的蒸气分子的速度大大增加，则此时产生的压力过高。故需缓慢蒸馏。

③ 若采用水泵减压，则仪器装置中往往省略吸收塔，保留缓冲瓶即可。

乙酰乙酸乙酯沸点与压力的关系见表 2-5。

表 2-5 乙酰乙酸乙酯的沸点与压力的关系

压力/Pa	101 325	10 665.8	7999.3	5332.9	3999.6	2666.4	2399.8	1866.5	1599.9
沸点/℃	181	100	97	92	88	82	78	74	71

若乙酰乙酸乙酯中含低沸点成分时，应先用水泵或普通蒸馏去掉低沸点成分，再用油泵减压蒸馏。

2. 物质的沸点与外界压力有什么关系？如何用压力－温度关系表找出某有机物在一定压力下的沸点？

3. 减压蒸馏时，为何不能缺少缓冲瓶？

4. 怎样检查减压蒸馏装置的气密性？在减压操作中应注意什么？

5. 减压蒸馏为什么必须用热浴加热，而不能直接加热？

6. 减压蒸馏装置由几部分组成？各部分的功能是什么？

7. 减压蒸馏中防止暴沸采用什么措施？为什么不能用加沸石的办法？

8. 为何减压蒸馏操作中，必须先抽真空后加热？

9. 在减压蒸完所要的化合物后，应如何停止减压蒸馏操作？为什么？

ii 固态有机物的分离和提纯

研究有机物性质的前提是该物质应具有一定的纯度，否则可能产生一些错误的结论。而有机反应的特点是副反应及副产物较多，天然产物更为复杂。故要研究某一固体有机物，合成后必须进行纯化。通常，分离提纯固态有机物的方法有重结晶、升华、萃取和层析等。鉴别纯度：可用熔点的测定来鉴别固体，沸点的测定来鉴别液体等。现仅对这些方法的原理和操作技术进行简单介绍。

实验5 重结晶及热过滤

一、实验目的

(1)学习重结晶法提纯有机化合物的原理和方法。

(2)掌握用水、单一有机溶剂和混合溶剂重结晶提纯固体有机物的基本操作方法。

二、实验原理

重结晶是提纯固体有机物常用的方法之一。

固体有机物在任意的溶剂中都有一定的溶解度，且绝大多数情况下随温度的升高溶解度增大。将固体有机物溶解在热的溶剂中制成饱和溶液，冷却时由于溶解度降低，溶液变成过饱和而又重新析出晶体。重结晶法的原理简单地说，就是利用溶剂对被提纯物质和杂质的溶解度不同，使被提纯物质从过饱和溶液中析出，而溶解性好的杂质则全部或大部分留在溶液中，或让溶解性差的杂质在热过滤中滤除，从而达到分离提纯的目的。因此，选择合适的溶剂对于重结晶是极为重要的一步。

重结晶的溶剂必须符合以下条件：

①不与要重结晶的物质发生化学反应。

②高温时，重结晶物质在溶剂中应有较大的溶解度，而室温或低温时则较小。

③溶剂易和重结晶物质分离(如沸点低的物质易挥发)。

④杂质的溶解度很大(重结晶时，可留在母液中)，或者很小(重结晶物质溶解后，热过滤即除去杂质)。

⑤溶剂本身应为低毒性，甚至是无毒的；不易燃、价格较低易回收，操作安全。

⑥沸点要适宜，过高则在晶体表面不易挥发去除；过低则使被纯化固体的溶解度变化小而难分离，且操作也不方便。

选择溶剂时，应先查阅有关手册和资料，若无合适的，可用实验方法来确定具体方法：取约0.1 g待重结晶样品，放入小试管中，加入0.5 ~1 mL某溶剂，看振荡是否溶解。若很快全溶，表明溶剂不宜作重结晶的溶剂；若不溶，且加热后仍不溶，可少量多次加入溶剂至3 ~4 mL，如沸腾时仍不溶解，说明此溶剂也不适用。若加热后能溶解，冷却后能自行析出较多结晶，则为适用溶剂。若溶解后无结晶析出，经玻璃棒在内壁摩擦，促使结晶析出，则这种溶剂也适用。根据实验选择其中最优者作为溶剂。常用溶剂见表2-6。

表2-6 常用溶剂

溶剂名称	沸点/℃	相对密度	溶剂名称	沸点/℃	相对密度
水	100.0	1.00	乙酸乙酯	77.1	0.90
甲醇	64.7	0.79	二氧六环	101.3	1.03
乙醇	78.4	0.79	二氯甲烷	40.8	1.34
丙酮	56.5	0.79	二氧乙烷	83.8	1.24
乙醚	34.6	0.71	三氯甲烷	61.2	1.49
石油醚	30 ~60，60 ~90	0.64 ~0.66	四氯化碳	76.7	1.59
环己烷	80.8	0.78	硝基甲烷	101.2	1.14
苯	80.1	0.88	甲乙酮	79.6	0.81
甲苯	110.6	0.87	乙腈	81.6	0.78

如果待重结晶物找不到一种比较理想的单一溶剂，不是溶解度太大，就是溶解度太小，这时可以选用混合溶剂。混合溶剂是由两种能够互溶的溶剂组成，在其中一种溶剂中该化合物溶解度较大，而在另一种溶剂中溶解度较小。表2-7是常用的混合溶剂。

重结晶的一般过程是：将不纯的固体有机物溶于适当溶剂中，经脱色、热过滤等方法除去杂质。滤液经冷却重新析出晶体，得较纯的有机物。所以，重结晶包括以下几个步骤：

①制热饱和溶液：即将不纯的有机物溶于适当的溶剂中。

②脱色：如果杂质有颜色，可用活性炭吸附去除颜色。

表2-7 常用的混合溶剂

混合溶剂	混合溶剂	混合溶剂
水-乙醇	甲醇-水	石油醚-苯
水-丙醇	甲醇-乙醚	石油醚-丙酮
水-乙酸	甲醇-二氯乙烷	氯仿-醚
乙醚-丙酮	氯仿-醇	苯-醇
乙醇-乙醚-乙酸乙酯	吡啶-水	石油醚-乙醚

③热过滤：将热饱和溶液趁热过滤，除去不溶性杂质。

④冷却析出晶体：将滤液自然冷却，使晶体重新析出，可溶性杂质则留在母液中。

⑤抽滤、干燥：抽滤分离出晶体，压干、称量、测熔点。

重结晶过程中必不可少的步骤是过滤。它包含普通过滤、热过滤和减压过滤。本实验中用到热过滤及减压过滤。

热过滤是常压下的趁热过滤。常压热过滤就是用重力过滤的方法除去热溶液中的不溶性杂质(包括活性炭)，同时又可防止过滤过程中溶液冷却析出晶体，以减少产品的损失和避免晶体堵塞滤纸和漏斗，使过滤顺利进行。如在热过滤中，溶剂不易燃，则整个热过滤过程可用明火加热热水漏斗的侧管头保温；如溶剂易燃，则过滤时应先灭掉火源再过滤。

热过滤装置为热水漏斗、酒精灯、玻璃漏斗和烧杯等，如图 2-12 所示。

在热水漏斗里放一个玻璃漏斗，使用金属的热水漏斗时，应加入容量 2/3 的热水，并持续在热水漏斗的侧管处加热保温。玻璃漏斗内还应放入一张折叠滤纸，为了尽可能地利用滤纸的有效面积，从而加快过滤速度，滤纸应折叠成菊花状。滤纸的折叠方法如图 2-13 所示。

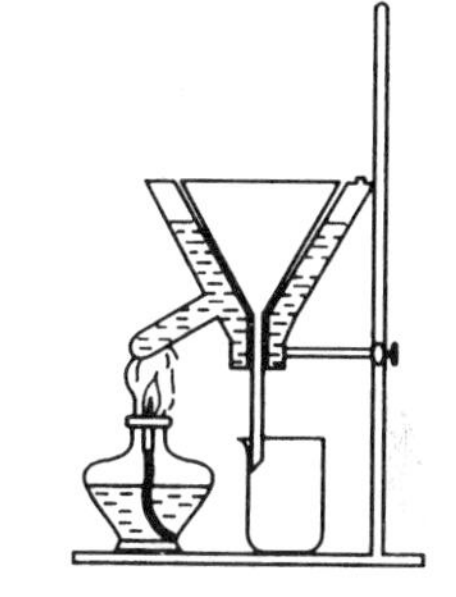

图 2-12　热过滤装置

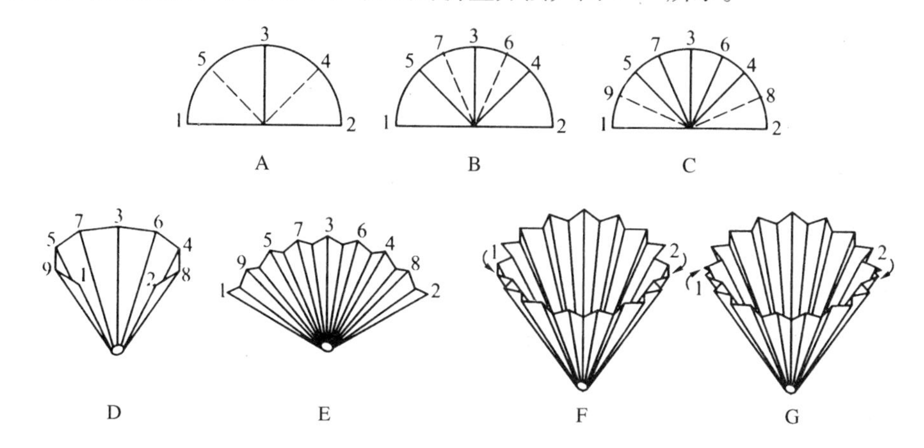

图 2-13　滤纸的折叠方法

将滤纸对折，然后对折成 4 份；将 2 与 3 对折成 4，1 与 3 对折成 5(图 2-13A)；2 与 5 对折成 6，1 与 4 对折成 7(图 2-13B)；2 与 4 对折成 8，1 与 5 对折成 9(图 2-13C)；这时，折好的滤纸边全部向外，角全部向里(图 2-13D)；再将滤纸反方向折叠，相邻的两条边对折即可得到图 2-13E 的形状；然后将图 2-13F 中的 1 和 2 向相反的方向折叠一次，可以得到一个完好的折叠滤纸(图 2-13G)。

需要注意的是：折叠时，折叠方向要一致向里。滤纸折线集中的地方——圆心，切勿重压，以免过滤时滤纸破裂。使用时滤纸要翻转过来，避免弄脏的一面接触滤液。

为了使晶体和母液快速有效地分开需要用减压过滤。减压过滤又称抽滤或吸滤。其优点为过滤快、洗涤快，母液与晶体分离完全，晶体易干燥；缺点是遇有低沸点溶剂时，会因减压使溶剂沸腾、蒸发，导致溶液浓度改变，使结晶过早析出，故不能在未完全冷却析出晶体前开始抽滤。减压过滤装置如图 2-14 所示。

抽滤时的漏斗称为布氏漏斗(Buchner)，为瓷质容器。底部有许多小孔，所用滤纸大小应与布氏漏斗底部边缘恰好相切，然后用水湿润滤纸，使其紧贴于漏斗底部，盖住滤孔，防止晶体随母液抽走。

抽滤瓶是具有侧管的厚壁锥形瓶，用于接收滤液。侧管用橡皮管与缓冲瓶相连，再由缓冲瓶与泵相连。应注意布氏漏斗下端斜口应正对抽滤瓶侧管，以防滤液被吸入侧管，抽滤时应使滤纸湿润紧贴于布氏漏斗底部，然后开始抽气、过滤。

对于少量物质过滤，则可使用玻璃钉漏斗或小型多孔板漏斗。装置如图 2-15 所示。它们是普通漏斗中加一玻璃钉或多孔板，且漏斗内放有一张圆形滤纸(使用玻璃钉漏斗，滤纸直径较玻璃钉直径大 4 ~ 5 mm)，然后将漏斗安在抽滤瓶或者吸滤管上，进行抽气过滤。

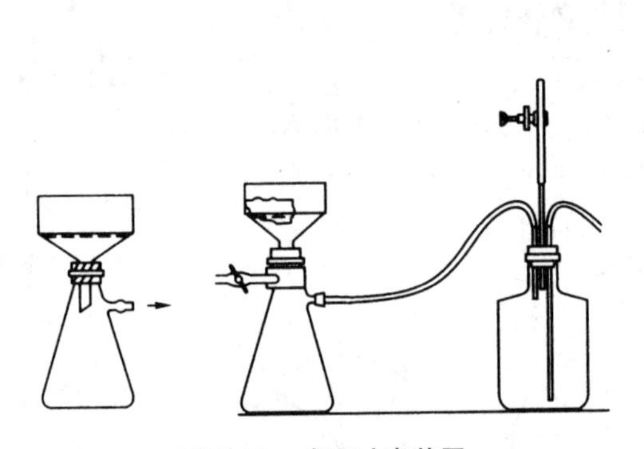

图 2-14　减压过滤装置

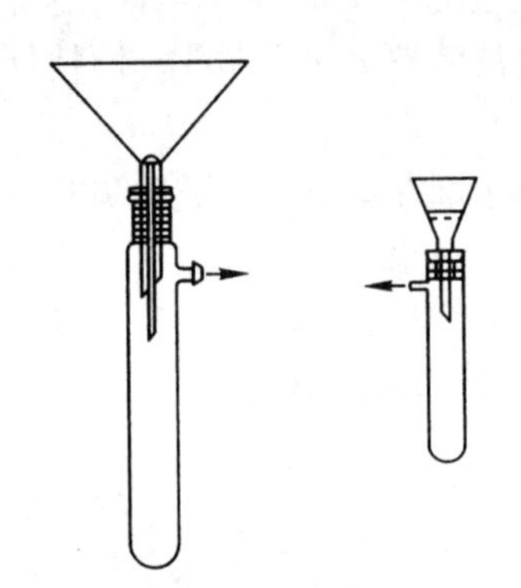

图 2-15　少量物质的减压过滤装置

三、仪器和药品

1. 仪器

热水漏斗、布氏漏斗、烧杯、短颈漏斗、玻璃钉漏斗、抽滤瓶、安全瓶(缓冲瓶)、泵、电子天平、酒精灯、表面皿等。

2. 药品

粗苯甲酸(或粗乙酰苯胺)、活性炭等。

四、实验步骤

(一)单一溶剂重结晶苯甲酸

1. 制热饱和溶液

称取 1 g 粗苯甲酸①，放在 100 mL 烧杯中，加入 40 mL 水(溶剂)，加热至微沸，用玻璃棒搅拌使其完全溶解(杂质除外)。

---

① 苯甲酸在水中的溶解度：18℃为 0. 27 g，100℃时为 5. 9 g。本实验中 1 g 样品加 40 mL 水是过量的，即实际制得的是热不饱和液，目的是防止热过滤时结晶提前析出。

2. 脱色

冷却一会儿，加入少量(一般为固体量的1% ~5%)活性炭①，继续搅拌，加热至沸腾。

3. 热过滤

事先加热，将短颈漏斗放入热水漏斗中，再使热水漏斗中的水达到沸腾，放好菊花形滤纸，用少量溶剂润湿，然后将上面制得的热溶液趁热过滤(此时应保持热水漏斗中水微沸、饱和溶液微沸)。滤毕，用少量(1 ~2 mL)热水洗涤滤渣、滤纸各1次。

4. 结晶

热过滤所得滤液自然冷却析出结晶(此时最好不在冷水中速冷，否则晶体太细，易吸附杂质)。此时如不析出结晶，可用玻璃棒摩擦容器壁引发结晶。如果只有油状物而无结晶，则需要重新加热，待澄清后再结晶。

5. 抽滤、干燥

在已准备好的抽滤装置上用布氏漏斗抽滤②。并用少量(1 ~2 mL)冷水洗涤结晶，以除去附着在结晶表面的母液。洗涤时应先停止抽滤，然后加水洗涤，再抽滤至干。可重复洗涤两次。然后放在表面皿上，于100℃以下的温度在烘箱中烘干。称重，计算产率。取出一部分留做测熔点用。

(二)混合溶剂重结晶乙酰苯胺③

取0.5 g粗乙酰苯胺放入大试管中，加3 mL乙醇，在热水浴中加热，振荡至固体完全溶解。用普通过滤④除去不溶杂质，滤液用另一支洁净大试管收集。放置冷却。然后加热蒸馏水至微浑浊时停止(4 ~5 mL水)。再在热水浴中微热至溶液透明，放置冷却至室温。将此乙酰苯胺的水－乙醇溶液振摇，即析出较原来多的片状有光泽的晶体。用玻璃钉漏斗抽滤，然后用5 ~6滴冷水洗涤结晶1次，抽滤至干、称重，计算产率。

五、思考题

1. 简述重结晶提纯法的基本原理、主要步骤及各步骤的主要目的。
2. 重结晶中的理想溶剂应具备哪些条件？
3. 重结晶时，溶剂为什么不能用得太多或太少？
4. 用活性炭进行脱色时，为什么要在被纯化固体完全溶解后加入？为什么不能在溶液沸腾时加入？活性炭用多了有什么不好？

---

① 水溶液中或极性有机溶剂中常使用活性炭脱色。若使用量太多，也会吸附样品；另外，活性炭不能在溶液沸腾时加入，否则会产生暴沸。若用非极性溶剂时，通常可用氧化铝脱色。

② 抽滤操作中，关闭泵时，应先通大气(旋塞控制或去掉连接的橡皮管)，否则会产生倒吸现象。

③ 乙酰苯胺在乙醇和水中的溶解度见表2-8。

表2-8 乙酰苯胺的溶解度

溶剂	乙醇		水	
温度/℃	20	60	25	80
溶解度/(g/10 mL)	21	46	0.56	3.6

④ 普通过滤：用60°角的圆锥形玻璃漏斗，放入1/4对折的滤纸，使其边缘略低于漏斗边缘。然后把滤纸润湿、过滤。倾入漏斗的液体应比滤纸边缘低1 cm。

5. 样品液为什么要趁热过滤？热过滤时，溶剂的大量挥发对重结晶有什么影响？为什么热过滤要用短颈漏斗，而不能用长颈漏斗？

6. 冷却过程中不结晶怎么办？出现油状物又如何处理？

7. 浓缩或迅速冷却母液可得到一些晶体，其纯度如何？为什么？

实验6　升　华

一、实验目的

(1)了解升华的基本原理和意义。

(2)掌握用升华法提纯有机物的操作技术。

二、实验原理

升华是用来提纯固体有机物的重要方法之一，且可得到很纯的化合物。基本原理是利用固体物质具有较高的蒸气压，当加热时，不经熔融状态就变成蒸气，冷却后又变成固态，这个过程称为升华。具体地说，就是在熔点温度以下具有相当高蒸气压(高于2.76 kPa)的固体物质，才可以用升华法来提纯。用这种方法制备的产品，纯度较高，但损失较大。因此，通过升华可除去不挥发性杂质，或分离不同挥发度的固体混合物。

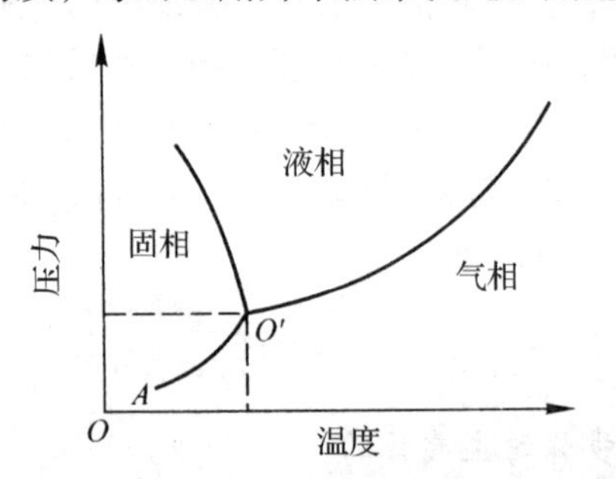

图2-16　物质的固态、液态、气态的三相图

物质的固态、液态、气态的三相图如图2-16所示，O'为三相点，三相点以下不存在液态。$O'A$曲线表示固相和气相之间平衡时的温度和压力。因此，升华应在三相点温度以下进行操作。三相点温度和熔点温度有些差别但差别很小。表2-9是几种固态化合物在其熔点时的蒸气压。

表2-9　几种固体化合物在其熔点时的蒸气压

化合物	固体在熔点时的蒸气压/Pa	熔点/℃
樟脑	49 329. 3	179
碘	11 999	114
萘	933. 3	80
苯甲酸	800	122
对硝基苯甲醛	1. 2	106

若固体的蒸气压在熔点之前已达到大气压时，该物质很适宜在常压下用升华法进行纯化处理。例如，樟脑在160℃时的蒸气压为29 170. 9 Pa。即未达熔点(179℃)前就有很高的蒸气压。只要慢慢加热，温度不超过熔点，未熔化就已成为蒸气。遇冷就凝结成固体，这样的蒸气压长时间维持在49 329. 3 Pa下，至樟脑蒸发完为止，即是樟脑的升华。

用升华法提纯固体，必须满足以下两个必要条件：

①被纯化的固体要有较高的蒸气压。

②固体中杂质的蒸气压应与被纯化固体的蒸气压有明显的差异。

升华特别适用于纯化易潮解及与溶剂易起解离作用的物质。经升华得到的产品一般具有较高的纯度，但它只适用于在不太高的温度下有足够大的蒸气压的固体物质，因而有一定的局限性。实验室里，升华只用于较少量物质的纯化。

三、仪器和药品

1. 仪器

蒸发皿、普通漏斗、滤纸、酒精灯等。

2. 药品

樟脑(粗)。

四、实验步骤

(一)常压升华装置

常压升华装置主要是由蒸发皿和普通漏斗组成，如图 2-17 所示。

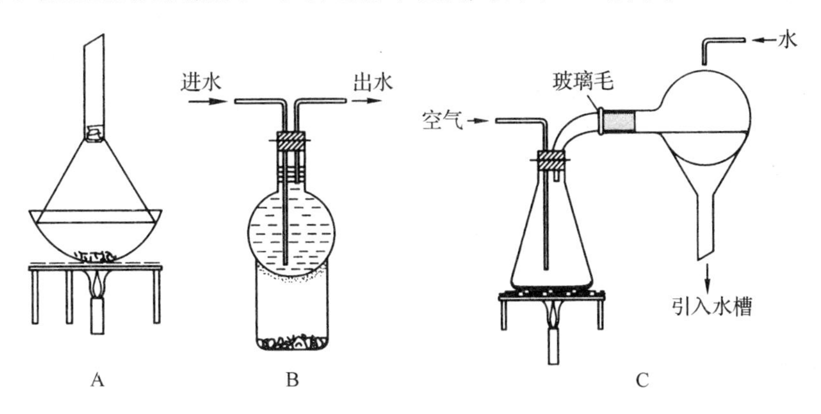

图 2-17　常压升华装置

把待精制的物质放入蒸发皿中。用一张扎有若干小孔的圆滤纸盖住，漏斗倒扣在蒸发皿上，漏斗颈部塞一团疏松棉花，如图 2-17A 所示。在沙浴或石棉网上加热蒸发皿，逐渐升高温度，使待精制的物质汽化——升华，蒸气通过滤纸孔，遇漏斗内壁冷凝成晶体，并附着在漏斗内壁及滤纸上(滤纸上的小孔是防止升华后的物质落回蒸发皿中)。将产品刮下，即得纯净产品。称量、计算产率。

当有较大量的物质需要升华时，可在烧杯中进行。原理与上相同。烧杯上放置一个通入冷水的圆底烧瓶，使蒸气在烧瓶底部凝结成晶体并附着在烧瓶底部，如图 2-17B 所示。最终收集纯净产品称重、计算产率。当需要通入空气或惰性气体进行升华时，可用如图 2-17C 所示装置。

(二)减压升华装置

减压升华装置主要用于少量物质的升华，主要由吸滤管、指形冷凝管和泵组成。少量物

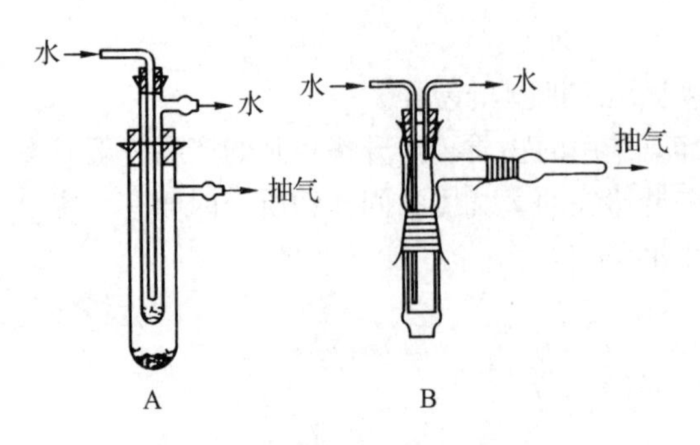

图 2-18　少量物质的减压升华装置

质的减压升华装置如图 2-18 所示。

减压升华装置是将欲升华物质放在吸滤管内，在吸滤管上用橡皮塞固定一个指形冷凝管，内通冷凝水，如图 2-18 所示，然后将吸滤管置于油浴或水浴中加热，利用水泵或油泵抽气减压，使物质升华。升华物质蒸气因受冷凝水冷却，凝结在指形冷凝管底部，达到纯化目的。图 2-18A 为非磨口仪器，图 2-18B接头部分为磨口的，使用更方便。

（三）樟脑的常压升华

取少量(1 ~2 g)粗樟脑固体，研细，放入蒸发皿内，按图 2-17A 装好装置，用小火隔石棉网缓慢加热(保持温度在 179℃以下)，达到一定温度，开始升华，待全部升华完毕后，将升华后的樟脑收集，称重、计算产率。纯样品可倒入指定的回收瓶中。

五、思考题

1. 什么叫升华？升华法的优缺点各是什么？
2. 升华操作中，为什么要尽可能使加热温度保持在被升华物质的熔点以下？
3. 利用升华提纯固体有机物应具备什么条件？

实验 7　萃　取

一、实验目的

(1) 了解萃取的原理。
(2) 掌握萃取的操作技术。

二、实验原理

从固体或液态混合物中分离所需要的有机物，最常用的操作是萃取。萃取广泛用于有机物的纯化，它与洗涤的原理相似，目的不同。从混合物中提取所需要的物质，这种操作称为萃取或提取。简单地说，某物质从被溶解或悬浮的相中，转移到另一个液相中称为萃取；去除不要的物质的操作称为洗涤。

萃取是利用有机物在两种不互溶的溶剂中的溶解度或分配比不同而达到分离目的的，可以用水与不互溶的有机溶剂在水溶液中的分离来说明。萃取也是有机物提取或纯化的常用操作方法之一。

根据要分离的物质的状态不同，萃取可分为固相萃取和液相萃取。

(一)液-液萃取

常使用分液漏斗进行液-液萃取。

在一定温度下，某种有机物在有机相中和在水相中的浓度比(c_A/c_B)为一常数(在此不考虑分子的解离、缔合和溶剂化等作用)。其关系式为

$$c_A/c_B = K \tag{1}$$

式中 A，B——两种不互溶的溶剂，如水和有机溶剂；

K——分配系数，是一常数。

利用此关系式，可算出每次萃取后物质的剩余量。

假设：m_0 为被萃取物质的总质量(g)；V_0 为原溶液的体积(mL)；m_1 为第一次萃取后物质的剩余量；V 为每次所用萃取剂的体积(mL)。将上述物理量代入式(1)有

$$K = \frac{m_1/V_0}{(m_0 - m_1)/V}$$

即 $m_1 = m_0 \dfrac{KV_0}{KV_0 + V}$ 为第一次萃取后的剩余量。

二次萃取后 $K = \dfrac{m_2/V_0}{(m_1 - m_2)/V}$，即 $m_2 = m_1 \dfrac{KV_0}{KV_0 + V} = m_0 \left(\dfrac{KV_0}{KV_0 + V}\right)^2$，所以经 n 次萃取后

$$m_n = m_0 \left(\frac{KV_0}{KV_0 + V}\right)^n \tag{2}$$

由式(2)可知，$\dfrac{KV_0}{KV_0 + V}$ 值永远小于1；n 值越大，m_n 则越小，说明用一定量的溶剂进行萃取时，分多次萃取效率比一次性萃取效率高。

例如，在100 mL水中溶有5.0 g有机物，用50 mL乙醚萃取，分别计算用50 mL一次性萃取和分两次萃取的量是多少？萃取率是多少(设分配系数水：乙醚 = 1/3)？

按式(2)推导得知，50 mL乙醚一次萃取后，有机物的剩余量及萃取效率为

$$m_1 = m_0 \frac{KV_0}{KV_0 + V} = 5.0\ \text{g} \times \frac{\frac{1}{3} \times 100\ \text{mL}}{\frac{1}{3} \times 100\ \text{mL} + 50\ \text{mL}} = 2.0\ \text{g}$$

$$\text{萃取效率} = \frac{5.0\ \text{g} - 2.0\ \text{g}}{5.0\ \text{g}} \times 100\% = 60\%$$

若50 mL乙醚分两次萃取，则萃取第二次后，有机物的剩余量及萃取效率为

$$m_2 = m_0 \left(\frac{KV_0}{KV_0 + V}\right)^2 = 5.0\ \text{g} \times \left[\frac{\frac{1}{3} \times 100\ \text{mL}}{\frac{1}{3} \times 100\ \text{mL} + 25\ \text{mL}}\right]^2 = 1.6\ \text{g}$$

$$\text{萃取效率} = \frac{5.0\ \text{g} - 1.6\ \text{g}}{5.0\ \text{g}} \times 100\% = 68\%$$

但是，连续萃取的次数不是无限度的，当溶剂总量保持不变时，萃取次数增加，每次使用的溶剂体积就要减少，$n > 5$ 时，n 与 V 两个因素的影响就几乎相互抵消了，再增加 n 次，则

m_n/m_{n+1} 的变化不大，可忽略。故一般以萃取3次为宜。

另外，选择合适的萃取剂，也是提纯物质的有效方法。合适萃取剂的要求：纯度高、沸点低、毒性小，水溶液中萃取使用的溶剂在水中溶解度要小(难溶或微溶)，被萃取物在溶剂中的溶解度要大，溶剂与水和被萃取物都不反应，萃取后的溶剂易于蒸馏回收。此外，价格便宜、操作方便、不易着火等也是考虑的条件。

经常使用的溶剂有：乙醚、苯、四氯化碳、氯仿、石油醚、二氯甲烷、正丁醇和乙酸乙酯等。难溶于水的物质用石油醚等萃取；较易溶于水者，用乙醚或苯萃取；易溶于水的物质用乙酸乙酯或其他类似溶剂萃取。但需注意，萃取剂中有许多是易燃的，故在实验室中可少量操作，而工业生产中不宜使用。

(二)液-固萃取

液-固萃取是从固体混合物中萃取需要的物质，最简单的方法是把固体混合物研细，放在容器里，加入适量溶剂，振荡后，用过滤或倾析的方法把萃取液和残留的固体分开。若被提取的物质特别容易溶解，也可把固体混合物放在有滤纸的玻璃漏斗中，用溶剂洗涤，要萃取的物质就可以溶解在溶剂中而被滤出。如萃取物的溶解度很小，则此时宜采用索氏(Soxhlet)提取器来萃取，它是利用溶剂对样品中被提取成分和杂质之间溶解度的不同，来达到分离提纯的目的。即利用溶剂回流及虹吸原理，使固体有机物连续多次被纯溶剂萃取，它具有较高的萃取率。

(三)固相萃取法

固相萃取法(SPE)的原理与液相色谱相似，是柱色谱分离法。总体上说，固相萃取法实际上是色谱技术在样品净化、富集方面的应用。此内容详见色谱分离技术。

三、仪器和药品

1. 仪器

锥形瓶、移液管、碱式滴定管、布氏漏斗、抽滤瓶、分液漏斗、蒸馏烧瓶、直形冷凝管、真空接液管、蒸馏头、电子天平、研钵、沙芯漏斗、电水浴、真空蒸发器等。

2. 药品

冰乙酸与水的混合液(体积比1∶19)、乙醚、0.2 mol/L标准氢氧化钠溶液、粗对苯二酚、pH精密试纸、甲苯、苯胺、苯甲酸、4 mol/L盐酸、6mol/L氢氧化钠溶液、饱和碳酸氢钠、无水氯化钙等。

四、实验步骤

(一)分液漏斗的使用

常使用的分液漏斗有球形、梨形和筒形3种。其中，梨形分液漏斗常用于萃取，另外还可用于分离两种不相溶的液体，或用水、酸、碱液洗涤某种产品。

分液漏斗在使用前，应先检查其气密性，以免使用过程中发生泄漏，造成损失。使用时，将液体与萃取剂从分液漏斗上口倒入，盖好盖子，振荡漏斗，使两液层充分接触①。振荡时，先把分液漏斗倾斜，使上口略朝下，如图 2-19 所示。

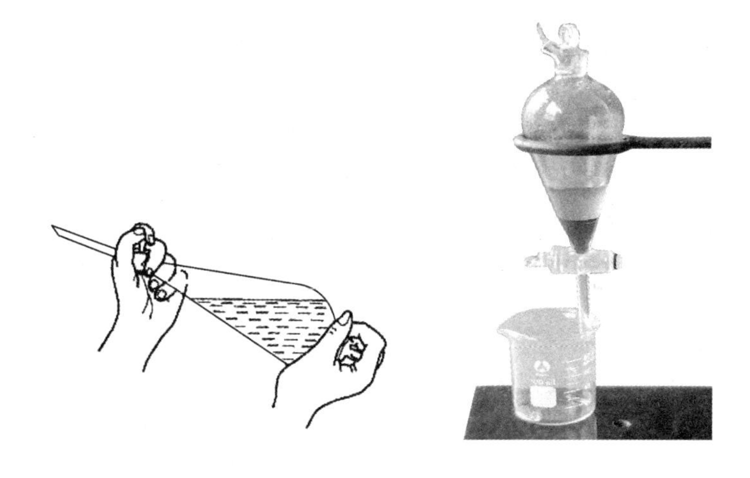

图 2-19　分液漏斗的振荡和静置

右手握住分液漏斗上口颈部，并用食指根部压紧盖子，以免脱落，左手握住旋塞，此方式既能防止振荡时旋塞转动或脱落，又便于灵活地旋开旋塞。小心地逆时针旋转振荡，然后将漏斗尾部向上倾斜，旋开旋塞排气，以防液体从漏斗中冲出造成损失，放出蒸气后，内外压平衡；若在漏斗中盛有易挥发的溶剂，如乙醚、苯等，或者用碳酸钠溶液中和酸液，振荡后，更应及时打开旋塞放气。振荡几次后，将分液漏斗置于铁架台的铁环上静置，使两液分层。若有些溶液经剧烈振荡，会形成乳浊液，则应避免剧烈振荡。如已形成乳浊液，且一时又不能分层，则可向乳浊液中加入氯化钠，使溶液饱和以降低乳浊液的稳定性，促使液层尽快分开，长时间静置也可达到乳浊液的分层，然后分离。

注意：分离液层时，不能用手拿分液漏斗进行分离，下层液体从下口缓慢放出，上层液体应从上口倒出(如上层液体也经下口旋塞方向放出，则漏斗下面颈部所附着的残液会污染上层液体)。另外，禁止未打开上口玻璃塞就打开下口旋塞。

分液漏斗若与碱或碱式碳酸盐接触后，必须洗净漏斗，否则长时间不用，碱与玻璃发生反应，粘连而拧不开。

(二)从乙酸水溶液中萃取乙酸

(1)用移液管准确移取 10 mL 冰乙酸与水的混合液，放入分液漏斗中，然后加入 20 mL 乙醚，振荡混合物，萃取乙酸。使液体分层，放出下层水层于 50 mL 锥形瓶内，加入 2 ~ 3 滴酚酞指示剂，用 0. 2 mol/L 标准氢氧化钠溶液滴定，记录用去氢氧化钠的体积。将乙醚倒

---

① 萃取中剧烈振荡发生乳化，静置又难以分层，则可用如下方法处理：

a. 加入少量电解质(氯化钠)以破坏水化膜，用盐析法破坏乳化，另外加氯化钠也可增加水相的密度。

b. 因碱性物质存在而发生乳化现象，可加入少量稀硫酸或采用过滤法来消除。

c. 用纤维素粉过滤是有效的方法。

d. 用高速离心破坏乳浊液。

回指定回收瓶中。

(2)用移液管另取 10 mL 冰乙酸与水的混合液于分液漏斗中，先用 10 mL 乙醚萃取一次，分去乙醚层。水层再用 10 mL 乙醚萃取。将两次萃取后的水层倒入 50 mL 锥形瓶中，用 0.2 mol/L 标准氢氧化钠溶液滴定。记录到达终点时氢氧化钠的用量。

(3)计算

①20 mL 乙醚的一次萃取率。

②20 mL 乙醚分两次用的萃取率。

③比较两种方法的效果好坏。

(三)从对苯二酚水溶液中萃取对苯二酚

在 100 mL 锥形瓶中，加入 2 g 粗对苯二酚和 40 mL 水。在不超过 40℃的温水中加热混合液，并轻轻振摇，至对苯二酚完全溶解(因对苯二酚水溶液在空气中极易氧化成褐色，故加热溶解时温度不能太高)。充分冷却后，转移至分液漏斗中，先加入 10 mL 乙醚，振荡，静置分层，放出下层水层于烧杯中，上层乙醚萃取液倒入蒸馏瓶中。水层液此时再倒回分液漏斗，用另外 10 mL 乙醚进行第二次萃取，再分层，使乙醚萃取液合并一处，用易燃液体的蒸馏装置(图 2-20)，在热水浴上蒸去乙醚。待全部蒸出后将乙醚倒入回收瓶内，蒸馏瓶内即有对苯二酚固体析出。加入约 2 mL 水将固体转移到布氏漏斗中，抽滤。洗涤抽干后，将对苯二酚固体取出，干燥，称量，计算萃取率。

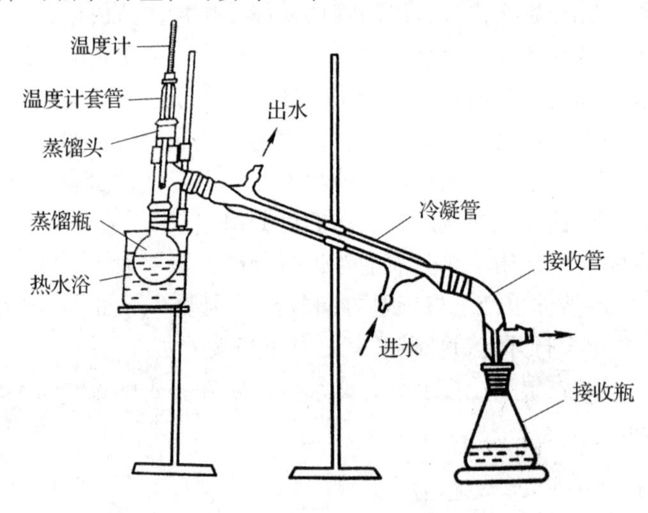

图 2-20 易燃液体的蒸馏装置

(四)3 种组分混合物的分离

取 52 mL 混合物(30 mL 甲苯、20 mL 苯胺和 3 g 苯甲胺)，充分搅拌下逐滴加入 4 mol/L 盐酸，使混合物溶液 pH = 2，并将其转移至分液漏斗中，静置分层，水层放入锥形瓶中待处理。向分液漏斗中的有机层加入适量水，洗去附着的酸，分离，弃去洗涤液，边振荡边加入饱和碳酸氢钠，使混合物溶液达到pH = 8 ~ 9，静置分层。分出有机层，用无水氯化钙干燥。常压蒸馏得到无色透明液体。记录沸点和馏分体积，判断为何物质。

被分出的水层，置于小烧杯中，不断搅拌，加入 4 mol/L 盐酸，至溶液pH = 2，有大量白色沉淀析出。过滤，选择合适溶剂重结晶，干燥，称量，测熔点，判断为何物质。

将上述第一次置于锥形瓶待处理的水层，边摇边加入6 mol/L氢氧化钠溶液，使溶液达pH=10，静置分层。弃去水层，水蒸气蒸馏，用乙醚萃取，分离。用适量粒状氢氧化钠干燥，蒸馏得到无色透明液体。记录沸点和馏分体积，并判断为何物质。

五、思考题

1. 影响萃取效率的因素有哪些？怎样选择合适的溶剂？
2. 用分液漏斗进行提取操作时，为什么要振荡混合液？使用分液漏斗时有哪些注意事项？
3. 采用乙醚作为萃取剂，有哪些优缺点？使用乙醚时应注意什么？

Ⅱ　有机化合物物理常数测定

实验8　熔点的测定

一、实验目的

(1)了解熔点测定的意义。
(2)掌握熔点测定的方法。
(3)了解利用纯有机化合物熔点测定来校正温度计的方法。

二、实验原理

晶体物质在大气压力下加热熔化时的温度，称为熔点。严格地说，熔点是物质固液两相在大气压力下平衡共存的温度。大多数有机化合物都具有一定的熔点，其熔点一般不超过350℃，因此，用简单的仪器就能测定。实验室测得的熔点，实际上是该物质的熔程，即从物质开始熔化到完全熔化的温度范围。纯物质的熔程一般为0.5~1℃。当物质混有少量杂质时，熔点就会下降，熔程增大。因此，熔点是鉴定固体有机化合物的一个重要物理常数，根据熔程的大小也可判别该化合物的纯度。

如果两种化合物具有相同或相近的熔点，可以通过测定其混合熔点来判别这两种化合物是相同的还是不同的物质。若两种物质相同，则以任何比例混合时，其熔点不变。若两种物质不同，则混合后其熔点下降，并且熔程增大①。这种鉴定方法叫作混合熔点法。

熔点的测定方法目前以毛细管法应用较为广泛，此法仪器简单，操作方便，依靠管内传热浴液的温差产生的对流，不需要人工搅拌。测定结果虽略高于真实的熔点，但尚能满足一般物质的鉴定。另外，还有显微镜式微量熔点测定法，该方法的优点是可以测定微量样品的熔点；测量范围较宽(从室温至350℃)；能够观察到样品在加热过程中的变化，如结晶水脱

---

① 有时两种熔点相同的不同物质混合后，熔点可能维持不变，也可能上升，这种现象可能与生成新的化合物或存在固溶体有关。

水、晶体变化及样品分解等。因此，该方法应用也较为普遍。

三、仪器和药品

1. 仪器

b形管(thiele tube)、毛细管、玻璃管等。

2. 药品

苯甲酸、未知物(肉桂酸及尿素)、液体石蜡等。

四、实验步骤

(一)毛细管法测熔点

1. 制备熔点管

毛细管法一般用内径为1 mm左右，长为6~8 cm的一端封口的毛细管作为熔点管。这种熔点管可自行拉制，也可取符合要求的市售毛细管，截取适当长度，烧熔封住一端的管口而制得。

2. 填装样品

取0.1~0.2 g干燥样品，置于干净的表面皿或玻璃片上，研成粉末，聚成小堆。将熔点管开口一端倒插入粉末堆中数次，样品被挤入管中，另取一支长约40 cm的玻璃管，将玻璃管直立于倒扣的表面皿上，把已装样品的熔点管开口端朝上，将其放入玻璃管中自由下落(图2-21A)。重复操作，直至样品高2~3 mm为止。

3. 熔点测定装置

测熔点最常用的仪器是b形管(图2-21B)，有时也用双浴式熔点测定器(图2-21C)。用双浴式熔点测定器测熔点时，热浴隔着空气(空气浴)将温度计和样品加热，使它们受热均匀，效果较好，但温度上升较慢。用b形管测熔点，管内的温度分布不均匀，往往使测得的熔点不够准确。但使用时很方便，加热快、冷却快，因此在实验室测熔点时，多用此法。

用铁夹将b形管固定在铁架台上，装入导热浴液，使浴液[①]略高于b形管的上侧管即可，将装好样品的熔点管用橡皮筋固定在温度计下端，使熔点管装样品的部分位于水银球的中部(图2-21B)。然后将带有熔点管的温度计通过有缺口的软木塞，小心地插入熔点测定管，使温度可从软木塞缺口处见到。注意：橡皮筋不得接触浴液，温度计水银球位于b型管两侧管中间(图2-21B)，使循环浴液的温度能在温度计上较准确地反映出来。

4. 熔点的测定

(1)粗略测定熔点　若想测得未知物的准确熔点，首先应该测定熔点的大致范围，按图2-21B所示进行加热。粗测时升温可稍快，一般每分钟4~5℃，直至样品熔化。记下此时温度计读数，供精确测定熔点时参考。粗测熔点后，移开火焰，冷却至浴液温度低于粗测熔

① 可以根据被测物质的熔点来选定浴液。被测物质的熔点在90℃以下，可选用水作浴液；被测物质的熔点在90℃以上、220℃以下，可选用液体石蜡作溶液；熔点再高，可选用浓硫酸(可加热至270℃)，硫酸腐蚀性强，使用时要特别小心，需佩戴防护眼镜。

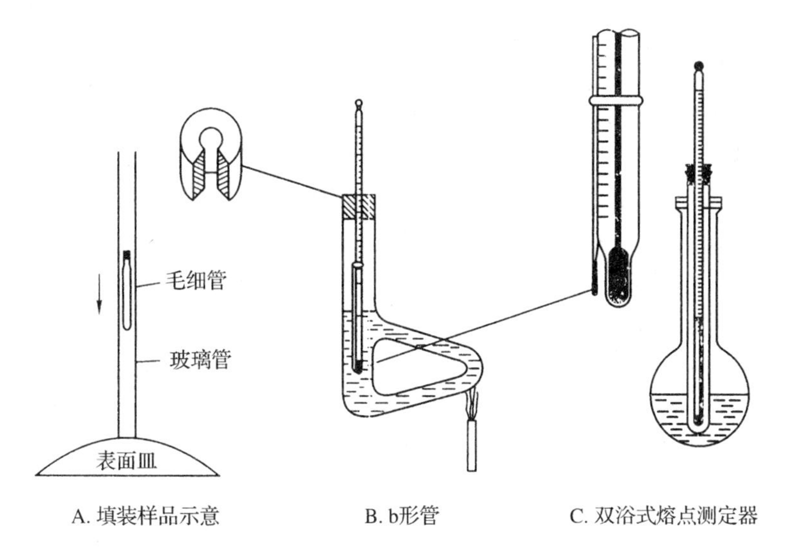

A. 填装样品示意　　B. b形管　　C. 双浴式熔点测定器

图 2-21　熔点测定

点 30℃左右，将温度计取出，换上第二根熔点管①。

(2)精确测定熔点　起初每分钟升温 4～5℃，当温度距粗测熔点 15℃时，控制加热速度，每分钟升温 1～2℃。接近粗测熔点时，每分钟升温不超过1℃。此时应特别注意温度的上升和熔点管中样品的变化。当熔点管中的样品开始塌落、湿润、出现小液滴时，表明样品开始熔化，记下此时温度(即为始熔温度)。继续微热至固体全部消失，变为透明液体时，再记下此时温度(即为全熔温度)，始熔温度至全熔温度范围即为样品的熔点范围(即熔程)。表 2-10 为一些有机化合物的熔点。

按上述步骤测定下列样品的熔点：

①苯甲酸的熔点(粗测 1 次，精测 2 次)。

②苯甲酸与肉桂酸(或尿素)的混合物(体积比 1∶1)的熔点(粗测 1 次，精测 2 次)。

③测定未知物(实验室提供)的熔点(粗测 1 次，精测 2 次)。根据表 2-10 数据推测未知物可能是何物。

表 2-10　一些有机化合物的熔点

化合物	熔点/℃	化合物	熔点/℃
乙酰苯胺	114.3	尿素	132.7
苯甲酸	122.4	α-萘乙酸	132～133
肉桂酸	132.0～133.0	水杨酸	159

④鉴定未知物：取未知物和推测物混合(体积比 1∶1)，测其熔点(粗测 1 次，精测 2 次)，根据测定的熔点和熔程来确定推测物和未知物是否是同一物质。

---

① 注意：不能将已用过的熔点管冷却和固化后重复使用。因为某些物质会发生部分分解，或转变成具有不同熔点的其他晶体。

(二)其他熔点测定方法

实验中常用测定熔点的方法还有以下两种。

1. 显微熔点测定法

显微熔点测定仪(图2-22)测定熔点时，先将洁净干燥的载玻片放在一个可移动的支持器内，将微量样品研细放在载玻片上。样品不能堆积，用另一载玻片盖住样品。调节支持器的把手，使样品位于电热板中心的孔洞。再用一带沙边的圆玻璃盖盖住热台。调节镜头焦距，使样品清晰可见。开启加热器，用调压器调节加热速度。当温度接近样品熔点时，控制温度上升速度为每分钟不超过1℃，仔细观察样品变化。当结晶棱角开始变圆时，表明样品开始熔化。结晶形状完全消失时，表明完全熔化。记录样品始熔及全熔的温度。

测完熔点后停止加热。待载玻片稍凉，用镊子取走圆玻璃盖及载玻片。将一铝散热块放在加热板上，加快散热速度，以备重复测定。

该法测熔点的优点是可测微量样品的熔点，也可测高熔点的样品，又可细致观察样品在加热过程中的变化情况，如升华、分解、脱水和多晶型物质的晶型转化等。

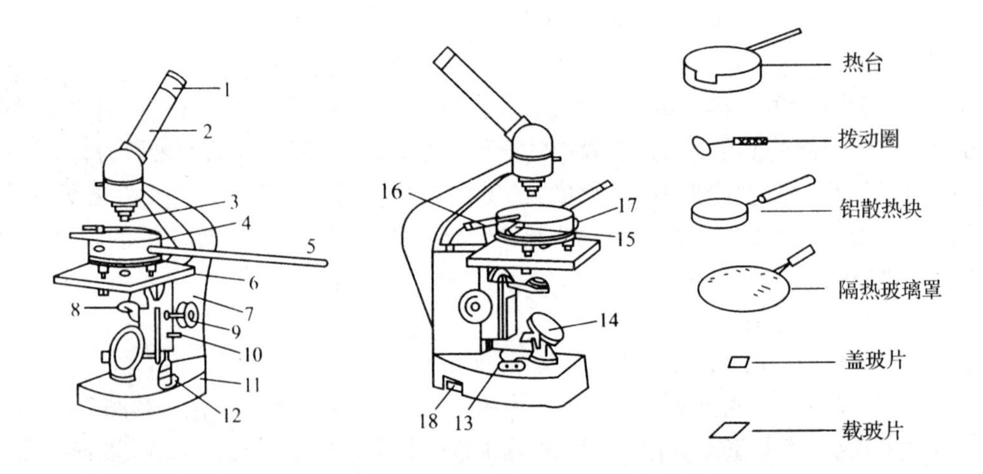

图2-22 显微熔点测定仪示意

1. 目镜 2. 棱镜检偏部件 3. 物镜 4. 热台 5. 温度计 6. 载热台 7. 镜身 8. 起偏振件 9. 粗动手轮 10. 止紧螺钉 11. 底座 12. 波段开关 13. 电位器旋钮 14. 反光镜 15. 拨动圈 16. 上隔热玻璃 17. 地线柱 18. 电压表

2. 微机熔点仪法

微机熔点仪采用光电检测、液晶显示等技术，具有始熔、全熔自动显示、熔化曲线自动绘制等功能，如图2-23所示。

(三)温度计的校正

为测得准确熔点，必须校正温度计。普通温度计的刻度是在温度计的水银线全部受热的情况下刻出来的，但我们在测定时常常只是将温度计的一部分插入热液中，另一部分水银露在液面外，这样测定的温度就会比温度计全部浸入液体中所测得的结果稍偏低，因此要校正温度计。

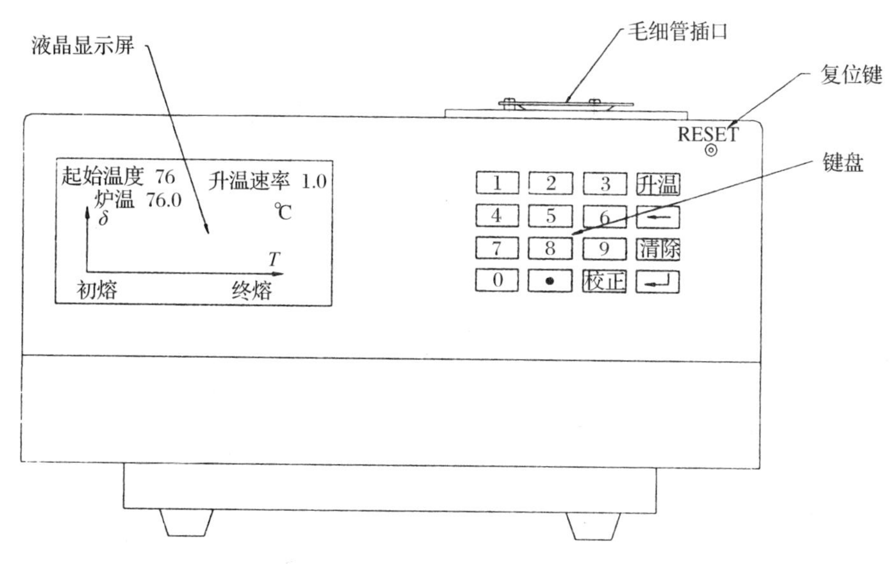

图 2-23　微机熔点仪示意

校正温度计，可选择数种已知熔点的标准有机化合物，用该温度计测其熔点。以实测熔点为纵坐标，以实测熔点和标准熔点的差值为横坐标，画出如图 2-24 所示的校正曲线。凡用这支温度计测得的温度均可在曲线上找到校正值。校正温度计的标准有机化合物样品见表 2-11，校正时可适当选择其中几种。

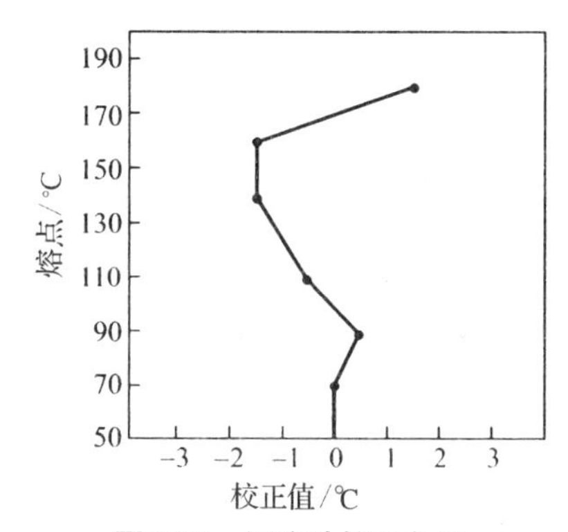

图 2-24　温度计校正曲线

表 2-11　标准有机化合物样品的熔点

化合物	熔点/℃	化合物	熔点/℃
水 - 冰(蒸馏水制)	0	苯甲酸	122
α - 萘胺	50	尿素	133 ~ 134
二苯胺	54 ~ 55	二苯基羟基乙酸	151
苯甲酸苯酯	69.5 ~ 71.0	水杨酸	159
萘	80.5	丁二酸	188
间二硝基苯	90	3,5 - 二硝基苯甲酸	205
二苯乙二酮	95 ~ 96	蒽	216.1
乙酰苯胺	114.3	酚酞	262 ~ 263

五、思考题

1. 测熔点时为何用 b 形管装加热浴液？若没有 b 形管应用什么装置代替？
2. 当温度接近熔点时为何要控制温度上升速度？升温太快对测熔点有何影响？

实验9 沸点的测定

一、实验目的

(1)了解沸点测定的意义，掌握常量法和微量法测定沸点的原理和方法。

(2)掌握蒸馏装置的安装顺序和拆除顺序。

二、实验原理

将液体置于容器中，由于液体的分子运动使液体分子从液体表面逸出，在液体上部空间形成蒸气，同时蒸气中的分子也会返回到液体中，最终分子从液体中逸出的速度等于从蒸气中返回到液体的速度，即达到动态平衡，此时液面上的蒸气压称为饱和蒸气压。实验证明，一定温度下，每种液体都具有一定的饱和蒸气压，它与体系中液体量及蒸气量无关。

液体受热时，它的饱和蒸气压就增大。当液体的饱和蒸气压与外界大气压相等时，开始有大量的气泡不断地从液体内部逸出，液体呈沸腾状态，此时的温度就是该液体的沸点。通常说的沸点是指在101.325 kPa下，液体沸腾时的温度。纯液体都具有一定的沸点①。而且沸点范围(沸程)也很小(0.5～1℃)。因此，通过测定沸点可以鉴别有机化合物和判别物质的纯度。

沸点的测定可通过蒸馏的方法，用蒸馏法测沸点称为常量法。这种方法试剂用量为10 mL以上，如果样品不多，可采用微量法。

三、仪器和药品

1. 仪器

圆底烧瓶、直形冷凝管、蒸馏头、接液管、温度计、乳胶管、锥形瓶、沸石、b形管、毛细管等。

2. 药品

无水乙醇、凡士林等。

四、实验步骤

(一)常量法测定沸点

1. 蒸馏装置

蒸馏装置如图2-2所示，它是由圆底烧瓶、冷凝管和接收装置三部分组成。安装时从热源开始，按照先下后上，先左后右的顺序，根据热源的高低把圆底烧瓶用铁夹子固定在铁架台上，将冷凝管用铁夹子固定在另一个铁架台上，铁夹子的松紧程度以稍用力尚能转动为宜。要求所有仪器从正面和侧面看均在同一平面内。仪器的连接要紧密不漏气，但接收瓶与

---

① 有一定沸点的物质不一定都是纯物质，有些二元或三元共沸物也有一定的沸点。如95.57%的乙醇和4.43%的水组成的二元共沸混合物，其沸点是78.17℃。

接收管之间要与大气相通，否则在蒸馏过程中，蒸馏系统会引起爆炸。安装时还应注意，温度计水银球的上缘恰好与蒸馏瓶支管接口的下缘在同一水平线上。冷却水从靠近接收瓶一端的冷凝管入水口进入，从远离接收瓶一端的冷凝管出水口流出。

2. 沸点的测定

准确量取20 mL无水乙醇置于圆底烧瓶中，加入2～3粒沸石（防暴沸），插上温度计，安装好装置，先通冷却水，然后用水浴加热。随着水浴温度升高，观察圆底烧瓶中液体变化，当液体开始沸腾时，蒸气会逐渐上升。当蒸气上升至温度计位置时，温度计读数急剧上升，此时注意记录第一滴馏出液滴入接收器时的温度，并调节加热速度，控制馏出液以每秒蒸出1～2滴为宜，使温度计水银球上始终带有一滴冷凝液。继续加热，并观察温度计有无变化，当温度计读数稳定时，此稳定温度即为样品的沸点。直到样品大部分蒸发出为止（切记不得蒸干，以免蒸馏瓶破裂或发生其他意外事故），记录最后的温度。上述稳定温度和最后温度范围就是样品的沸点范围（即沸程）。

测定完毕，应先停止加热，待冷却后关好冷却水，按与安装时相反的顺序拆除仪器，将仪器洗净后晾干备用。

（二）微量法测定沸点

1. 沸点管的制备

沸点管由外管和内管组成，外管用长7～8 cm、内径0.2～0.3 cm的玻璃管将一端烧熔封口制得，内管用市售的毛细管封其一端而成。测量时将内管开口向下插入外管中。

2. 沸点的测定

取1～2滴待测液于沸点管的外管中，将内管开口朝下插入外管里，并让开口处浸入待测液中，用橡皮圈将沸点管附于温度计上，应使沸点管内液体部位与温度计水银球尽量贴近，如图2-25所示。将带有沸点管的温度计插入b形管的浴液中即可开始加热。加热时，内管中的空气由于受热膨胀，可观察到有小气泡从内管下口逸出。当达到气泡连续不断时，立即停止加热（避免蒸干），自行冷却，仔细观察，当气泡不再冒出，而液体刚要进入内管（内外液面相等时），立刻记录温度计的读数，此温度为该液体的沸点。

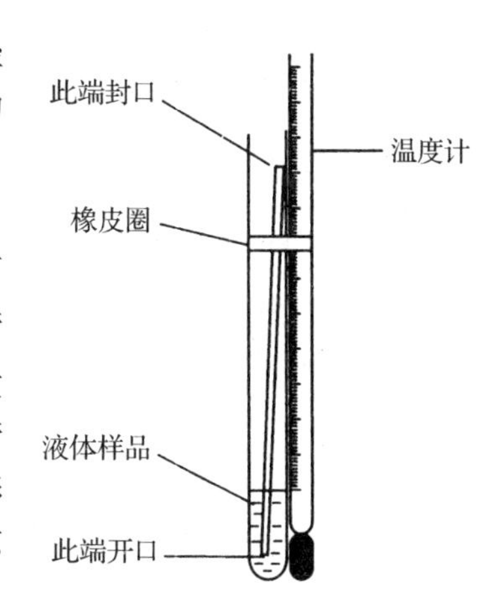

图2-25　微量法测沸点装置

一些常用标准化合物的沸点见表2-12。

表2-12　一些常用标准化合物的沸点

化合物名称	沸点/℃	化合物名称	沸点/℃
溴乙烷	38.4	氯苯	131.8
丙酮	56.1	溴苯	156.2
氯仿	61.3	环己醇	161.1
四氯化碳	76.8	苯胺	184.5
乙醇	78.2	苯甲酸甲酯	199.5

(续)

化合物名称	沸点/℃	化合物名称	沸点/℃
苯	80.1	硝基苯	210.9
水	100.1	水杨酸甲酯	223.0
甲苯	110.0	对硝基甲苯	238.3

五、思考题

1. 常量法测沸点时，若把温度计水银球插在液面下或者在蒸馏烧瓶支管口上面，会对测定结果有什么影响?

2. 你所测得的某液体的沸点是否与文献值一致? 为什么?

实验10　阿贝折射仪测定乙醇的纯度

一、实验目的

(1)了解折射率测定的意义。

(2)掌握阿贝(Abbe)折射仪的使用方法。

二、实验原理

光在不同介质中传播的速度不同。当光从一种介质进入另一种介质时传播方向会发生改变，这一现象称为光的折射(图2-26)。光在介质A和介质B中的传播速度之比(v_A/v_B)等于光在两种介质间的入射角 α 与折射角 β 的正弦之比，这一比值 n 就是折射率:

$$n = \frac{v_A}{v_B} = \frac{\sin \alpha}{\sin \beta}$$

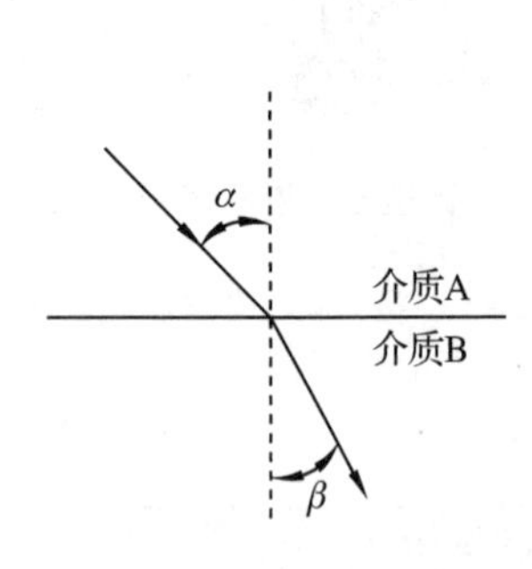

图2-26　光的折射

由于物质的密度对光的传播速度有影响，而密度又是物质的特征物理性质之一，因此测定折射率可以鉴定有机物。折射率也用于确定液体混合物的组成，对蒸馏得到的溶液，可以用测定折射率来确定馏分的组成。折射率是有机物重要的物理常数，尤其是液态有机物的折射率在一般的手册、文献中多有记载。

影响折射率测定的因素主要是入射光的波长和温度。温度升高1℃，液体有机物的折射率就减少 3.5×10^{-4} ~ 5.5×10^{-4}。一般使用 4.5×10^{-4} 作为温度变化常数，如20℃时，以钠灯作光源(波长为589.3 nm)测得折射率，则表示为 n_D^{20} 。实测温度 t 下的折射率 n_D^t 可以表示如下:

$$n_D^{20} = n_D^t + 4.5\times10^{-4}(t-20)$$

阿贝折射仪是根据临界折射现象设计的，如图2-27所示。当光由密度小的介质A进入密度大的介质B时，折射角 β 小于入射角 α 。当 $\alpha = 90°$ 时，$\sin\alpha = 1$ ，这时，折射角 β 也

达到最大值 β_0，称为临界折射角。显然，在一定测定条件下，β_0 是一个常数，它与折射率的关系为

$$n = \frac{1}{\sin \beta_0}$$

由此可见，如果能测得临界角 β_0 就可得到物质的折射率 n。这就是阿贝折射仪的基本光学原理。

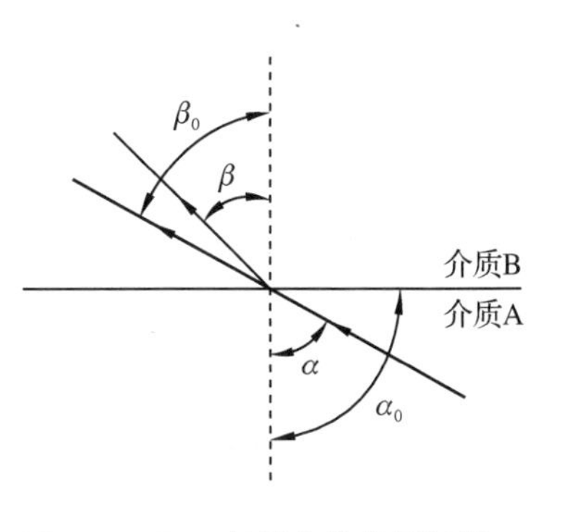

图 2-27　阿贝折射仪的临界折射

为测定 β_0 的值，阿贝折射仪采用了"半明半暗"的方法，就是让单色光从 0°～90°的所有角度由介质 A 射入介质 B，这时介质 B 中临界角以内的整个区域都有光线通过，是明亮的；而临界角以外的全部区域都没有光线通过，是黑暗的，明暗两区域的界线清楚。从目镜观察，可以看到界线清晰的半明半暗的现象(图 2-28)。

介质不同，临界角也不同，目镜中明暗两区的界线位置也不一样。在目镜中刻有一个十字交叉线，调整介质 B 与目镜的相对位置，使明暗两区的交界线总是通过十字交叉线的交点，通过测定相对位置(角度)，经过换算，便可得到折射率。从阿贝折射率仪的标尺刻度可直接读出经换算后的折射率(图 2-29)。

阿贝折射仪有消色散系统，可直接使用日光，所测折射率与使用钠光光源一样。

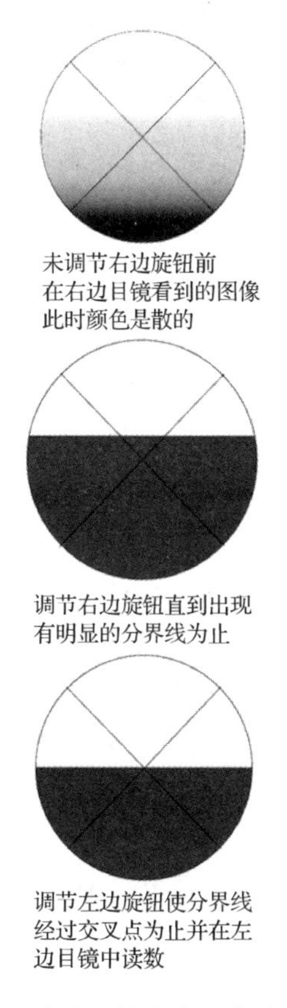

未调节右边旋钮前
在右边目镜看到的图像
此时颜色是散的
调节右边旋钮直到出现
有明显的分界线为止
调节左边旋钮使分界线
经过交叉点为止并在左
边目镜中读数

图 2-28　右边目镜中半明半暗的图像

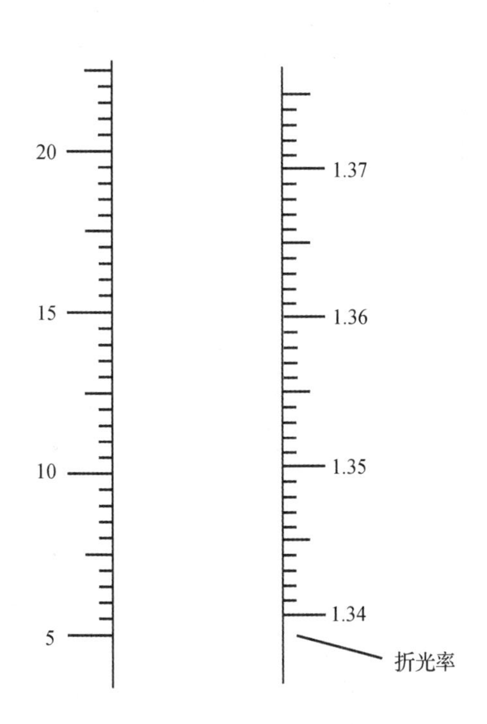

图 2-29　左边目镜中的读数

三、仪器和药品

1. 仪器

阿贝折射仪等。

2. 药品

丙酮、无水乙醇、蒸馏水、未知样品等。

四、实验步骤

(一)仪器的操作

阿贝折射仪的构造如图 2-30 所示。

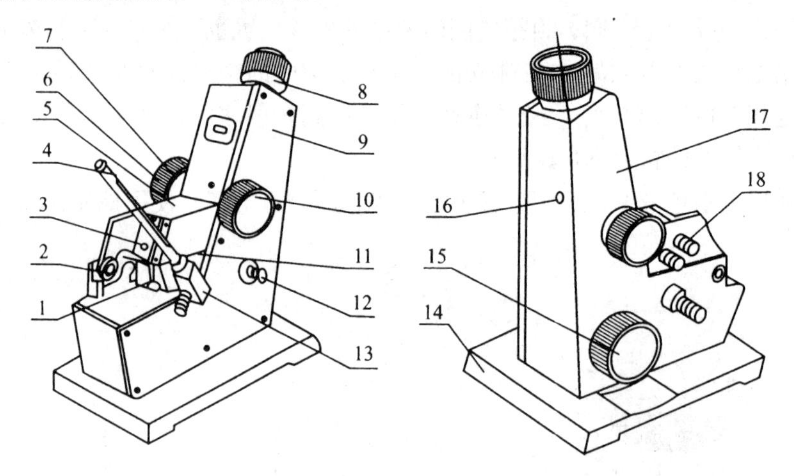

图 2-30 阿贝折射仪的构造

1. 反射镜 2. 转轴 3. 遮光板 4. 温度计 5. 进光棱镜座 6. 色散调节手轮 7. 色散值刻度圈 8. 目镜 9. 盖板 10. 手轮 11. 折射棱镜座 12. 照明刻度盘聚光镜 13. 温度计座 14. 底座 15. 刻度调节手轮 16. 小孔 17. 壳体 18. 恒温器接头

阿贝折射仪测定有机物的折射率基本操作如下:

①将折射仪置于光源充足的桌面上，记录温度计所示温度。

②旋开棱镜的锁紧扳手，打开棱镜，用干净的脱脂棉球蘸少许洁净的丙酮，单方向擦洗反射镜和进光棱镜(切勿来回擦)。

③待溶剂挥发干后，用滴管将待测液体滴加到进光棱镜的磨砂面上 2~3 滴，关紧棱镜，使液体夹在两棱镜的夹缝中形成一个液层，液体要充满视野，无气泡。若待测液体是易挥发物质，则在测定过程中，需从棱镜侧面的小孔注加样液，保证样液充满棱镜夹缝。

④调节反射镜使镜筒视野明亮。

⑤从 1. 3000 开始向前转动左边棱镜手轮，直到在镜筒内找到彩色光带。

⑥调节色散调节手轮使彩带变成一条明暗分界线。

⑦再转动左边棱镜手轮，使明暗分界线对准十字交叉线的中心(图 2-30)，从镜筒读出折射率。

⑧测定完毕后，用洁净柔软的脱脂棉或擦镜头纸，将棱镜表面的样品揩去，再用蘸有丙

酮的脱脂棉球轻轻朝一个方向擦干净。待溶剂挥发干后，关上棱镜。

（二）纯度的测定

（1）测定无水乙醇或蒸馏水的折射率。
（2）测定未知样品（教师提供2～3个）的折射率。
（3）每个样品重复测定3次，记录读数，取平均值，换算出20℃时的折射率。
（4）参照不同温度下水和乙醇的折射率（表2-13），确定乙醇是否纯净。

表2-13　不同温度下水和乙醇的折射率

温度/℃	14	16	18	20	24	26	28	32
水的折射率	1.333 48	1.333 33	1.333 17	1.332 99	1.332 62	1.332 41	1.332 19	1.331 64
乙醇的折射率	1.362 10	1.361 20	1.360 48	1.358 85	1.358 03	1.357 21	1.355 57	—

五、注意事项

（1）在滴加样品时，要防止滴管触碰到折射镜的表面，否则镜面会划出伤痕而损坏。
（2）不要用阿贝折射仪测定强酸、强碱等有腐蚀性的液体。
（3）操作过程中，严禁油渍或汗水触及光学零件，以免污染零件。
（4）搬动仪器时，应避免强烈振动或撞击，以防止光学零件损伤及影响精度。
（5）阿贝折射仪使用一段时间后，应用标准玻璃块校对读数，校对方法请参考有关文献。
（6）如果需要测定某一特定温度的折射率时，用橡皮管把棱镜上的恒温器接头与超级恒温槽连接起来，把恒温槽的温度调节到所需的测定温度，待温度稳定10 min后，即可进行测量。

六、思考题

1. 简述测定折射率的原理及意义。
2. 阿贝折射仪设计所依据的原理是什么？
3. 在阿贝折射仪两棱镜间没有液体或液体已挥发，是否能观察到临界折射现象？
4. 将实验温度下测得的乙醇折射率换算成20℃时的折射率。

实验11　旋光度的测定

一、实验目的

（1）了解测定旋光度的意义和用途。
（2）了解旋光仪的构造。
（3）掌握旋光仪的使用方法并能计算比旋光度。

二、实验原理

某些有机化合物，特别是许多天然有机化合物，因其分子具有手性，故能使偏振光振动平面旋转。使偏振光振动平面向左旋转的称为左旋性物质，使偏振光振动平面向右旋转的称为右旋性物质。

一个化合物的旋光性，可用它的比旋光度(specific rotation)来表示。物质的旋光度与溶液的浓度、溶剂、温度、盛液管长度和所用光源的波长等都有关系。因此，在测定旋光度时各有关因素都应该表示出来。

$$纯液体的比旋光度 = [\alpha]_{\lambda}^{t} = \frac{\alpha}{l \cdot \rho}$$

或

$$溶液的比旋光度 = [\alpha]_{\lambda}^{t} = \frac{\alpha}{l \cdot \rho_B} \times 100$$

式中 $[\alpha]_{\lambda}^{t}$——旋光性物质在温度为 t、光源波长为 λ 时的比旋光度；

t——测定时的温度；

λ——光源的光波长，常用单色光源为钠光灯的 D 线(λ =589.3 nm)，可用“D”表示；

α——标尺盘转动角度的读数(即旋光度)；

l——盛液管的长度，dm；

ρ——密度，g/mL；

ρ_B——质量浓度，g/mL。

比旋光度是旋光性物质的特征常数之一，手册、文献上多有记载。规定：每毫升含 1 g 旋光性物质的溶液，放在 1 dm 长的样品管中，所测得的旋光度称为比旋光度①。测定已知物质溶液的旋光度，再查其比旋光度，即可算出已知物质溶液的浓度；将未知物配制成已知浓度的溶液，测其旋光度，再计算出比旋光度，与文献值对照，可以得到旋光性物质的纯度与含量②。测定旋光度的仪器叫作旋光仪，其基本结构如图 2-31 所示，旋光仪的工作原理如图 2-32 所示。

光线从光源经过起偏镜，再经过盛有旋光性物质的盛液管(图 2-33)时，因物质的旋光性致使偏振光不能通过第二个棱镜，必须扭转检偏镜才能通过。因此，要调节检偏镜进行配光，由标尺盘上移动的角度，可以指示出检偏镜的转动角度，即为该物质在此浓度时的旋光度。

---

① 一些糖的比旋光度见表 2-14。

表 2-14 一些糖的比旋光度

名 称	$[\alpha]_D^{20}$	名 称	$[\alpha]_D^{20}$
D-葡萄糖	+53°	麦芽糖	+136°
D-果糖	-92°	乳糖	+55°
D-半乳糖	+84°	蔗糖	+66.5°
D-甘露糖	+14°	纤维二糖	+35°

② 测得物质的比旋光度后，用下式求得样品光学纯度：

$$光学纯度 = \frac{[\alpha]_{D\ 观测值}^{t}}{[\alpha]_{D\ 理论值}^{t}} \times 100\%$$

光学纯度的定义是：手性产物的比旋光度除以该纯净物的比旋光度。

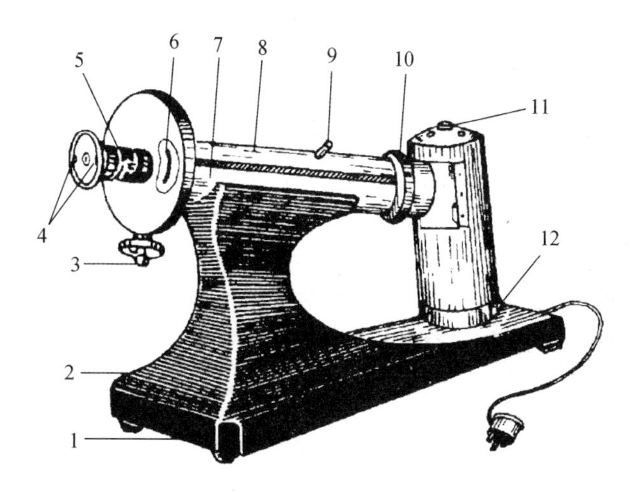

图 2-31 旋光仪基本结构

1. 底座 2. 电源开关 3. 刻度盘转动手轮 4. 放大镜座 5. 视度调节螺旋 6. 度盘游标 7. 镜筒 8. 镜筒盖 9. 镜盖手柄 10. 镜盖连接圈 11. 灯罩 12. 灯座

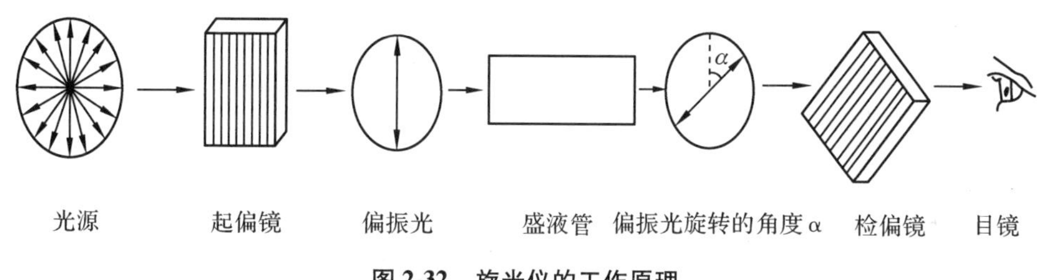

图 2-32 旋光仪的工作原理

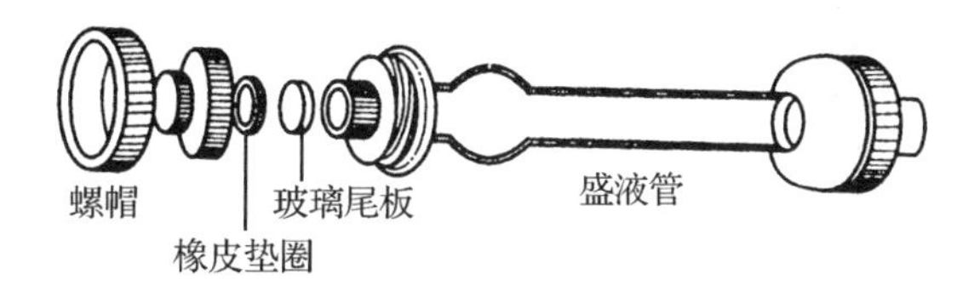

图 2-33 旋光仪盛液管示意

三、仪器和药品

1. 仪器

旋光仪、容量瓶等。

2. 药品

样品(如糖)。

四、实验步骤

(一)仪器预热

接通电源，打开开关，预热 5 min，使钠光灯发光正常(稳定的黄光)后即可开始工作。

(二)旋光仪零点的校正

在测定样品前，先校正旋光仪的零点。将放样品用的盛液管洗好，装上蒸馏水，使液面凸出管口，将玻璃片沿管口边缘轻轻平推盖好，不能带入气泡，然后旋上螺帽，使之不漏水，不要过紧，过紧会使玻璃片产生扭力，使管内有空隙，影响旋光。将盛液管擦干，放入旋光仪内，罩上盖子，开启钠光灯，将标尺盘调在零点左右，旋转手轮，从目镜中可观察到的三种情况：①中间明亮，两旁较暗；②中间较暗，两旁较明亮；③明暗相等的均一视场(图2-34)。调整检偏镜刻度盘，应调节视场成明暗相等的单一视场，读取刻度盘上所示的刻度值(图2-35)。重复操作至少5次，取其平均值，若零点相差太大，应重新校正。

(三)旋光度的测定

准确称取10 g样品(如糖)在100 mL容量瓶中配成溶液，依上法测定其旋光度(测定之前必须用该溶液洗涤盛液管两次，以免有其他物质影响)。这时所得的读数与零点之间的差值即为该物质的旋光度。记下盛液管的长度及溶液的温度，然后按公式计算其比旋光度。

用2 dm长的盛液管进行如下测定：

①取未知浓度的葡萄糖水溶液，测其旋光度，计算浓度。

②取未知糖样品的水溶液(事先配制5 g/100 mL)，测其旋光度，计算比旋光度。根据表2-14鉴别该未知糖是何种糖。

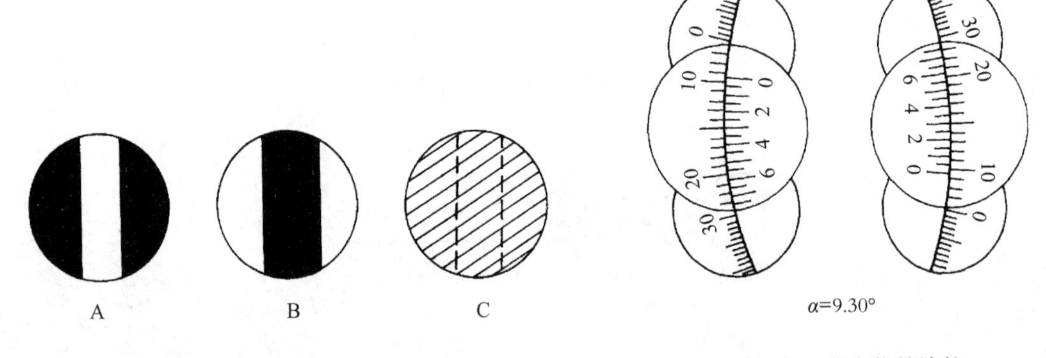

图2-34　旋光仪目镜中可观察到的三种视场

图2-35　旋光仪的读数

五、思考题

1. 旋光度测定有何实际意义？
2. 测定旋光度时光通路上为什么不能有气泡？
3. 若测定浓度为5 g/100 mL的果糖溶液的比旋光度，能否配制好后立即测定？为什么？

Ⅲ 色谱法

实验12 柱色谱分离植物色素

一、实验目的

(1)了解色谱法(柱色谱、纸色谱、薄层色谱及气相色谱)的基本原理及实用意义。
(2)练习用色谱法分离和鉴定化合物的操作技术。

二、实验原理

吸附柱色谱是将吸附剂(硅胶或氧化铝等)均匀致密地装填到玻璃管、不锈钢管或塑料薄膜管中，使其形成柱状(固定相)。将待分离的混合物样品制成溶液从柱顶加入。当以适当极性的溶剂(称为流动相、淋洗剂或洗脱剂)自柱顶向下借毛细作用和地心引力作用均匀地淋洗时，由于样品中各组分受固定相(吸附剂)的吸附作用不同，各组分在固定相发生吸附竞争，在流动相发生溶解竞争。按吸附作用从小到大的顺序，样品中各组分被先后从柱中洗脱下来，从而达到分离的目的。

三、仪器和药品

1. 仪器

色谱柱(直径2 cm、长30 cm)、锥形瓶、研钵、粗颈漏斗、滴液漏斗等。

2. 药品

色谱用中性氧化铝(活度Ⅵ级)、丙酮、石油醚、无水硫酸钠、饱和氯化钠溶液、菠菜叶(或冬青叶)等。

四、实验步骤

(一)样品的处理

称取5 g洗净的菠菜叶，切碎置于研钵中，加入20 mL丙酮，将菠菜叶捣烂。过滤除去残渣，将滤液移至分液漏斗中，加入10 mL石油醚(为防止形成乳浊液，可同时加入5 ~ 10 mL饱和氯化钠溶液)，振摇，静置分层，打开旋塞放出下层水液。再用50 mL水分两次洗涤绿色有机层。最后将有机层从分液漏斗上口倒入50 mL干燥的锥形瓶中，加无水硫酸钠约1 g进行干燥，充分振荡后静置待用。

(二)装柱

选择一支合适的层析柱，洗净、吹干，垂直固定在铁架台上。下方置一锥形瓶以接收流出的液体，柱色谱的装置如图2-36所示。取一小团脱脂棉，用玻璃棒推至柱底，最后加入干净的细沙或圆滤纸(柱内若有烧结玻璃片，可省去此操作)。然后关闭旋塞，向柱内倒入

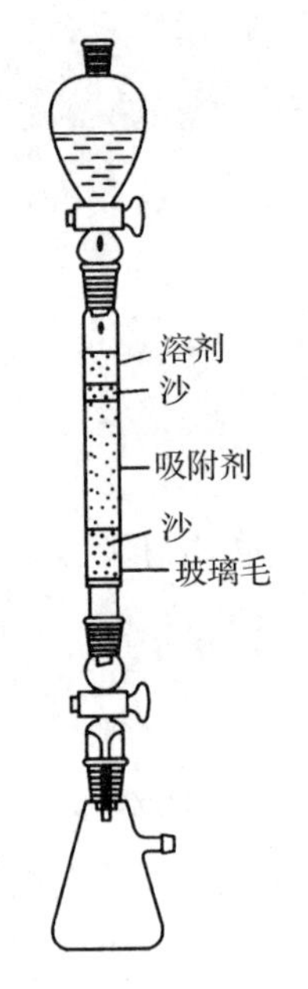

图 2-36 柱色谱的装置

石油醚约达柱高的3/4处。

取一定量的中性氧化铝，通过一个干燥的粗颈玻璃漏斗，连续而缓慢地加入柱中。与此同时应将柱下端的旋塞打开，控制石油醚按每秒 1 滴的速度流出，并用木棒或套有橡皮管的玻璃棒轻轻敲击柱身下部，使中性氧化铝装填得均匀紧密①。装入量约为柱高的3/4。最后用玻璃棒将中性氧化铝表面理平，再盖少许脱脂棉和细沙或一片比柱内径略小的圆形滤纸，以防加入液体时破坏中性氧化铝表层的平整。整个操作过程中应该一直保持上述流速，注意切勿使液面低于中性氧化铝的柱面②。

（三）加样

当柱内石油醚液面刚好降至柱顶滤纸面时，立即取处理好的样品提取液 2 mL 沿柱壁慢慢加入柱内，并用少量石油醚冲洗柱壁。当柱内液面降至柱顶滤纸面时，即可用洗脱剂进行洗脱。

（四）洗脱

在柱顶装一滴液漏斗（或分液漏斗），加入 10 ~ 15 mL 1∶9 丙酮 – 石油醚洗脱液，打开滴液漏斗旋塞，让洗脱液缓缓滴入柱中，观察黄色谱带的出现，待其降至柱中部时，改用 1∶1 丙酮 – 石油醚洗脱液进行洗脱。观察色带的出现（必要时可再增加洗脱剂中丙酮的含量），并用锥形瓶分别收集各色带的流出液。

五、思考题

1. 装柱、加样的操作中应注意哪些问题？
2. 在色谱分离过程中，为什么不要让柱内的液体流干和不让柱内留有气泡？
3. 为什么极性大的组分，要用极性较大的溶剂洗脱？
4. 本实验为何先用 1∶9 丙酮 – 石油醚洗脱液进行洗脱，当黄色谱带降至柱中部时，又改用 1∶1 丙酮 – 石油醚洗脱液洗脱？

实验 13　纸色谱法分离鉴定氨基酸

一、实验目的

（1）掌握纸色谱法分离鉴定氨基酸的原理和方法。
（2）学习未知样品的氨基酸成分分析方法。

---

① 色谱柱应装填得均匀紧密，不能有气泡，也不能出现松紧不匀和断层现象，否则将影响渗滤速度和色带的齐整。

② 为保持柱子内吸附剂的均一性，必须让吸附剂一直浸泡在溶剂或溶液中，否则当柱中溶剂或溶液流干时，会使吸附剂干裂，出现断层。

二、实验原理

纸色谱法与吸附色谱的分离原理不同。纸色谱不是以滤纸的吸附作用为主，而是以滤纸作为载体，根据各成分在两相溶剂中分配系数不同而互相分离的。纸色谱用的滤纸要求厚薄均匀。

纸色谱以含有一定比例水分的有机溶剂为流动相(通常称为展开剂)；以滤纸纤维素分子上吸附的水分子为固定相。当混合样品点在滤纸上，并受流动相推动而前进时，由于待分离各组分在滤纸上的吸附水与流动相之间连续发生多次分配，结果在流动相中溶解度较大的组分随流动相移动的速度较快，而在水中溶解度较大的物质随流动相移动的速度较慢，最后在滤纸上展开，这样便能把混合物分开。此法多用于微量(5 ~ 500 μg)有机物的分离鉴定。

通常用比移值(R_f)表示物质移动的相对距离。

$$R_f = \frac{\text{溶质最高浓度中心至原点中心的距离}}{\text{溶剂上升前沿至原点中心的距离}}$$

各种物质的 R_f 随要分离化合物的结构、滤纸的种类、溶剂和温度等不同而异。但在上述条件固定的情况下，R_f 对某一物质来说是一个特性常数。所以，纸上层析是一种简便的微量分析方法，它可以用来鉴定不同的化合物，还可用于物质的分离及定量测定。但由于影响 R_f 值的因素很多，实验数据很难与文献值完全相同，因而在鉴定化合物时，常用标准样品在同一张滤纸上点样作为对照。

本实验是以含正丁醇、乙酸、乙醇及水的混合物为展开剂，以标准样品作为对照，鉴别未知的氨基酸样品。显色剂为水合茚三酮。

三、仪器和药品

1. 仪器

色谱缸(或 250 mL 配塞锥形瓶)、吹风机、喷雾器、毛细管(内径 0.3 mm)、色谱用滤纸条(50 mm × 120 mm)等。

2. 药品

0.1% 丙氨酸溶液、0.1% 精氨酸溶液、0.1% 胱氨酸溶液(加微量氢氧化钠使之溶解)、未知氨基酸样品液(以上 3 种氨基酸之一)、0.1% 茚三酮乙醇溶液等。

展开剂为正丁醇 – 乙酸 – 乙醇 – 水(体积比 4∶1∶1∶2)混合后的上清液。

四、实验步骤

(一)点样

取一张色谱用滤纸条铺在白纸上，用铅笔在距离滤纸一端约 2 cm 处画一直线作为点样线(注意：整个过程不得用手接触滤纸条中部，因为皮肤表面沾着的物质碰到滤纸时会出现错综的斑点)。用直尺将滤纸条对折成图 2-37B 的样子，剪出一个悬挂该滤纸条的小孔。纸条上下都要留有手持处。

在点样线上标出相距约 1 cm 的 3 个点，标明样品编号。分别用毛细管(或微量注射器)小心吸取样品 10 μL，在对应的点上点样，控制点的直径不超过0.3 cm。为了避免原点太大，样品可分次滴入，但应于每次滴入的样品液吹干后再滴第二次，而且每次滴入的位置相同。用带小钩的玻璃棒钩住滤纸，沿剪线(图2-37C)剪去纸条上下手持处。

(二)展开

小心沿色谱缸壁注入展开剂至2 cm高度，然后将点有样品的滤纸条悬挂在色谱缸中，使滤纸条下端浸入展开剂中约1 cm，点样线应保持在液面之上，盖紧缸盖，如图2-37A所示，此时溶剂沿滤纸条上升，氨基酸也随之展开，待展开剂上升至距离上端2 cm左右时，将滤纸取出，尽快用铅笔标出展开剂上升前沿线，然后用吹风机将滤纸吹干(或用红外灯烤干)。

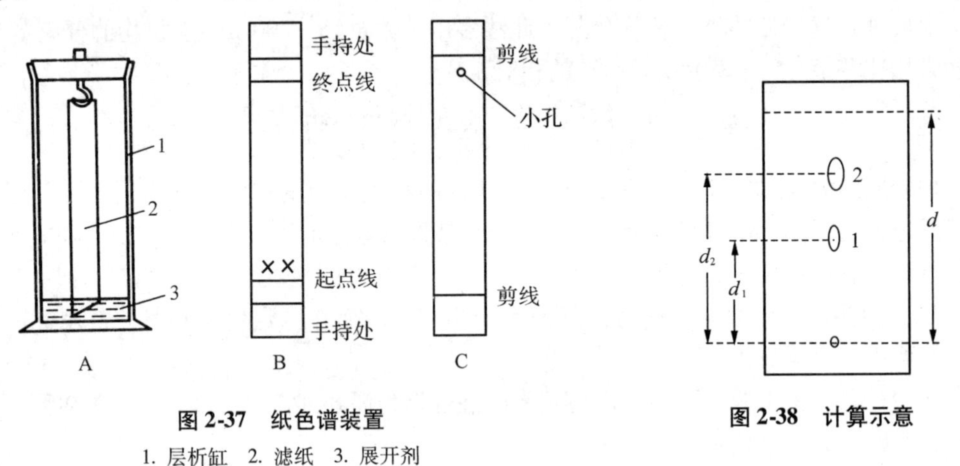

图2-37 纸色谱装置

1. 层析缸 2. 滤纸 3. 展开剂

图2-38 计算示意

(三)显色

用喷雾器将0.1%茚三酮乙醇溶液均匀地喷在滤纸上，再用吹风机吹干(或80℃烘干)后，即显出各氨基酸的色斑，用铅笔标记各斑点中心的位置。

(四)测 R_f 值

用尺子分别量出从原点至展开剂上升前沿的距离，以及从原点至各氨基酸色斑中心的距离如图2-38所示，$R_{f_1}=\dfrac{d_1}{d}$，$R_{f_2}=\dfrac{d_2}{d}$，求各氨基酸的 R_f 值，确定未知样品为何种氨基酸。

五、思考题

1. 为什么纸色谱点样点的直径不得超过0.3 cm？斑点过大或点样量过大有什么弊端？为什么？

2. 纸色谱的展开剂(流动相)中，为什么要含一定比例的水？纸色谱的展开为何要在密闭的容器中进行？

3. 上行展开时，样品点为什么必须处在展开剂的液面之上？

实验14 薄层色谱法分离偶氮染料

一、实验目的

(1)了解薄层色谱法的基本原理。
(2)掌握薄层色谱法的操作方法。

二、实验原理

薄层色谱法的原理与柱色谱法基本相同，常用的有薄层吸附色谱法与薄层分配色谱法两种，本实验使用薄层吸附色谱法。此法是将吸附剂均匀地涂在玻璃板上作为固定相，经干燥活化后点上样品，以具有适当极性的有机溶剂作为展开剂(即流动相)。当展开剂沿薄层展开时，混合样品中易被固定相吸附的组分(即极性较强的成分)移动较慢，而较难被固定相吸附的组分(即极性较弱的成分)移动较快。经过一定时间的展开后，不同组分彼此分开，形成互相分离的斑点，达到分离的目的。

薄层色谱法兼有柱色谱法和纸色谱法的优点，它不仅适用于少量样品(几微克到几十微克甚至0.01 μg)的分离，而且也适用于较大量样品(可达500 mg)的精制①。此法对于挥发性较小，或在较高温度时易发生变化而不能用气相色谱法分析的物质特别适用。

本实验采用硅胶G②(吸附剂)涂于玻璃板上作固定相，以四氯化碳－氯仿混合溶剂为展开剂分离偶氮染料。

三、仪器和药品

1. 仪器

玻璃片(可用显微镜载玻片)、毛细管、层析缸(可用带塞的锥形瓶)、小烧杯等。

2. 药品

样品A. 1%偶氮苯的四氯化碳溶液；样品B. 0.01%对二甲氨基偶氮苯的四氯化碳溶液；样品C. A与B的混合液等。

展开剂为四氯化碳－氯仿混合液(体积比3:2)。

四、实验步骤

(一)薄层板的制备——铺层

薄层板制备的好坏，是实验成败的关键，薄层应尽可能牢固③、均匀，厚度以0.25～

---

① 若要精制较大量样品，可将薄层板加长加宽，薄层加宽增厚，点样量增大，样品还可点成一条线。

② 薄层吸附色谱用的吸附剂和柱色谱用的一样，有氧化铝和硅胶($SiO_3 \cdot xH_2O$)等。硅胶G是由硅胶和作为黏合剂的煅石膏组成，使用时直接加蒸馏水调成匀浆即可。

③ 要得到黏结较牢的薄层板，玻片一定要洗干净。一般先用肥皂洗净，自来水、蒸馏水冲洗，必要时要用乙醇擦洗。洗净后只能拿玻片的切面。

1 mm为宜。

铺层方法有平铺法和倾注法两种。本实验采用倾注法：称取1.5 g硅胶G于50 mL小烧杯中，加入约3 mL蒸馏水，用玻璃棒轻轻搅匀(注意勿剧烈搅拌，以防将气泡带入匀浆，影响薄层质量)。然后迅速将调好的匀浆等量倾注在两块洗净、晾干的显微镜载玻片上。用食指和拇指拿住玻片两端，前后左右轻轻摇晃，使流动的匀浆均匀地铺在玻璃片上，且表面光洁平整。把铺好的薄层板水平放置晾干，再移入烘箱内加热活化，调节烘箱缓慢升温至110℃恒温30 min，取出放在干燥器中冷却备用。

(二)点样

在离薄层板一端1.5 cm处，用铅笔轻轻画出两个样点。在一块板上点样品A和样品C，另一板上点样品B和样品C。点样时应选择管口平齐的玻璃毛细管，吸取少量样品溶液，轻轻接触薄层板点样处。如一次点样不够，可待样品溶剂挥发后，再点数次，但应控制样品点的扩散直径不超过3 mm。

(三)展开

薄层色谱法和纸色谱法一样，需要在密闭的容器中展开，由此可使用特制的层析缸或用锥形瓶代替(图2-39)。

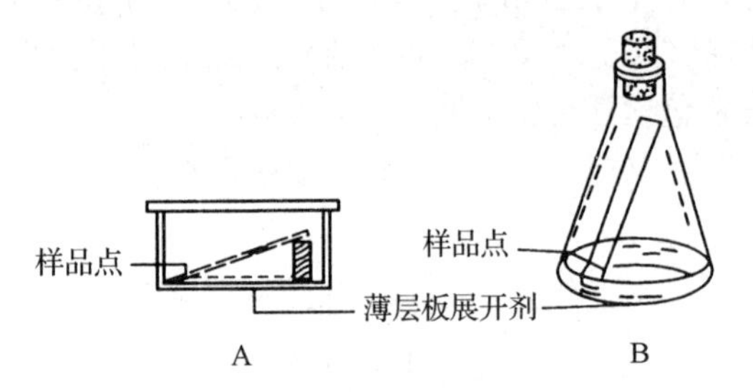

图2-39 展开薄层色谱的仪器装置

以四氯化碳－氯仿混合液(体积比3∶2)为展开剂①，倒入层析缸内(液层厚度约0.5 cm)。将点好样品的两块薄层板放入缸内，点样一端在下(注意样品点必须在展开剂液面之上)。盖好缸盖，此时展开剂即沿薄层上升。当展开剂前沿上升到距薄层顶端1 cm左右时，取出薄层板，尽快用铅笔标出前沿位置，然后置通风处晾干。或用吹风机从背面吹干。

本实验所用样品本身有颜色，故无须显色即可计算R_f值。

(四)R_f值的计算

量出从样品原点到展开剂前沿以及到各色斑中心的距离。计算R_f值，并鉴别样品中各色点属于何种物质。

五、思考题

1. 样品斑点过大有什么坏处？若将点样处浸入展开剂液面以下会有什么结果？

2. 在分离偶氮苯与对二甲氨基偶氮苯时，若增加展开剂中氯仿的比例，二者的R_f值有何变化？

---

① 薄层色谱法展开剂的选择原则和柱色谱法相同，主要根据样品的极性、溶解度和吸附的活性等因素综合考虑。溶剂的极性越大，则对化合物的洗脱力越大，即R_f值也越大。如发现样品各组分的R_f值较大，可考虑换用一种极性小的溶剂，或在原来溶剂中加入适量极性较小的溶剂去展开。

实验15　气相色谱法测定甲苯和乙苯

一、实验目的

(1)了解气相色谱法的分离原理、系统组成和基本操作。
(2)掌握外标法定量分析方法。

二、实验原理

气相色谱(gas chromatography，GC)法主要是利用不同物质的沸点差异、极性及吸附性质的差异来实现分离的目的。其分离原理是利用要分离的目标组分在流动相(称为载气，如氮气、氦气等)和固定相(可以是固体或者是液体)两相间的分配有差异(即有不同的分配系数)，使待分离组分在两相间的分配反复进行，从几千次到数百万次，最终达到分离的目的。

具体来讲，待分析样品通过进样工具注入汽化室，瞬间汽化后被载气带入色谱柱。汽化后的待分析样品在色谱柱中运行时，样品中各组分就在流动相和固定相间进行反复多次分配。由于各组分的分配系数不同，各组分在色谱柱中的运行速度不同，因此，经过一定的柱长后组分便彼此分离，同时各组分按流出顺序离开色谱柱进入检测器被检测。检测器能够将样品组分的分离结果转变为电信号，而且电信号的大小与被测组分的量或浓度满足正比关系。当这些信号被放大并被记录下来时，就形成气相色谱图，用于定性定量分析。

一般来讲，气相色谱法的理论基础主要表现在色谱过程热力学和色谱过程动力学两个方面，组分能否分离开取决于其热力学行为，而分离效果取决于其动力学过程。

若一样品中有A、B两个组分，A组分的挥发性比B组分的挥发性大。这样B组分比A组分较容易被固定液溶解。由于固定液对A、B两组分溶解能力大小的不同，载气中的A、B两个组分，A组分在载气中分配较多，B组分在固定液中分配较多，A、B两组分随着载气的移动就能分开成A流动在前，B流动在后，最后A、B两组分将先后被载气带出色谱柱。在色谱柱后面设有检测器，测量出A、B两组分在不同时间的相对流出量，便可得到一张显示有A、B两组分的两个峰(色谱峰)的色谱图。根据两个峰出现的时间及峰面积大小即可定性鉴定和定量测定各组分(图2-40)。

通常使用的载体是表面积大、吸附活性小的物质(如硅藻土等)。这样可使固定液分布面积大，又不会因吸附而干扰液体和气体之间的分配平衡。

能否使试样中各组分有效地分离的关键是固定液的选择。通常依据“相似性”原则选择固定液。相似性是指固定液与样品组分的性质(如极性、官能团等)有某些相似性。因此，分离非极性物质时，一般选用非极性固定液，其各组分基本上按沸点不同先后流出色谱柱。低沸点的先流出，高沸点的后流出。例如，气态烃、低碳液态烃采用异三十烷、角鲨烷等长链烃固定液，都能得到满意的分离效果。分离极性物质时，则应选用极性固定液。此时，试样中的各组分按其极性大小的次序先后流出色谱柱，即极性小的先流出，极性大的后流出。

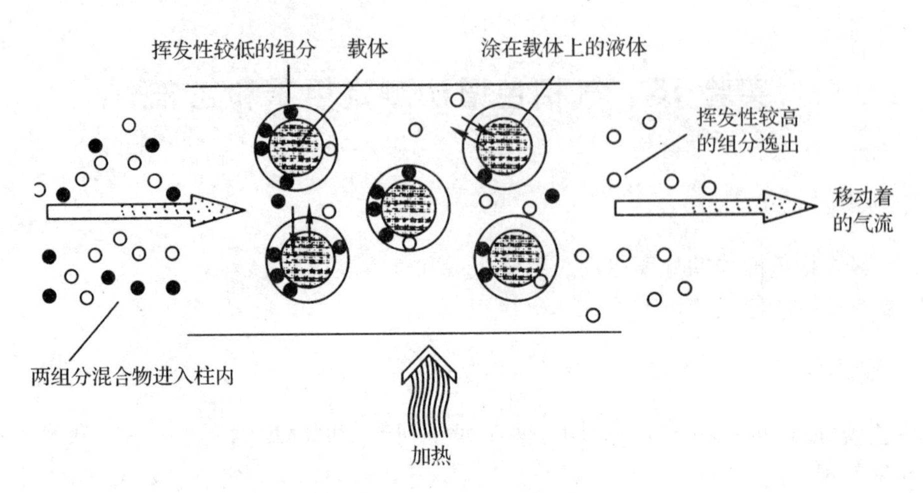

图 2-40　气相色谱分离示意

(一)气相色谱流程及仪器

气相色谱流程及仪器①如图 2-41 所示，大致由 4 个基本部分组成。

1. 载气系统

载气系统由高压钢瓶、减压阀、载气净化器和载气流量计等构成。载气由高压钢瓶供给，瓶上装有减压阀，能使高压气体变成低压气体。载气的作用将样品输送到色谱柱②和检测器。载气中的杂质(水、有机物)由载气净化器除去。载气的流入由流量调节阀控制以保持恒定的流速，载气流速可由一个转子流量计或设置在柱后的皂膜流量计测量。

2. 色谱柱系统

色谱柱可以是螺旋形的或 U 形的，里面装有吸附剂(气 - 固色谱)或涂有低挥发性有机

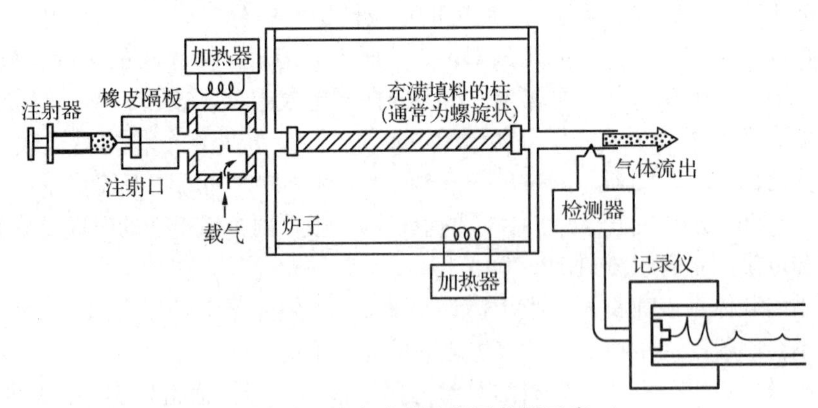

图 2-41　气相色谱流程及仪器示意

① 气相色谱仪器通常需要具备相应专业知识的人员和经过培训的人员进行操作，本实验应在专业人员指导下进行。气相色谱仪的型号和配置具有多样性，本实验可根据所用机型和色谱柱选择自行实验方案，本实验方案仅供参考。

② 气相色谱用的柱子种类和型号很多，实验时应根据样品组分的极性程度进行选择。

化合物的载体(气－液色谱)，是实现色谱分离的关键部位。色谱柱一般要保持恒温，所以装在能自动控制温度并测定温度的恒温箱中。

3. 检测器系统

检测器用于测定色谱柱分离后的各个组分，是将组分的浓度等信息转变成电信号的关键部件。气相色谱常用检测器有热导池检测器(TCD)、氢火焰电离检测器(FID)、电子捕获检测器(ECD)，还有其他一些元素专属性检测器或质量选择性检测器，如氮磷检测器(NPD)、火焰光度检测器(FPD)、原子发射检测器(AED)。检测器也要保持恒温。

4. 进样器系统

进样器是将样品送至色谱柱的设备，它包括汽化室和进样工具。汽化室实际是个加热器，它的作用是将液体样品瞬间汽化为蒸气，进样工具通常为注射器或六通阀。

(二)定性、定量分析

1. 定性分析

一般是利用保留值进行定性分析。分析时，可将未知物的保留值与纯已知物的保留或文献上的保留值对照，或将纯物质混入试样中，观察相应的色谱峰是否增高，以检定未知物。但应指出的是，有时几种物质在同一色谱图上会有相同的保留值，因此，常需选用几根不同极性固定液的柱子分别测定保留值，这样的定性结果方为可靠(图2-42)。

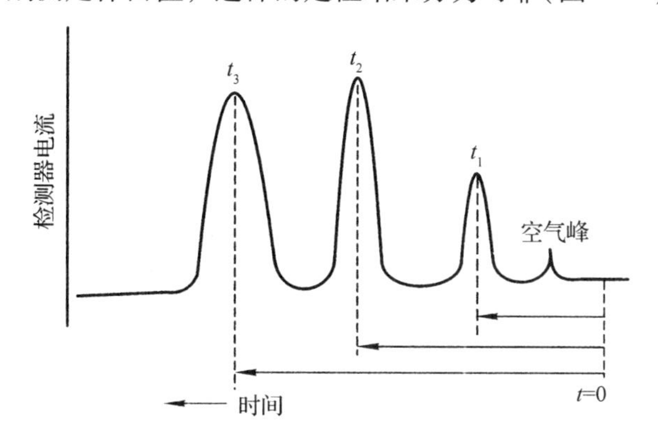

图2-42　气相色谱保留值示意

2. 定量分析

利用某峰面积与总峰面积之比即可算出该峰所代表的物质在混合样品中的含量。

测量峰面积最简便的方法是峰高乘以峰高一半处的宽度。

$$A = h \cdot \Delta t_{1/2}$$

式中　A——峰面积；

h——峰高；

$t_{1/2}$——峰高一半处的宽度。

分析试样中各组分的性质差别较大，由于检测器对同样数量的不同类型化合物的相对指示信号有差异，因而定量分析时要引入相对校正因子f_i^1。

$$f_i^1 = \frac{A_i/c_i}{A_s/c_s} \cdot \frac{A_i c_i}{A_s c_s}$$

只要知道被测物质浓度 c_i 与基准物质的浓度 c_s，分别测定相应的峰面积 A_i、A_s，即可求出相对校正因子 f_i^1。

色谱定量分析有归一化、内标和外标等方法，最常用的是归一化法。

归一化法是先测定试样各组分的峰面积和相对校正因子，再按下式计算被测组分含量 w_i：

$$w_i = \frac{A_i f_i^1}{A_1/f_1^1 + A_2/f_2^1 + A_3/f_3^1 + \cdots} \times 100\%$$

式中 A_1，A_2，A_3，……——样品中各组分的峰面积；

f_1^1，f_2^1，f_3^1，……——各组分相对校正因子。

本实验以苯与甲苯的定性分析为例，练习气相色谱的基本操作。

三、仪器和药品

1. 仪器

气相色谱仪[配置毛细柱进样口(S/SL)，FID 检测器、气相工作站和毛细色谱柱(推荐 HP-5，320 μm×0.25 μm×30 m)]；气体：高纯氢气(99.999%)或者氢气发生器，空气、高纯氮气(99.999%)等。

容量瓶、移液管或移液枪、微量注射器、滤纸等。

2. 药品

苯、甲苯、乙苯等。

四、实验步骤

(1)配制标准溶液。以苯为溶剂，于容量瓶中配制甲苯、乙苯标准溶液，浓度分别为 1.0×10^{-5} mol/L、8.0×10^{-6} mol/L、4.0×10^{-6} mol/L、2.0×10^{-6} mol/L 和 1.0×10^{-6} mol/L。

(2)检查氮气、氢气、空气3种气源的状态及压力，然后打开所有气源开关，检漏。开启计算机及色谱仪，通信完成后，打开工作站。FID 检测器点火推荐氢气流量 40 mL/min，空气流量 400 mL/min，氮气流量 40 mL/min。

(3)在工作站界面下，调用或者编辑方法，方法编辑包括进样口温度(推荐设定为 20℃)、载气流量(推荐恒流 1.2 mL/min)及模式(推荐不分流模式)、柱温箱温度(推荐梯度升温模式，实验前进行预实验摸索完成)、FID 检测器温度(推荐设定为 250℃)、数据采集模式等。方法编辑完成后，等待仪器就绪，准备进样(方法参数因设备状况具有不确定性，实验人员应根据仪器工作状况和色谱理论在实验前建立相应的实验方法)。

(4)用微量注射器准确抽取 1.0 μL 溶液，用滤纸擦去微量注射器上多余样品，然后将样品注入进样口。注意不要将气泡抽入针筒。在相同的色谱条件下，分别测定各标准溶液及未知样品溶液。根据保留时间进行定性分析，用外标法进行定量分析。

(5)实验结束后，待各处温度(进样口温度、样箱温度、检测器温度)降下来后(推荐降至 50℃)，退出化学工作站，退出 Windows 所有的应用程序，关闭计算机和色谱仪，最后关闭气源。

五、思考题

1. 如何利用气相色谱法鉴定混合物所含组分？

2. 气相色谱仪各部分的作用是什么？

3. 在进行气相色谱分析前，为什么通常必须将待测的混合物进行蒸馏后才能进样？

4. 在色谱分析时，使用微量针管进样的量一般为0.2～5 μL，若进样过多，会产生什么结果？试说明其理由。

实验16　高效液相色谱仪定性分析硝基酚类化合物

一、实验目的

(1)了解高效液相色谱仪的基本结构及操作方法。

(2)掌握高效液相色谱定性分析的基本方法。

二、实验原理

高效液相色谱(high performance liquid chromatography)又称高压液相色谱(high pressure liquid chromatography)，简称HPLC。

高效液相色谱仪是在经典液相色谱的基础上引入气相色谱的理论，采用高压输液泵、颗粒极细的高效固定相，以及高灵敏度的光学检测器所形成的分离、分析技术。它为挥发性或无挥发性、热稳定性差、极性强的物质，特别是那些具有某种生物活性的物质，提供了非常合适的分离、分析手段。图2-43是高效液相色谱仪的流程示意。现代的高效液相色谱仪法，无论在分离速度、分离效能、检出灵敏度和自动化程度方面，都可以与气相色谱法相媲美，并和气相色谱法相辅相成，一起成为分离、分析复杂混合物不可缺少的手段。

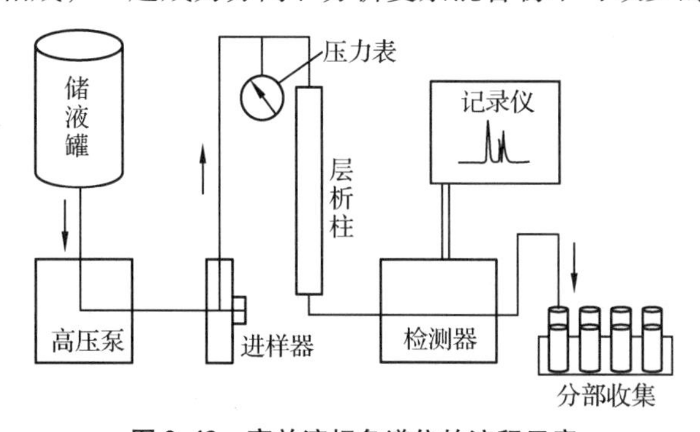

图2-43　高效液相色谱仪的流程示意

在液相色谱中，若固定相极性小、流动相极性大，称为反相色谱法；反之则称为正相色谱法。反相离子对色谱法，兼有反相色谱法和离子交换色谱法的特点，主要用于离子型或可解离化合物的分离、分析。反相离子对色谱法最常用的固定相是化学键合型非极性表面固定相；流动相则为极性很强的包含有离子对试剂的含水有机溶剂。有关离子对色谱的保留机制的研究，至今仍是比较活跃的领域，其中较易被接受的，是认为已解离的各种溶质与流动相中的带异性电荷的反离子形成疏水的离子对，然后按极性越大保留值越小这一反相色谱的规律进行分离，即按离子对“极性”降低的顺序出峰。其中，反离子的大小及浓度、有机改性剂(用于改变流动相极性的有机溶剂)的浓度和pH值等，均是控制分离的重要因素。

硝基酚类化合物是可解离的有机酸，在流动相中加入四丁基铵离子作反离子，在弱碱性条件下，硝基酚类按 pK_a 值减小的顺序出峰。

本实验通过在相同的色谱条件下，记录并比较样品组分和硝基酚类标准品的保留时间，以确定样品中所含的硝基酚种类。

三、仪器和药品

1. 仪器

高效液相色谱仪(附固定相为 YWG－C_{18}、粒度为 10 μm 的色谱柱或等效色谱柱和 UV 检测器)、微量注射器、容量瓶等。

2. 药品

标准品：对硝基苯酚($pK_a^{\ominus}=7.15$)、邻硝基苯酚($pK_a^{\ominus}=7.17$)、间硝基苯酚($pK_a^{\ominus}=28.28$)、2,4－二硝基苯酚($pK_a^{\ominus}=4.09$)、2,4,6－三硝基苯酚($pK_a^{\ominus}=0.38$)；其他试剂：甲醇(AR)、四丁基溴化铵(AR)、KH_2PO_4－K_2HPO_4缓冲溶液(pH＝8)等。

四、实验步骤

(一)标准物质溶液的配制

准确称取邻硝基苯酚 10.0 mg、间硝基苯酚 6.0 mg、对硝基苯酚 16.0 mg、2,4－二硝基苯酚 10.0 mg、2,4,6－三硝基苯酚 20.0 mg，分别溶于 50 mL 甲醇后，移入 100 mL 容量瓶中，用水稀释至刻度，摇匀。

(二)待测样品溶液的配制

在 5 种标准品中任选 2 种，按上法配制成溶液并混合备用。

(三)测定

流动相：甲醇－水(体积比 55:45)，含 0.02 mol/L 四丁基溴化铵，用 KH_2PO_4－K_2HPO_4 调节 pH＝7.5～8.5；流量：1 mL/min；温度：室温；检测：UV254 nm。

启动仪器，按上述参数调机，待色谱图基线稳定后即可进样。

①吸取 10 μL 标准品溶液，注入色谱仪，记录色谱图 1。

②吸取 10 μL 待测样品溶液，注入色谱仪，记录色谱图 2。

五、思考题

1. 如果待测样品溶液中含有苯酚($pK_a=9.95$)，其色谱峰应在何处出现？

2. 什么是反相离子对色谱法？它适用于什么类型物质的分离、分析？

Ⅳ　光谱法

实验17　紫外-可见光谱和红外光谱

有机化合物分子结构的测定，在有机化学研究中具有十分重要的意义。在光谱学发展之前，人们通过化学方法对有机物进行结构分析，曾经取得了巨大的成就。但是，这种经典的方法需要有较多的样品，分析方法一般较复杂，费时费力且结果可靠性差。

20世纪50年代以来，光谱学的发展为有机结构分析带来质的飞跃。近年来，紫外光谱、红外光谱、核磁共振谱、质谱等已广泛应用于有机分子结构分析中。波谱技术与经典的方法相比，具有以下特点：①分析结果准确；②测定速度快；③所用样品量少，一般只需几微克到十几毫克；④能测定反应过程中任一组分，控制反应进度；⑤不改变混合体系的组成就可以进行分析，对互变异构和构象等的研究比化学分析方法更有利。

以上几种不同的仪器分析方法可从不同的角度提供关于分子结构的信息，质谱的解析可以了解相对分子质量和分子中部分结构的信息；从核磁共振氢谱可以了解分子中氢的分布与键合情况；从红外光谱可以知道分子结构中官能团的信息；从紫外光谱可以了解分子中是否含有共轭体系。

本书仅对紫外-可见光谱和红外光谱及实验做简单的介绍。

i　紫外-可见光谱

一、实验目的

(1)掌握紫外-可见分光光度计的使用方法。

(2)学会利用紫外-可见光谱技术进行定性、定量及结构分析方法。

二、实验原理

紫外-可见光谱(ultraviolet and visible spectroscopy，简称UV)是由于分子中的价电子由低能态跃迁到高能态而产生的一种吸收光谱。

一般将波长在100~400 nm的区域称为紫外区，100~200 nm的区域为远紫外区，200~400 nm的区域为近紫外区，有机化学中的紫外光谱一般指在200~400 nm的近紫外区域。常用的分光光度计一般包括紫外及可见光两部分，波长为200~800 nm。

紫外光的能量较高，化合物分子量子化地吸收紫外光后，引起价电子的跃迁，用分光光度计检测记录下来就是紫外光谱。价电子的跃迁主要有以下几种形式：$\sigma\rightarrow\sigma^*$跃迁、$n\rightarrow\sigma^*$跃迁、$n\rightarrow\pi^*$跃迁和$\pi\rightarrow\pi^*$跃迁。$\sigma\rightarrow\sigma^*$跃迁和$n\rightarrow\sigma^*$跃迁所需能量比较高，在紫外光谱图中一般看不到它们的吸收峰。$n\rightarrow\pi^*$跃迁和$\pi\rightarrow\pi^*$跃迁所需能量较低，在紫外光谱图中可以看到这两种跃迁的吸收。对于阐明有机化合物的结构有意义的是$\pi\rightarrow\pi^*$和$n\rightarrow\pi^*$跃迁。图2-44为各类电子跃迁能级示意。

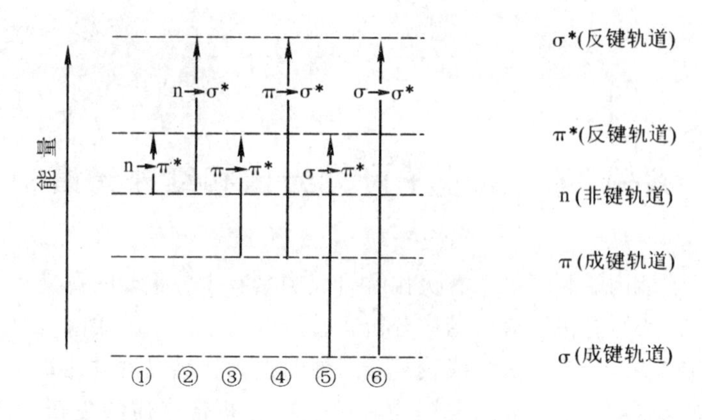

图 2-44 各类电子跃迁能级示意

溶剂对紫外吸收的位置及强度一般有影响。溶剂极性增强，使 $\pi\to\pi^*$ 跃迁向长波方向移动(红移)，使 $n\to\pi^*$ 跃迁向短波方向移动(紫移)，因此，紫外光谱需要注明所用溶剂。图 2-45 为香芹酮在乙醇中的紫外吸收光谱。

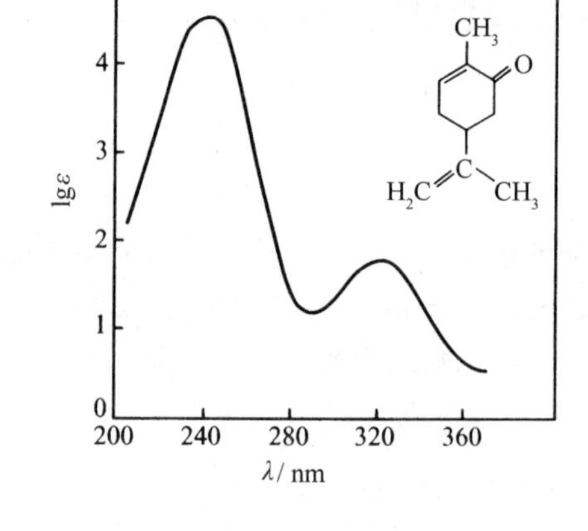

图 2-45 香芹酮在乙醇中的紫外吸收光谱

紫外光谱图中，横坐标为波长(λ)，单位 nm，纵坐标为吸收强度，一般用摩尔吸收系数 ε 或 $\lg\varepsilon$，也有用吸光度或透射率的。根据朗伯 - 比尔(Lambert - Beer)定律：

$$\varepsilon = A/(c \cdot L)$$

式中 A——吸光度，L/(mol · cm)；

c——样品的物质的量浓度，mol/L；

L——吸收池的厚度，cm。

当纵坐标使用 ε、$\lg\varepsilon$ 或吸光度时，化合物的最大吸收在吸收曲线的最高点；如使用透射率，则最大吸收在最低点。

分子中有能进行 $n\to\pi^*$ 跃迁或 $\pi\to\pi^*$ 跃迁的基团称为紫外区发色团。例如，C ═C、C ═O、N ═N 和—NO_2 等。存在发色团的分子，物质在紫外区对光波有吸收。还有一些基团，本身在近紫外区无吸收，但当与发色团直接相连时，能产生 $n\to\pi^*$ 跃迁，使发色团波长向长波方向移动(红移)，同时吸收强度增加，这类基团称为助色团。例如，—OH、—NH、—OR、—X 等，这些基团一般有孤电子对。

进行样品定量分析时，一般先在样品的 λ_{max} 下测试一系列不同浓度的标准溶液的摩尔吸收系数，然后以摩尔吸收系数为纵坐标，浓度为横坐标绘出标准曲线。由待测未知样品溶液的摩尔吸收系数对照标准曲线，便可得其浓度值。

三、仪器

紫外 - 可见分光光度计的主要部件一般分以下几部分。

1. 光源

白炽钨灯是可见光区常用的热光源，工作范围为 320 ~ 800 nm。氢灯(或氘灯)是紫外区常用的气体放电光源，工作范围为165～375 nm。有的光谱仪可以在可见光区到紫外光区的全部扫描过程中自动更换光源。

2. 单色器

从光源发出的光，经聚焦后通过入光狭缝进入单色器。单色器主要由狭缝、色散元件和准直镜等组成。紫外－可见分光光度计均采用棱镜或光栅为色散元件。单色光通过棱镜或光栅将混合光分解为单色光。自棱镜或光栅射出的光经旋转反射镜通过出光狭缝依次射出，经聚焦后到达吸收槽。而旋转反射镜的旋转速度与记录器的扫描速度是同步的。因此，各种波长的光吸收情况可以连续记录下来，成为吸收光谱图。

3. 样品吸收池

紫外－可见分光光度计常用的吸收池由石英和玻璃两种材料制成。石英可用于紫外光区，可见光区用硅酸盐玻璃。常用吸收池光程有1 cm、2 cm、10 cm等，形状有长方体、正方体和圆柱体等。

4. 检测器

检测器的作用是对透过样品池的光做出响应，并把它转变成电信号输出。其输出电信号的大小与透射光的强度成正比。分光光度计中常用的检测器有硒光电池、光电管和光电倍增管。无论何种检测器并不是在全部紫外光区和可见光区范围内都十分敏感，必须根据所需测量的波段区域来选择不同的检测器。由光电管产生的光电流经电子放大管放大后，由记录仪加以记录。图2-46是双色散双光路紫外分光光度计的结构示意。

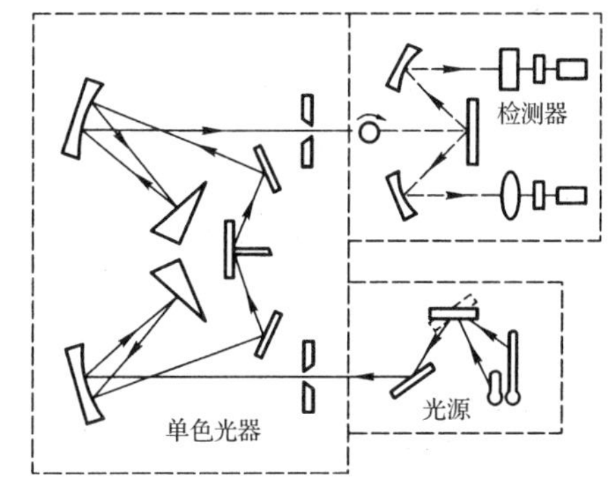

图2-46　双色散双光路紫外分光光度计的结构示意

四、实验步骤

（一）样品的准备

在进行有机化合物的紫外吸收光谱测定时，样品一般配成溶液使用。所用的溶剂必须符合下列要求：①对样品有足够的溶解度；②在测量波段处没有吸收；③溶剂不与样品反应。

常用的溶剂有水、乙醇和正己烷等。配制样品溶液的浓度一般为10^{-5}～10^{-2} mol/L。

（二）光谱的测定和记录

紫外－可见分光光度计的型号很多，操作方法随仪器型号不同而异，一般分为选择参数、调节记录纸位置、调零和测量等几步，此处不再详述。实际测定时，在教师的指导下，掌握具体操作方法和注意事项后再进行测定。

（三）结果处理

从紫外光谱图中找出λ_{max}和ε_{max}，推断分子结构中有无共轭体系存在。将待测化合物的谱图与文献中已知化合物的谱图对照，推测可能是何种化合物。

(四)实验内容

从下列化合物中选取一个作为未知物：安息香、对苯醌、乙苯和 α－萘酚(它们的紫外光谱图可从文献中查出)。

测定未知物的紫外光谱，同文献中上列化合物的标准谱图相比较，辨认未知物是哪种化合物。

五、思考题

1. 化合物的紫外光谱图主要揭示分子结构中的什么信息?
2. 解释 λ_{max} 的含义。
3. 如何测定样品的浓度?

ii 红外光谱

一、实验目的

(1)了解红外光谱仪的基本构造及工作原理。
(2)学会用红外光谱仪进行样品测试。
(3)掌握红外光谱图解析方法。

二、实验原理

红外光谱(infrared spectroscopy，IR)也是一种吸收光谱，它与分子振动能级和转动能级有关。分子的振动形式很多，但实验和理论分析都证明并不是所有振动能级的变化都吸收红外光，只有那些在振动过程中有瞬时偶极变化的振动发生能级跃迁时，才吸收红外光而形成红外光谱。

引起分子偶极变化的振动有伸缩振动(用 ν 表示)和弯曲振动(用 δ 表示)。伸缩振动是化学键两端的原子沿键轴方向来回做周期运动，它又可分为不对称伸缩振动(用 ν_{as} 表示)和对称伸缩振动(用 ν_s 表示)。如果原子间除了伸缩振动外，还有键角的周期变化，这种振动形式称为弯曲振动或变形振动，可分为面内弯曲振动和面外弯曲振动，如图 2-47 所示。

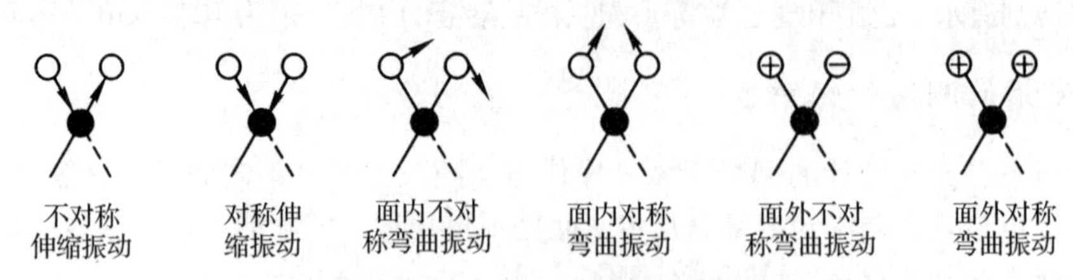

图 2-47 伸缩振动和弯曲振动示意

由于化学键的振动频率与原子质量、键强及振动方式有关，所以不同的基团有不同的吸收频率。当照射光的频率与基团振动频率一致时，则分子便可吸收这种光引起振动能级的跃迁，波谱仪便可记录吸收峰的位置。图 2-48 为 L－丙氨酸的红外光谱。

谱图中，横坐标有上下两条横线，分别代表波长(λ)和波数(σ)，波数为 1 cm 长的波

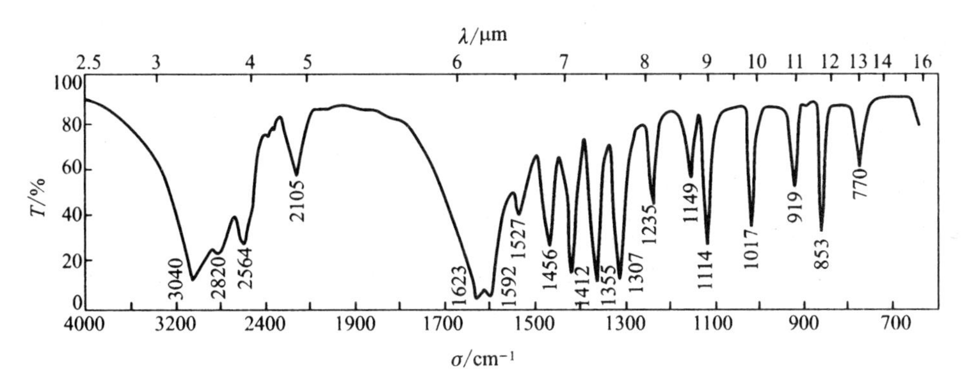

图 2-48 L－丙氨酸的红外光谱(KBr 压片)

中波振动的数目，波长的单位用 μm，波数的单位用 cm^{-1}。纵坐标以透射比(T)或吸光度(A)表示。

红外谱图一般包括官能团区(4000～1400 cm^{-1})和指纹区(1400～650 cm^{-1})。

官能团区在高波数段，特征性强，可用来判断分子中含有什么官能团。指纹区的吸收峰非常多，它们的位置、强度及形状因化合物的不同而变化，是鉴别化合物的基础。可以对红外光谱图进行分析，确定未知化合物所含官能团，也可得到有关分子结构的信息。

在红外光谱中，某些基团在固定的区域内出现一定强度的吸收带，这些吸收带可以作为鉴定官能团的依据，这样的吸收频率称为官能团的特征频率。人们总结了大量的有机化合物的红外光谱，得到了详细的官能团的特征频率，并汇编成册，需要时可查有关资料。

影响基团频率的因素很多，其中诱导效应和共轭效应对重键的红外吸收频率影响显著。若诱导效应和共轭效应使化学键的键级增加，则红外吸收频率增加；反之，红外吸收频率降低。

根据实验测得化合物的红外光谱图，通过分析推断化合物的结构，再与标准谱图对比，即可确定化合物的结构。谱图分析是一项复杂的工作，只有熟记某些基团的特征频率和带形，积累丰富的经验，才能对谱图进行有效分析。

三、仪器

目前，常用的红外光谱仪多为色散性双光束分光光度计，其结构主要有光源、样品池、参比池、单色器、检测器、放大器和记录器(图 2-49)七部分。

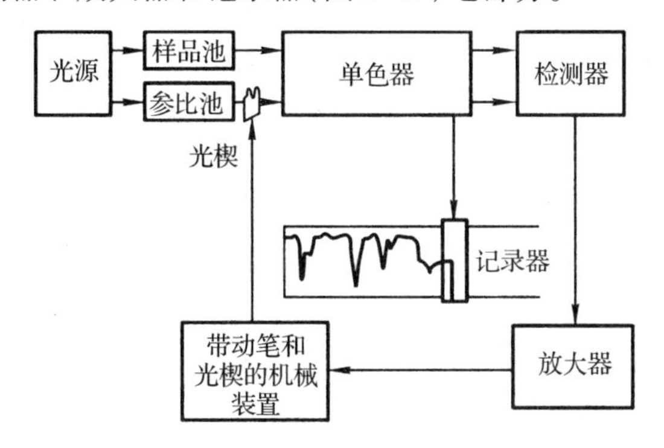

图 2-49 双光束分光光度计

四、实验步骤

(一)波数校正

红外光谱仪机械系统的精确度直接影响波数的正确性。在测定化合物的光谱以前，先要对波数进行校正。一般是利用聚苯乙烯薄膜(厚0.1 mm)，由测出的光谱图与标准谱图相对照，找出主要吸收峰的归属，同时检查2850 cm^{-1}、1602 cm^{-1}和906 cm^{-1}的吸收峰位置是否正确。

(二)样品的制备

1. 固体样品

(1)溴化钾压片法　这是固体样品测试的常用方法。取1 ~ 2 mg样品，置于玛瑙研钵中研细后，加入事先已研细干燥的溴化钾100 ~ 200 mg。继续混合研磨成细粉(2 μm左右)，并使其混合均匀。将磨细的混合粉末装入压片机压模具内，在60 MPa下压制成厚1 mm左右的透明薄片。它可直接置于样品支架上进行扫描。

(2)糊剂法　大多数的固体样品在研磨中若不发生分解，可把研细的样品粉末悬浮分散在糊剂中。取10 mg样品，于玛瑙研钵中研细。滴入几滴石蜡油①，进一步研磨至糊状。将糊剂涂在一块氯化钠盐片上，盖上另一块盐片，把这一对盐片放在支架上，进行红外光谱的测定记录。

2. 液体样品

对于易挥发的液体样品应使用固定密封吸收池。其他液体样品一般使用可拆吸收池(图2-50)，以便于清洗。

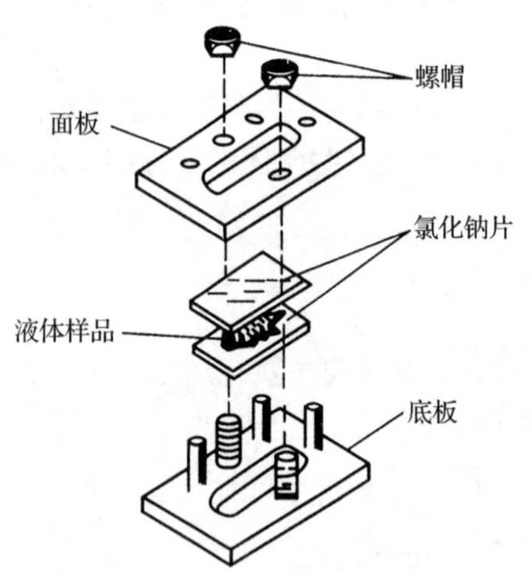

图2-50　红外光谱可拆吸收池

常用制样方法有两种：

(1)液膜法　一般液体样品可直接滴在盐片②上面，再盖上另一片盐片，将两盐片压紧排除气泡。拧紧吸收池架上的螺丝来适当夹紧两盐片，使样品形成一个薄膜，必要时在两盐片间加入中空聚四氟乙烯薄膜垫圈，再加入样品，这就是液膜法。对于易挥发的液体样品，可用注射器直接灌注到固体密封吸收池中进行测定。

(2)溶液法　将一定量液体溶于适当溶剂配成浓度为0.05% ~10%的溶液，然后将溶液倒入固体密封吸收池中进行测定，这就是溶液法。溶液法所选溶剂除了对样品有较大的溶解度外，还需要具备红

---

① 石蜡油是高相对分子质量的烃的混合物，因此在3030 ~ 2830 cm^{-1}处有C—H伸缩振动吸收，在1460 ~ 1375 cm^{-1}处有C—H弯曲振动吸收。

② 氯化钠压片易碎，取用时要格外小心，不能与水接触。盐片应保存在干燥器中，使用完后应将盐片用软纸擦干净，用二氯甲烷清洗后放回干燥器中。

外透光性好、不腐蚀窗片、对溶质不发生溶剂效应和与待测样品特征峰不重叠的特点。常用的溶剂有二硫化碳、四氯化碳和三氯甲烷等。它们本身的吸收峰可通过以溶剂为参比来校正。

3. 气体样品

用气体吸收池来测定气体样品。在样品导入前先抽真空，样品池的窗口多用抛光的氯化钠或溴化钾晶片。进样时先把气体吸收池内的空气用真空泵抽出，然后用量气装置充入样品。吸收峰强度可通过调节气体池内样品的压力来达到。水蒸气在中红外区有强吸收峰，所以一定要干燥气体池。

（三）光谱测定和记录

红外光谱仪有多种型号，具体操作规程和使用方法可见仪器的使用说明书。在实际测定时，一定要在教师指导下进行。教师可先示范红外光谱仪的操作，然后提供一些适合的化合物，由学生按固定的操作步骤测定化合物的红外光谱。

完成测定后，立即将样品名称、所用溶剂、制样方法等记录在谱图上。

（四）结果处理

对测定后得到的红外光谱图进行解析，判断存在何种官能团，然后进一步解析指纹区的精细结构，确定未知物的结构式。

（五）实验内容

（1）用液膜法测定液体样品茚的红外光谱。将测得的红外光谱图与茚的标准谱图比较，检查所使用的红外光谱仪的精度。

（2）用溴化钾压片法测苯甲酸的红外光谱，与标准谱图比较，并对所得谱图进行解析。

五、思考题

1. 红外光谱图可以揭示化合物的哪些结构信息？

2. 仅根据红外光谱图，能否定性鉴定未知化合物？

3. 推测化合物 $C_3H_6O_2$（液体，沸点141℃）的结构：如图2-51所示，通式为 $C_nH_{2n}O_2$，不饱和度为1。3600～2500 cm^{-1} 为羧基的典型吸收峰，1710 cm^{-1} 为羧基中的羰基（答案：该化合物可能为 CH_3CH_2COOH）。

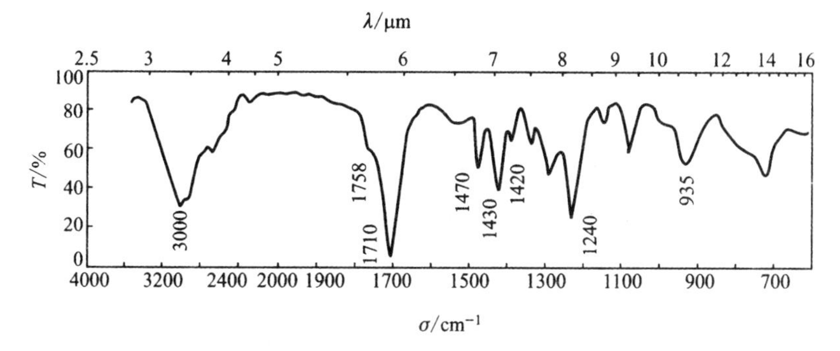

图2-51　化合物 $C_3H_6O_2$ 的红外光谱（液膜）

第3部分 有机化合物的制备

实验18 1－溴丁烷的制备

一、实验目的

(1)学习从醇制备卤代烃的原理和实验方法。

(2)掌握回流操作和有毒气体的处理。

(3)练习液体产品的纯化方法——洗涤、干燥、蒸馏等。

二、实验原理

用正丁醇与溴化钠、浓硫酸共热制备1－溴丁烷。

反应方程式:

$$NaBr + H_2SO_4 \longrightarrow HBr + NaHSO_4 \qquad (1)$$

$$CH_3CH_2CH_2CH_2OH + HBr \rightleftharpoons CH_3CH_2CH_2CH_2Br + H_2O \qquad (2)$$

反应式(2)是可逆的，为使平衡向右移动，提高产率，本实验增加溴化钠的用量，同时加入过量的浓硫酸，使氢溴酸保持较高的浓度。为防止溴化氢的挥发和降低浓硫酸的氧化性及减少副产物的生成，需加入适量的水。

副反应:

$$CH_3CH_2CH_2CH_2OH \xrightarrow[\triangle]{\text{浓 } H_2SO_4} CH_3CH_2CH{=}CH_2 + H_2O$$

$$CH_3CH_2CH_2CH_2OH \xrightarrow{\text{浓 } H_2SO_4} CH_3CH_2CH_2CH_2{-}O{-}CH_2CH_2CH_2CH_3 + H_2O$$

三、仪器和药品

1. 仪器

圆底烧瓶、蒸馏烧瓶、球形冷凝管、直形冷凝管、接收管、温度计、分液漏斗、105°玻璃弯管、锥形瓶等。

2. 药品

正丁醇、无水溴化钠、浓硫酸、饱和亚硫酸氢钠溶液、10%碳酸钠溶液、无水氯化钙等。

四、实验步骤

实验流程如下：

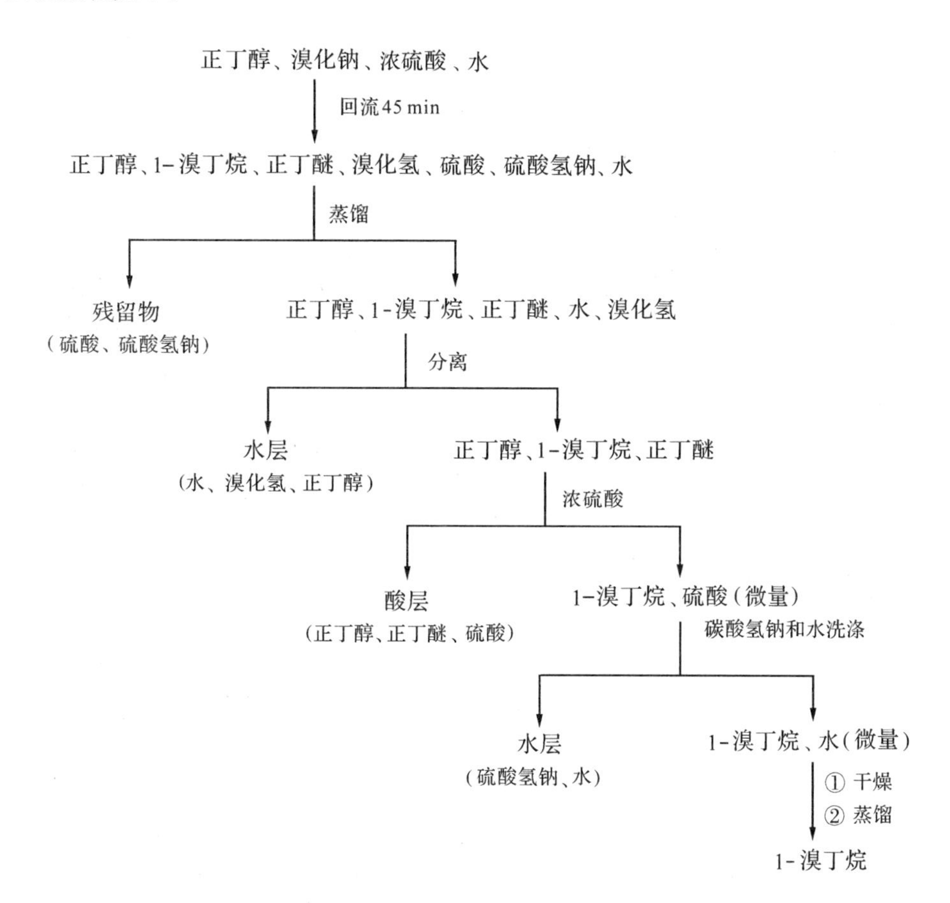

在150 mL圆底烧瓶中加18 mL水，在振荡冷却下慢慢加入浓硫酸18 mL，混匀后冷至室温，再加入正丁醇13 mL、研细的无水溴化钠①17 g和几粒沸石。充分振摇后，垂直地装上一支球形冷凝管。冷凝管上端连接一弯管，管的另一端连接漏斗（图3-1），烧杯中的水用来吸收反应中逸出的溴化氢。

加热回流45 min②，经常振摇烧瓶，促使溴化钠溶解。反应完毕，待稍冷后拆除回流装置，改作简易蒸馏装置（图3-2）。圆底烧瓶内重新加入几粒沸石，用一个盛有20 mL蒸馏水的100 mL锥形瓶作接收器，加热蒸馏。当反应瓶中液面的油层消失，馏出液由浑浊变为澄

---

① 溴化钠应先研细后再称量。为防止加入的溴化钠结块，影响溴化氢的顺利产生，加热时将反应瓶放在冰水浴中且边加料边振摇。

② 加热后，瓶内常呈橘红色。这是由于溴化氢被硫酸氧化生成溴的缘故。

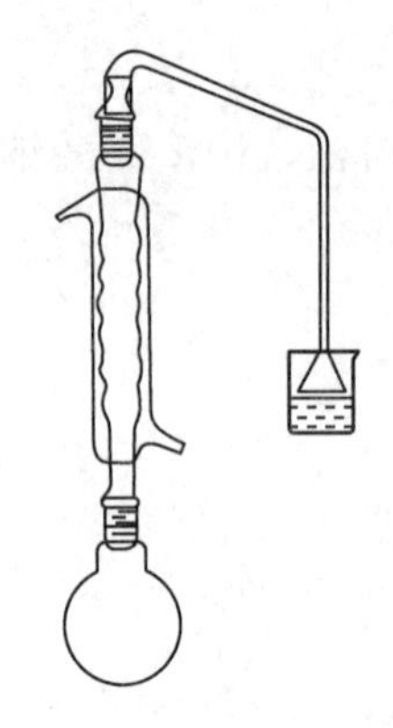

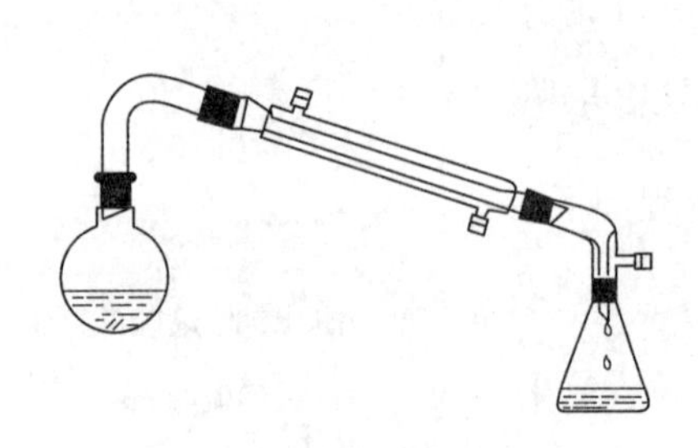

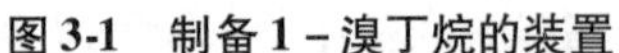

图3-1 制备1－溴丁烷的装置　　　　图3-2 简易蒸馏装置

清无油珠出现时，表示1－溴丁烷已全部蒸出①。

将馏出液倒入分液漏斗，如产物呈红色(溴)，可加入5～8 mL饱和亚硫酸氢钠溶液洗涤除去②。分出产物，再用浓硫酸5～8 mL洗涤③，分离弃去酸层。然后，依次用10 mL水、20 mL 10%碳酸钠溶液洗涤④。注意放气。最后，再用10 mL水洗涤。将下层粗1－溴丁烷放入干燥的小锥形瓶中，加入无水氯化钙约2 g，塞上塞子，间歇地振摇，使瓶内液体澄清透明为止(约需30 min)。

干燥后的产物通过有折叠滤纸的玻璃漏斗，滤入50 mL蒸馏烧瓶，加入几粒沸石，再隔石棉网加热蒸馏。收集沸程99～103℃的馏分于已知质量的100 mL锥形瓶中。称重，计算产率。

1－溴丁烷为无色透明液体。熔点－112.4℃，沸点101.6℃，ρ_4^{20} 1.2758，n_D^{20} 1.4401。1－溴丁烷的红外光谱图如图3-3所示。

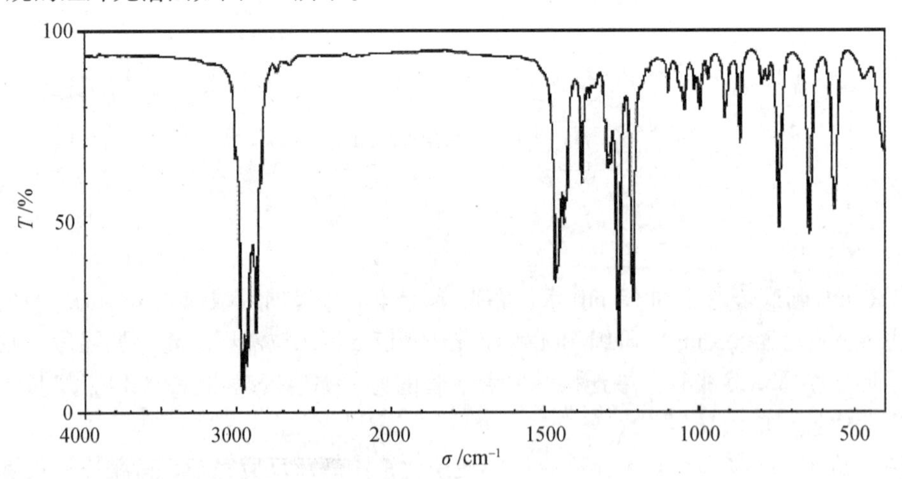

图3-3 1－溴丁烷红外光谱图

① 蒸馏结束，烧瓶内的残液应趁热慢慢地倒入废液缸中，以免冷却后结块，不易倒出。

② $Br_2 + 3NaHSO_3 \longrightarrow 2NaBr + NaHSO_4 + 2SO_2\uparrow + H_2O$

③ 粗制品中含少量未反应的正丁醇、副产物正丁醚、1－丁烯等杂质，它们都能溶于浓硫酸中。

④ 反应过程中，有大量二氧化硫放出。为防止溶液溅出，应正确使用分液漏斗。

五、注意事项

1. 加热回流

一般情况下，有机化学反应的特点是速率慢或难以进行。为了提高反应速率，常常需要使反应物较长时间保持沸腾。在这种情况下，就需要使用回流冷凝装置，使蒸气不断地在冷凝管内冷凝而返回反应器中，以防止反应器中的物质因蒸发而逃逸损失。这种连续不断的沸腾、汽化和冷凝返回的方式叫作回流。

图3-4A是最简单的回流冷凝装置。将反应物置于圆底烧瓶中，在适当的热源或热浴中加热。直立的球形冷凝管夹套中自下至上通入冷水，使夹套完全充满水。水流速度不必很快，能保持蒸气充分冷凝即可。加热的程度也需控制。正确调节加热速度，是一切回流反应的重要一步。必须使受热液体的蒸气上升的高度不超过冷却管长度的1/3～1/2为宜。在该点以下，可看到液体流回烧瓶中；该点以上，冷却管看上去是干的。这两个区域的界限很清楚，并在该处出现一个"回流环"或称"液体环"。

为防止反应物受潮，可在冷凝管上口接氯化钙干燥管(图3-4B)，以防空气中的湿气侵入。若反应时放出有害气体(如二氧化氮)，则可接气体吸收装置，如图3-4C所示。

有些反应进行剧烈，大量放热。如将反应物一次加入，会使反应失去控制。在这种情况下，可采用带滴液漏斗的回流冷凝装置。如图3-4D、E所示，将一种试剂逐渐滴加进去。还可根据需要，在烧瓶外面用冷水浴或冰水浴进行冷却。图3-4D是用于一边加料一边进行回流的装置。图3-4E是用于滴加、回流过程中测定反应液温度的装置。

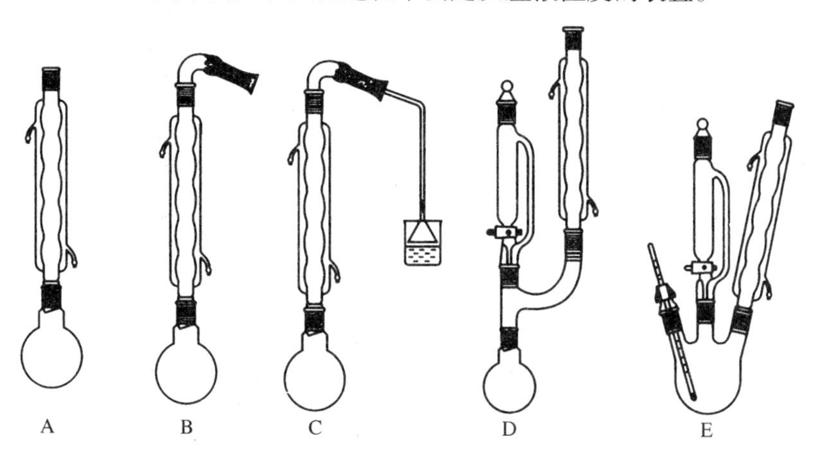

图3-4　常用的回流装置

在装配上述装置时，使用的玻璃仪器和配件应该是洁净干燥的。圆底烧瓶和三口烧瓶的大小应使反应物占烧瓶容量的1/3～1/2，最多不超过2/3。首先将烧瓶固定在合适的高度，以便安放酒精灯、电炉、热浴或冷浴。然后自下而上逐一安装球形冷凝管和其他配件。在反应开始加热前，应先通冷却水，以防止产物的损失，此点至关重要。

2. 有害气体吸收

对于有机化学实验过程中产生和逸出的刺激性、水溶性气体(例如，在制备甲苯乙酮时会产生大量氯化氢，在制备1－溴丁烷时会逸出溴化氢)，此时，需用气体吸收装置来吸收这些气体，以免污染环境、危害健康。常用的气体吸收装置如图3-5所示。当产生或逸出的气体量较少时，图3-5A、B装置更为适宜。图3-5A中漏斗口应略微倾斜，一半浸在水中，一半露出水面，以达到既可防止气体逸出，又可防止水被倒吸至反应瓶中。图3-5B的玻璃管应略微离开水面，以防倒吸。若反应过程中产生或逸出大量有害气体，尤其当气体逸出速度很快时，应选用图3-5C装置。图3-5C中，水自上端流下，并在恒定的平面上从抽滤瓶支管流出，引入水槽，粗玻璃管应恰好伸入水面，以达到最佳吸收效果。当所产生气体为酸性气体时，可以选用稀氢氧化钠溶液替代水。

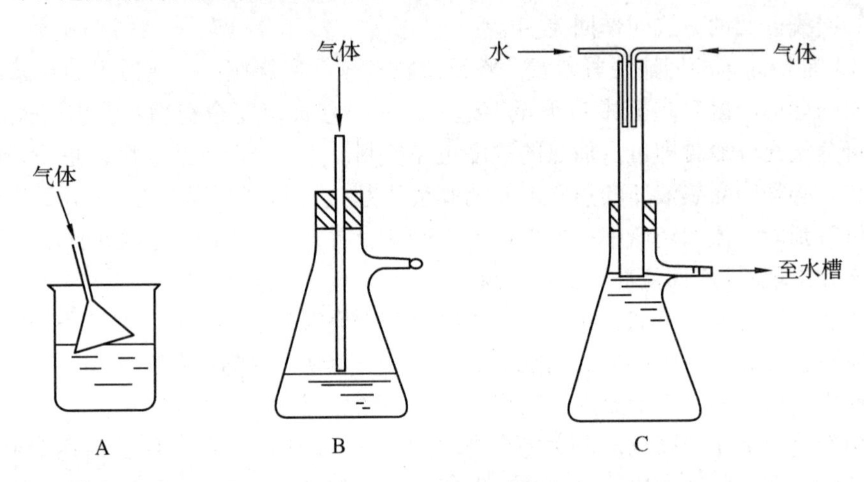

图3-5 常用的气体吸收装置

3. 影响产率的因素

加料时避免溴化钠沾壁；注意摇匀，以防局部硫酸浓度过高，发生副反应；加热时不可过剧，以防溴化氢生成便逸出；确保产物1-溴丁烷蒸出完全。

六、思考题

1. 加料时，先使溴化钠与浓硫酸混合，然后加正丁醇和水，可以吗？为什么？
2. 本实验有哪些副反应？采取什么措施加以抑制？

实验19 乙酸乙酯的制备

一、实验目的

(1)掌握由醇和羧酸制备酯的方法。
(2)练习分液漏斗的使用及蒸馏操作。

二、实验原理

乙酸乙酯是由乙酸和乙醇在少量浓硫酸催化作用下制得。反应式为

$$CH_3COOH + CH_3CH_2OH \xrightleftharpoons[110\sim125^\circ C]{浓\ H_2SO_4} CH_3-\overset{\overset{\displaystyle O}{\|}}{C}-OC_2H_5 + H_2O$$

副反应为

$$2CH_3CH_2OH \xrightarrow[140\sim150℃]{浓\ H_2SO_4} CH_3CH_2—O—CH_2CH_3 + H_2O$$

反应中，浓硫酸除起催化作用外，还吸收反应生成的水，使反应有利于乙酸乙酯的生成，若反应温度超过130℃，则促使副反应发生，生成乙醚。

由于酯化反应是可逆反应，一般只有2/3的原料转化成酯，为了获得高产率的酯，本实验采用增加醇的用量及不断将产物酯和水蒸出的措施，使平衡向右移动①。

三、仪器和药品

1. 仪器

三口烧瓶、温度计、分液漏斗、直形冷凝管、75°玻璃弯管、接收管、锥形瓶、蒸馏烧瓶、水浴锅、电热套等。

2. 药品

无水乙醇、乙酸、浓硫酸、饱和碳酸钠、饱和氯化钠、饱和氯化钙、无水硫酸钠、pH试纸等。

四、实验步骤

实验流程如下：

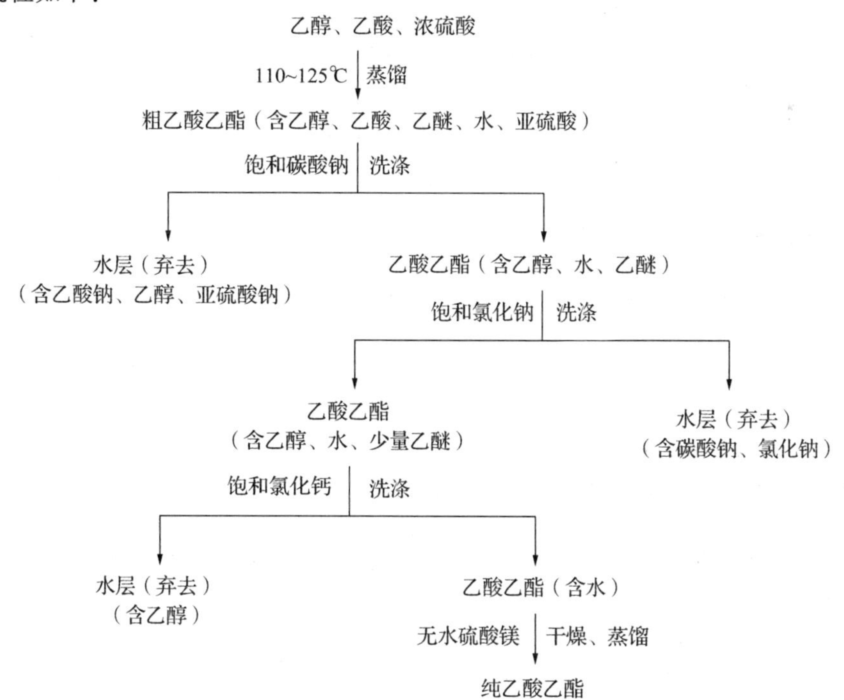

① 为提高产率，采用增加醇的用量，这主要是由于醇的价格便宜、沸点低易回收，但副反应也与醇的过量有关。

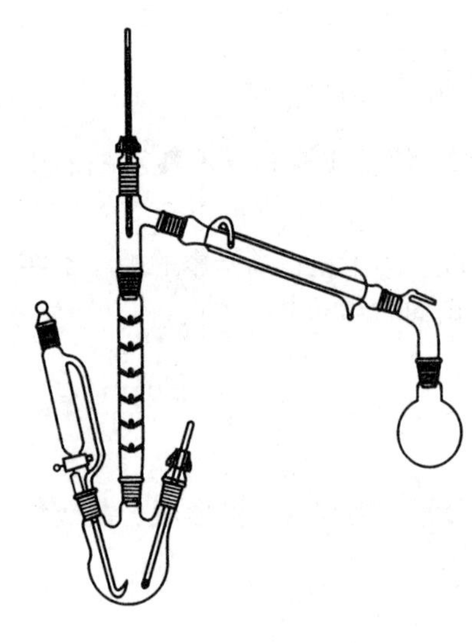

图3-6 制备乙酸乙酯的反应装置

在125 mL三口烧瓶中加入5 mL无水乙醇，在冷水冷却下，一边摇动一边缓慢地加入3 mL浓硫酸，加入几粒沸石。在三口烧瓶的一侧口插入温度计，另一侧口装上50 mL滴液漏斗(可用分液漏斗代替)，滴液漏斗中放入预先混合好的11 mL 95%乙醇和9 mL乙酸的混合液。滴液漏斗的角口和温度计的水银球必须浸在液面以下距瓶底0.5～1 cm处，三口烧瓶的中口装上韦氏分馏柱、蒸馏头和温度计，接上直形冷凝管，如图3-6所示。

将反应瓶用小火加热，当反应瓶内的温度上升到110℃时，开始滴加乙醇和乙酸的混合液，控制滴加速度不要太快①，并始终维持反应温度在110～125℃②，滴加完毕，继续加热，直到反应瓶中液体的温度上升到130℃不再有馏出液为止。

在馏出液中缓慢加入饱和碳酸钠约5 mL，以除去未反应的乙酸，直至不再有二氧化碳气体产生或上面酯层对pH试纸不显酸性为止③。将此混合液移至分液漏斗中，充分振荡(注意放气)，然后静置，分去下层水溶液。酯层先用5 mL饱和氯化钠洗涤一次④，弃去水层，以除去过量的碳酸钠，降低酯的溶解度。再用10 mL饱和氯化钙分两次洗涤，以除去未反应的乙醇。弃去下层液，将上层酯从分液漏斗上口倒入干燥的50 mL锥形瓶中，加入适量无水硫酸钠(或无水硫酸镁)干燥⑤。实验停止，如需纯化可蒸馏。称量，计算产率。

乙酸乙酯为无色液体，熔点－83.6℃，沸点77.06℃，ρ_4^{20}0.9003，n_D^{20}1.3723。乙酸乙酯的红外光谱图如图3-7所示。

五、思考题

1. 酯化反应的特点是什么？在本实验中采取哪些措施促使酯化反应尽量向生成酯的方

---

① 滴加速度不宜太快，否则，反应温度迅速下降，同时会使乙醇和乙酸来不及作用而被蒸出，影响产量。

② 温度太高，副产物增加。

③ 检验酸层酸性时，先将蓝色石蕊试纸润湿，再滴上几滴酯。

④ 当产品用饱和碳酸钠溶液洗后，直接用饱和氯化钙溶液洗涤，会产生碳酸钙絮状物，使分离困难。因此，要先用饱和氯化钠洗去过量的碳酸钠，由于乙酸乙酯在水中有一定的溶解度，为了减少酯的损失，用饱和氯化钠代替水进行洗涤。

⑤ 乙酸乙酯与水或乙醇形成共沸混合物，使沸点降低，因而使产率降低，所以必须充分洗涤和充分干燥。乙酸乙酯和水或乙醇以及三者混合形成共沸物的组成和沸点见表3-1。

表3-1 乙酸乙酯和水或乙醇以及三者混合形成共沸物的组成和沸点

组成/%			沸点/℃
乙酸乙酯	乙醇	水	
82.6	8.4	9	70.2
91.9	—	8.1	70.4
69.0	3.10	—	71.8

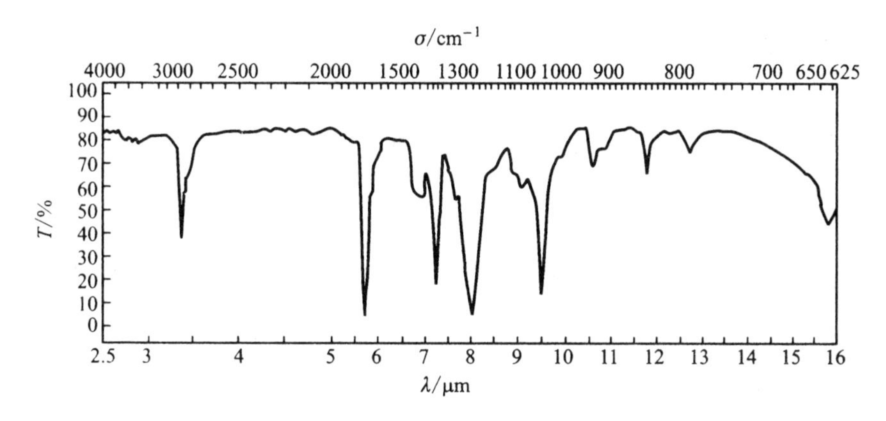

图 3-7　乙酸乙酯的红外光谱图

向进行？

2. 反应过程中为什么要控制乙醇和乙酸混合液的滴加速度不要太快？

3. 反应温度始终控制在 100～120℃，温度过高对实验结果有什么影响？

4. 本实验中浓硫酸起什么作用？

5. 为什么乙酸乙酯产品不用无水氯化钙而用无水硫酸钠进行干燥？

6. 反应产物中含有哪些杂质？用什么方法除掉？

7. 简述本实验精制乙酸乙酯时加饱和碳酸钠、饱和氯化钠、饱和氯化钙、无水硫酸镁的作用。

实验 20　苯乙酮的制备

一、实验目的

(1) 学习傅－克酰基化反应制备苯乙酮的原理和方法。

(2) 掌握无水操作及电动搅拌器的使用。

二、实验原理

芳烃在催化剂存在下，与酰基化试剂（如酸酐或酰卤）作用，芳环上的氢原子被酰基取代生成芳酮的反应，称为傅－克酰基化反应。

反应式如下：

$$C_6H_6 + (CH_3CO)_2O \xrightarrow[\text{(无水)}]{AlCl_3} C_6H_5COCH_3 + CH_3COOH$$

乙酸酐　　　　苯乙酮

三、仪器和药品

1. 仪器

三口烧瓶、滴液漏斗、电动搅拌器、球形冷凝管、直形冷凝管、分液漏斗、干燥管、接收管等。

2. 药品

无水氯化铝、无水苯、乙酸酐、浓盐酸、10% 氢氧化钠溶液、无水硫酸镁、无水氯化钙等。

四、实验步骤

实验流程如下：

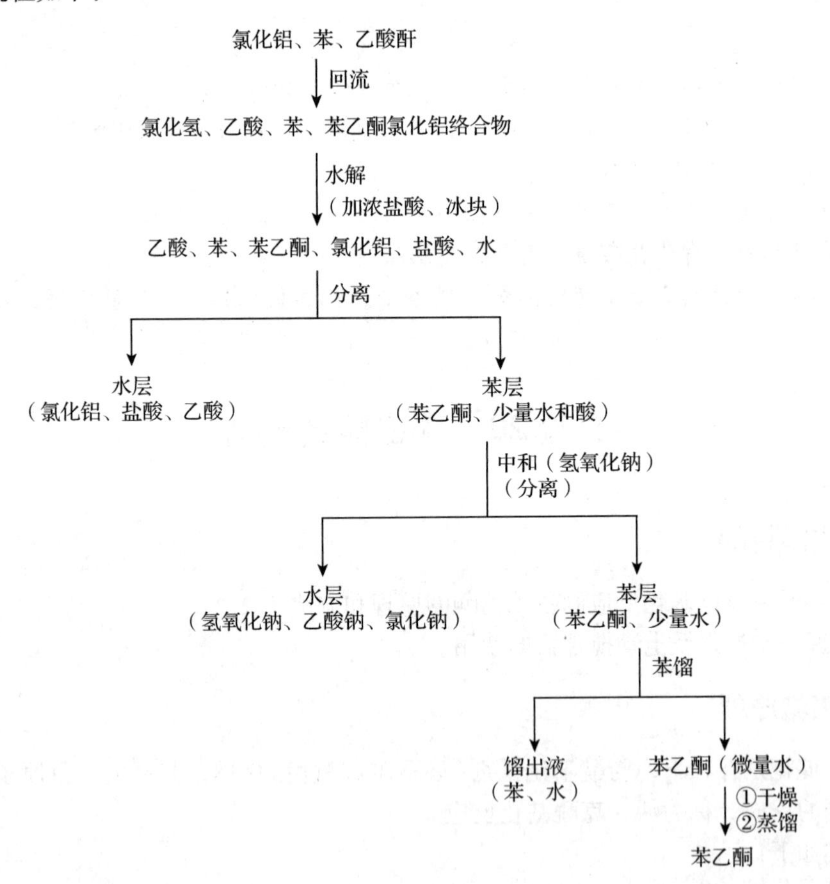

制备苯乙酮的装置如图 3-8 所示，在 250 mL 干燥三口烧瓶的中口装上电动搅拌器，两个侧口分别接上球形冷凝管和滴液漏斗①。在冷凝管上端接一氯化钙干燥管，干燥管的另一端通过橡皮管与一倒置的玻璃漏斗相连。从装滴液漏斗的侧口迅速加入无水氯化铝② 20 g 和

① 本实验所用仪器须完全干燥。

② 无水氯化铝质量的好坏是实验成败的关键之一，应该使用新升华的或包装严密的无水氯化铝。它一接触空气，立即吸水分解而冒出白雾，所以研细、称量、投料都须迅速。不要接触皮肤，注意保护眼睛。

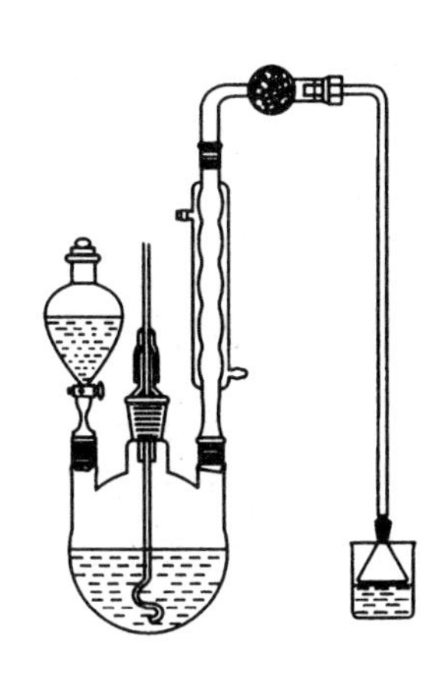

图 3-8 制备苯乙酮的装置

无水苯① 31 mL 立即塞紧塞子。将乙酸酐② 6 mL 加入滴液漏斗中。在电动搅拌下滴入烧瓶，反应立即开始，随着反应进行，反应物温度很快升高，并剧烈释放氯化氢。因而必须控制滴加速度，整个滴加过程约需 20 min。

加料完毕，待反应开始平缓以后，用 90℃ 左右水浴加热回流 40 min，直至不再放出氯化氢为止。

取出，冷却，在不断搅拌下慢慢倒入 75 g 碎冰块和 37 mL 浓盐酸的混合物中。如有碱式铝盐沉淀存在，可再加适量浓盐酸使其溶解。用分液漏斗分取苯层，再用 40 mL 苯分两次萃取水层。合并苯层，再依次用 10% 氢氧化钠溶液18 mL、水18 mL洗涤，最后用约 5 g 无水硫酸镁干燥。

将干燥后的粗产品滤入 150 mL 蒸馏烧瓶中，加入几粒沸石，装上冷凝管，在水浴上蒸出苯③。再在石棉网上直接加热蒸去残留的苯，当温度升至 140℃ 左右时，停止加热。稍冷，将粗产品转移至 50 mL 蒸馏瓶中，换用空气冷凝管，在石棉网上直接加热蒸馏。收集沸程 195 ~ 202℃ 的馏分。称量，计算产率。

苯乙酮为无色油状液体，熔点 20.5℃，沸点 202.6℃，ρ_4^{20} 1.0281，n_D^{20} 1.537 18。苯乙酮的红外光谱图如图 3-9 所示。

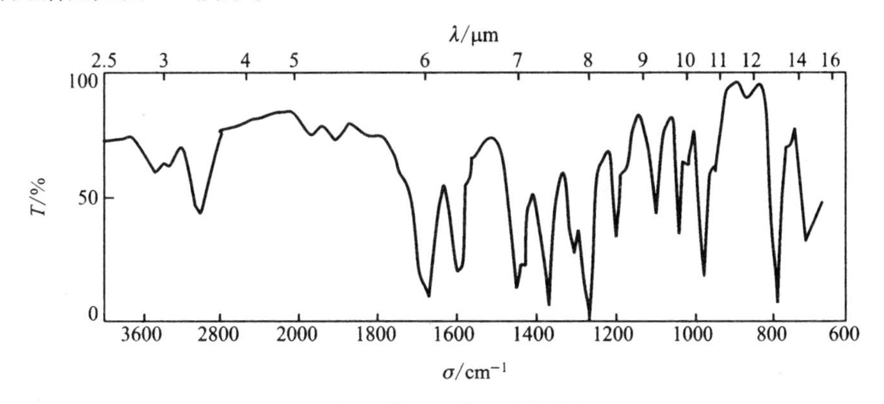

图 3-9 苯乙酮的红外光谱图

五、思考题

1. 本实验成功的关键问题是哪几点？
2. 为什么要用过量的苯和氯化铝？
3. 用冰和浓盐酸处理反应物的目的何在？

① 苯加无水氯化钙静置数日，其间振摇数次，实验前过滤备用。也可用新近蒸馏的苯。

② 所用的乙酸酐必须在临用前重新蒸馏，取 137 ~ 140℃ 馏分使用。乙酸酐强烈腐蚀皮肤和眼睛，应避免接触蒸气。

③ 在水浴上蒸馏回收苯时，烧瓶底不可接触水浴锅底，以免燃烧起火。

实验21 乙酸丁酯的制备

一、实验目的

(1)掌握有机酸酯的制备原理和乙酸丁酯的制备方法。
(2)掌握回流和蒸馏操作。
(3)掌握洗涤和萃取操作。

二、实验原理

本实验以乙酸和正丁醇为原料，酸催化直接酯化制备乙酸正丁酯。

$$CH_3COOH + nC_4H_9OH \overset{H^+}{\rightleftharpoons} CH_3COOC_4H_9 + H_2O$$

酯化反应一般要用酸进行催化，本实验用浓硫酸。为了使化学平衡有利于酯的生成，本实验采用乙酸过量的方法。

三、仪器和药品

1. 仪器

圆底烧瓶、球形冷凝管、直形冷凝管、蒸馏烧瓶、分液漏斗、烧杯、锥形瓶、滴管、温度计、电子天平等。

2. 药品

正丁醇、冰乙酸、浓硫酸、10%碳酸钠溶液、无水硫酸镁(或钠)等。

四、实验步骤

将9.2 mL正丁醇和12 mL冰乙酸放入100 mL圆底烧瓶中，混合均匀。并小心加入1 mL浓硫酸，充分振摇，加入几颗沸石，装上回流冷凝管，在石棉网上加热回流1.5 h①。

待反应混合物冷却后，将其倒入装有50 mL蒸馏水的分液漏斗中，分出上层粗酯。用10 mL 10%碳酸钠溶液洗涤1次，再用10 mL水洗涤1次②。酯层用无水硫酸镁(或钠)干燥③。干燥液滤入25 mL蒸馏烧瓶中，石棉网上加热蒸馏，收集124～125℃的馏分④，产量约7.5 g，产率约65%。测得折射率n_D^{20} 1.3952。

乙酸丁酯的沸点文献值为125～126℃，n_D^{20} 1.3951。

---

① 回流太温和，回流温度偏低，导致反应不完全，故应保证回流速度约为每分100滴。

② 除去硫酸和过量的乙酸。

③ 本实验干燥剂可选用无水硫酸镁、无水硫酸钠等，不可用无水氯化钙，因为它能与产品形成络合物。

④ 本实验得到的是无色透明液体，而有些实验者会得到浑浊的液体，或蒸馏时前几滴是浑浊的，这是因为仪器不干燥或酯未彻底干燥。

五、思考题

1. 粗产品中含有哪些杂质？如何将它们除去？
2. 何为酯化作用？有哪些物质可以作为酯化催化剂？
3. 加入浓硫酸后，如果不充分振摇，将对反应有何影响？

实验22　乙酸异戊酯的制备

一、实验目的

(1)熟悉酯化反应原理，掌握乙酸异戊酯的制备方法。
(2)熟练掌握加热回流、萃取、蒸馏等基本操作技术。
(3)熟悉液体有机物的干燥，掌握分液漏斗的使用方法。

二、实验原理

乙酸异戊酯为无色透明液体，不溶于水，易溶于乙醇、乙醚等有机溶剂。它具有香蕉气味和梨香香韵，因而被广泛用于配制食用香精。实验室通常采用冰乙酸和异戊醇在浓硫酸的催化下加热发生酯化反应来制取。反应式如下：

$$\underset{\text{乙酸}}{CH_3\overset{\overset{\displaystyle O}{\|}}{C}{-}OH} + \underset{\text{异戊醇}}{HOCH_2CH_2\overset{\overset{\displaystyle CH_3}{|}}{C}HCH_3} \xrightleftharpoons[\triangle]{\text{浓}H_2SO_4} \underset{\text{乙酸异戊酯}}{CH_3\overset{\overset{\displaystyle O}{\|}}{C}{-}OCH_2CH_2\overset{\overset{\displaystyle CH_3}{|}}{C}HCH_3} + H_2O$$

酯化反应是可逆的，在平衡时只用2/3的酸和醇转化成酯。本实验采取加入过量冰乙酸，并除去反应中生成的水，使反应平衡不断向生成酯的方向进行，提高酯的产率。

生成的乙酸异戊酯产物中混有过量的冰乙酸、未完全转化的异戊醇、起催化作用的硫酸及副产物醚类，应经过洗涤、干燥和蒸馏予以除去。

三、仪器和药品

1. 仪器

球形冷凝管、蒸馏烧瓶、直形冷凝管、接液管、分液漏斗、量筒、温度计、锥形瓶、电热套等。

2. 药品

异戊醇、冰乙酸、浓硫酸、5%碳酸氢钠溶液、饱和氯化钠、无水硫酸镁、红色石蕊试纸等。

四、实验步骤

实验流程如下：

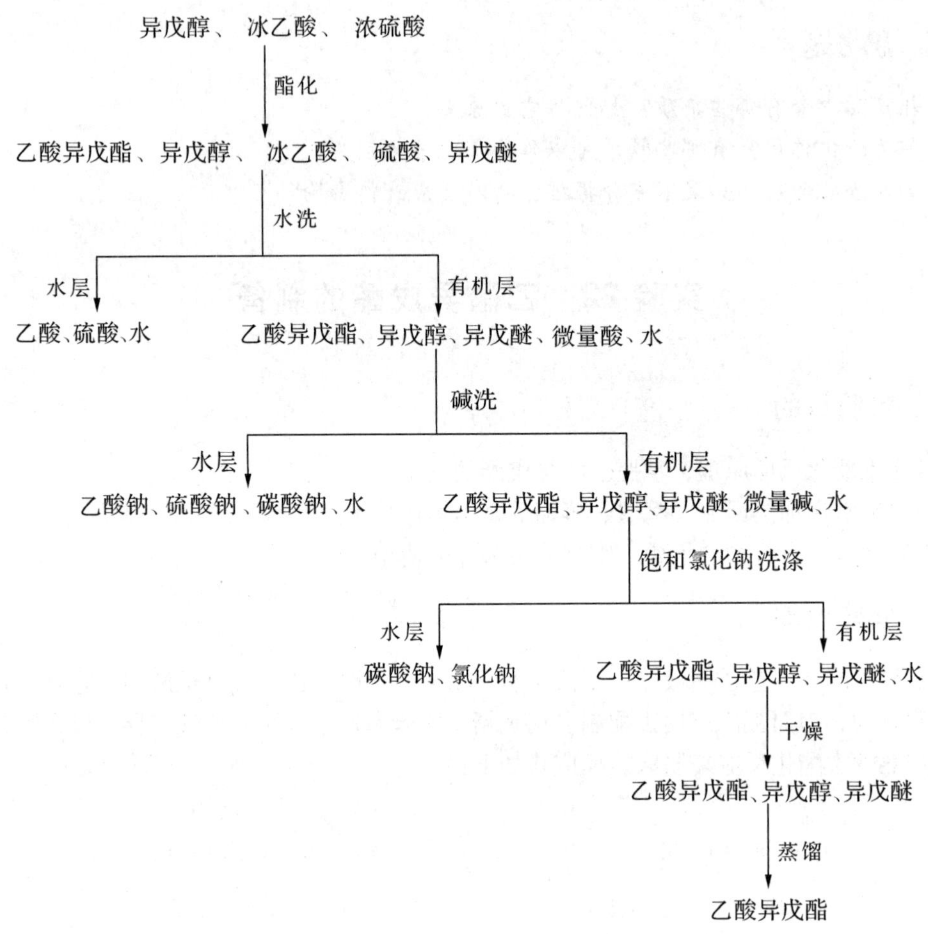

1. 酯化

在干燥的 100 mL 圆底烧瓶中加入 20 mL 异戊醇和 26 mL 冰乙酸，在振摇与冷却下分数次加入 4.5 mL 浓硫酸，混匀后加入 1 ~2 粒沸石。装好回流装置，加热回流 1 h。反应完毕，冷却至室温。

2. 洗涤

将烧瓶中的反应液倒入分液漏斗中①，充分振摇，接通大气静置，待分界面清晰后，分去下层水层。上层酯层用 30 mL 5% 碳酸氢钠溶液分两次洗涤②(注意放气)。用石蕊试纸检验水层应为碱性，如仍为酸性，需继续添加碳酸氢钠溶液直至为碱性止。最后再用 15 mL 饱和氯化钠③洗涤 1 次。

3. 干燥

经过水洗、碱洗和氯化钠洗涤后的酯层由分液漏斗上口倒入干燥的锥形瓶中，加入 2 g 无水硫酸镁，配上塞子，充分振摇后，放置 30 min 至无色透明。

---

① 此时应轻轻振荡，以免发生乳化。

② 碱洗时放出大量热并有二氧化碳产生，因此洗涤时要不断放气，防止分液漏斗内的液体冲出来。

③ 加饱和氯化钠是帮助尽快分层，降低酯在水中的溶解度，减少酯的损失。

4. 蒸馏

安装一套普通蒸馏装置。将干燥好的粗酯小心滤入干燥的蒸馏烧瓶中，加入1～2粒沸石，加热蒸馏。用干燥的量筒①收集138～142℃馏分，称量，计算产率。

五、思考题

1. 制备乙酸异戊酯时，使用的哪些仪器必须是干燥的？为什么？
2. 酯化反应是可逆的，本实验采用什么方法来提高转化率？此外还有什么方法？

实验23　己二酸的制备

一、实验目的

(1)学习用环己醇氧化制备己二酸的原理和方法。
(2)掌握电动搅拌、抽滤等基本操作。
(3)熟练掌握熔点的测定技术。

二、实验原理

制备羧酸最常用的方法是烯、醇和醛等的氧化法。常用的氧化剂有硝酸、重铬酸钾(钠)的硫酸溶液、高锰酸钾、过氧化氢及过氧乙酸等。但其中用硝酸为氧化剂反应非常剧烈，伴有大量二氧化氮毒气放出，既危险又污染环境。因而本实验采用环己醇在高锰酸钾的酸性条件发生氧化反应，然后酸化得到己二酸。

$$3\,C_6H_{11}\text{—}OH + 8KMnO_4 + H_2O \longrightarrow 3HOOC\text{—}(CH_2)_4\text{—}COOH + 8MnO_2\downarrow + 8KOH$$

三、仪器和药品

1. 仪器

三口烧瓶、电磁搅拌器、抽滤装置、温度计、球形冷凝管、玻璃棒、烧杯、pH广泛试纸、滴管等。

2. 药品

环己醇、高锰酸钾、10%氢氧化钠溶液、浓盐酸、10%碳酸钠溶液、滤纸等。

四、实验步骤

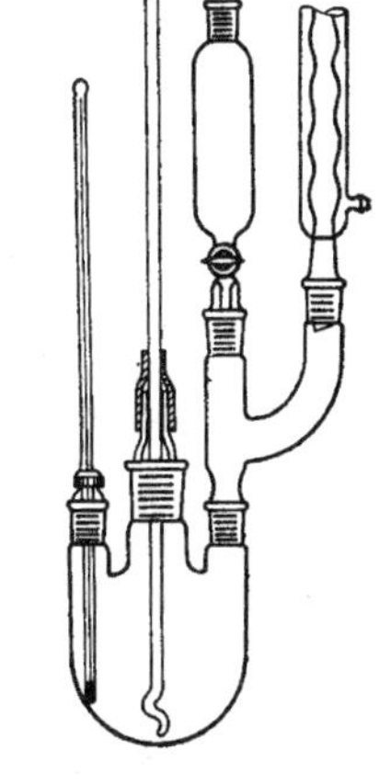

图3-10　己二酸的制备装置

在装有搅拌装置、温度计和回流冷凝管的250 mL三口烧瓶中加入5 mL 10%氢氧化钠溶液(或0.5 g氢氧化钠固体)和50 mL水，实验装置如图3-10所示。搅拌使其溶解，然后加入6.3 g高锰酸钾。小心预热溶液

① 最后蒸馏时仪器要干燥，也可用称量过质量的锥形瓶作接收器。

到40℃，高锰酸钾溶解后，从冷凝管上口用滴管缓慢滴加2.1 mL环己醇①，反应随即开始(放热)。控制滴加速度，使反应温度维持在45℃左右②。滴加完毕，继续搅拌，直至反应温度不再上升为止。水浴保温50℃左右，继续搅拌保温30 min后烧瓶中产生大量二氧化锰沉淀，趁热将混合物倒出抽滤，用20 mL 10%碳酸钠溶液冲洗滤渣，收集滤液。

滤液转入100 mL小烧杯中，用浓盐酸酸化(慢慢滴加)，使溶液呈强酸性(pH = 1 ~ 2)，再多加2 mL浓盐酸(大约4 mL)，冷却，抽干后，再用少量冰水洗涤2次，干燥，得己二酸白色晶体。将产品移入表面皿中，于100℃烘箱中干燥或晾干，称量，计算产率，测定熔点。

五、思考题

1. 制备羧酸的常用方法有哪些？
2. 为什么必须控制氧化反应的温度？

实验24 乙酰苯胺的制备

一、实验目的

(1)掌握酰反应原理及乙酰苯胺的制备方法。

(2)巩固分馏和重结晶操作方法。

二、实验原理

芳香族伯胺反应活性高，在有机合成中常用酰基反应来保护氨基。乙酰苯胺可通过苯胺与乙酰卤、乙酸酐等乙酰化试剂反应来制备，但其中苯胺与乙酰氯反应最为激烈，乙酸酐次之，乙酸反应较平缓，价格便宜，操作方便，因此本实验采用乙酸作为乙酰化试剂。

反应式如下：

$$C_6H_5-NH_2 + CH_3COOH \overset{\triangle}{\rightleftharpoons} C_6H_5-NH-\overset{O}{\overset{\|}{C}}-CH_3 + H_2O$$

苯胺　　　　乙酰苯胺

三、仪器和药品

1. 仪器

圆底烧瓶、韦氏分馏柱、温度计、烧杯、接收管、抽滤瓶、布氏漏斗、热水漏斗、蒸馏头、加热套等。

2. 药品

苯胺(新蒸馏)、冰乙酸、锌粉、活性炭等。

---

① 此反应属强烈放热反应，要控制好滴加速度和搅拌速度，以免反应过剧，引起飞溅或爆炸。同时，不要在烧杯上口观察反应情况。

② 反应温度不可过高，否则反应难以控制，易引起混合物冲出反应器。

四、实验步骤

实验流程如下：

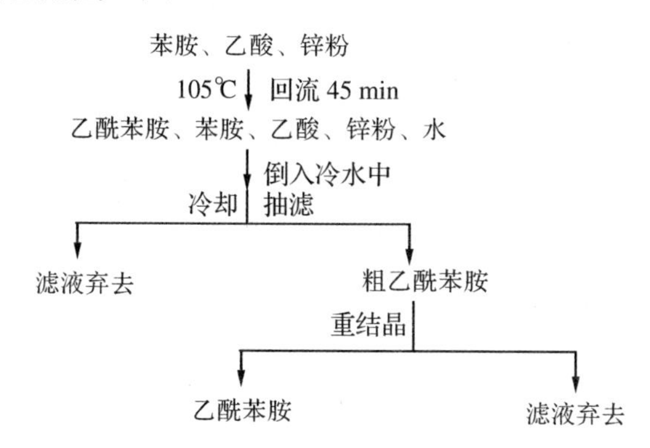

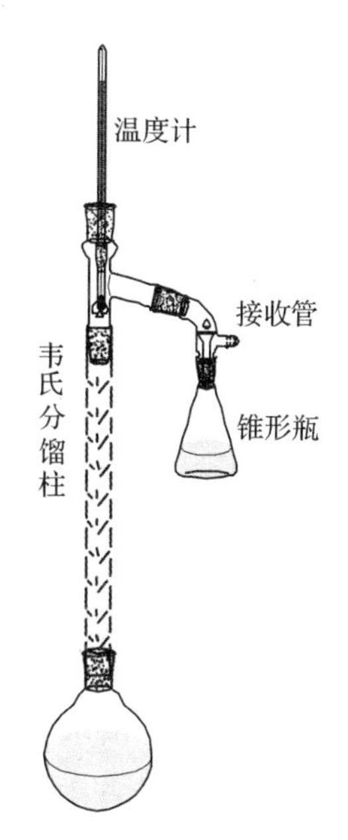

图 3-11 乙酰苯胺制备装置

在 50 mL 圆底烧瓶中，加入 6. 5 mL 新蒸馏苯胺①、10 mL 冰乙酸、少量锌粉(约 0. 1 g)②，装上韦氏分馏柱，顶端插上蒸馏头和温度计，蒸馏头支管和接收管相连，接收管下端伸入烧杯(或锥形瓶)中，以收集蒸出的水和乙酸，如图 3-11 所示。

圆底烧瓶用小火加热，保持微沸 10 ~ 15 min，然后逐渐升高温度，当温度计读数达到 100℃左右时，即有液体流出，维持温度在 100 ~ 110℃约 1 h。当反应生成的水被蒸出后，温度计的读数开始下降，表示反应已经完成。停止加热，在搅拌下趁热将反应物倒入盛有 100 mL 冷水的烧杯中③冷却后抽滤，用少量冷水洗涤粗产品。将粗产品全部移入一个盛有 150 mL 热水的烧杯中，加热至沸，使之全部溶解。若有颜色可加少量活性炭进行脱色，趁热将饱和溶液用热水漏斗过滤，冷却结晶，抽滤，洗涤。将产品放在表面皿上晾干，称量，计算产率，测定熔点。

乙酰苯胺红外光谱图如图 3-12 所示。

乙酰苯胺红外光谱图中的特征振动频率：

3300 ~ 3200 cm^{-1}	N—H 的伸缩振动
1670 cm^{-1}	C═O 的伸缩振动
1560 cm^{-1}	N—H 的弯曲振动
760 cm^{-1} 699 cm^{-1}	单取代苯环上 C—H 的弯曲振动

---

① 苯胺久置颜色变深，含有杂质会影响乙酰苯胺的制备，所以要用新蒸馏的无色或浅黄色的苯胺。蒸馏苯胺时加少量锌粉，可防止苯胺在蒸馏过程中被氧化。苯胺有毒，操作时应避免与皮肤接触或吸入蒸气。若不慎触及皮肤，应立即用水冲洗，再用肥皂及温水洗涤。

② 加入锌粉的目的是防止苯胺反应过程中被氧化，但不宜多加，否则处理过程中会产生不溶于水的氢氧化锌。

③ 因反应物冷却后会产生结晶，粘在烧瓶壁上不易处理，所以要趁热倒出，放入冷水中既可冷却使结晶析出，又可除去未反应的乙酸及苯胺(苯胺与乙酸生成苯胺乙酸盐而溶于水中)。

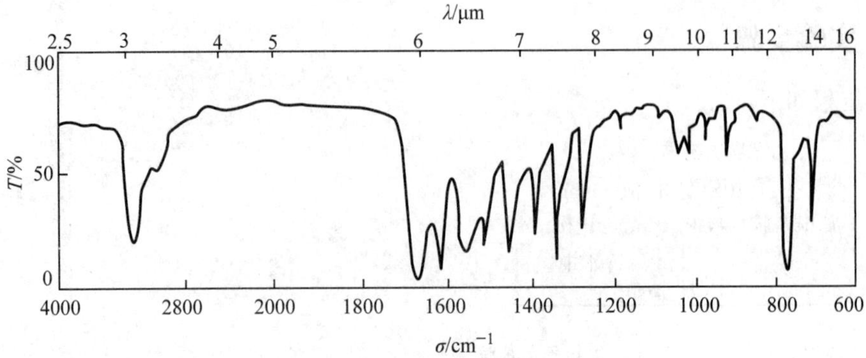

图 3-12 乙酰苯胺红外光谱图(固态，溴化钾压片)

五、思考题

1. 本实验采取了什么措施来提高乙酰苯胺的产率?
2. 为什么反应时要控制分馏柱顶温度在100~110℃?若高于此温度有什么不好?
3. 根据理论计算，反应产生几毫升水?为什么收集的液体要比理论量多?

实验25 苯甲酸的制备

一、实验目的

(1)学习由甲苯氧化制备苯甲酸的原理和方法。

(2)掌握回流反应、过滤、重结晶等操作。

二、实验原理

苯不易氧化，但苯环上有侧链后苯环侧链就容易氧化。一般情况下往往用甲苯和高锰酸钾反应制备苯甲酸。由于在酸性条件下反应过分剧烈，因而本实验在水溶液中进行，然后酸化。

反应式如下：

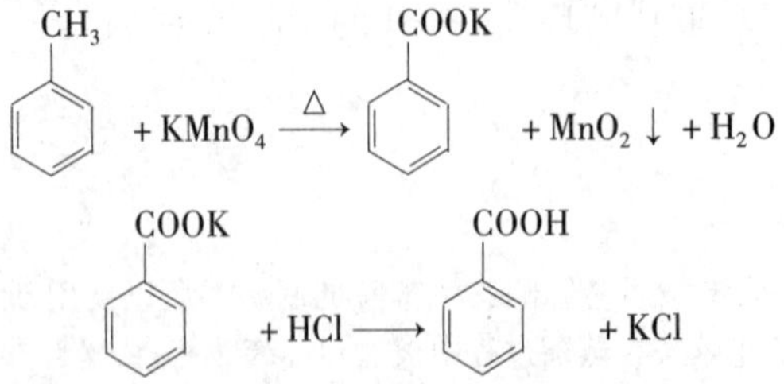

$$C_6H_5CH_3 + KMnO_4 \xrightarrow{\triangle} C_6H_5COOK + MnO_2 \downarrow + H_2O$$

$$C_6H_5COOK + HCl \longrightarrow C_6H_5COOH + KCl$$

三、仪器和药品

1. 仪器

圆底烧瓶、球形冷凝管、表面皿、布氏漏斗、抽滤瓶、烧杯、刚果红试纸等。

2. 药品

甲苯、浓盐酸、高锰酸钾、亚硫酸氢钠等。

四、实验步骤

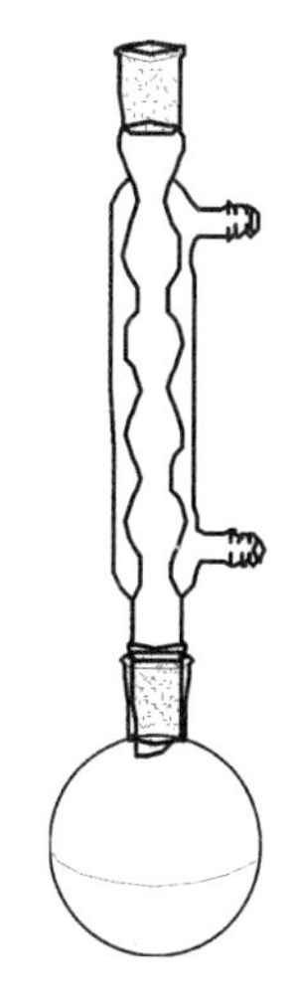

图 3-13 苯甲酸制备装置

在250 mL圆底烧瓶中加入3.5 mL甲苯和140 mL水，投入沸石数块，瓶口装上球形冷凝管，在石棉网上加热至沸腾，实验装置如图3-13所示。从冷凝管上口分数次加入10.4 g高锰酸钾①，每次加后需摇动烧瓶，至反应缓和后再加，最后用少量水将黏附在冷凝管内壁的高锰酸钾冲入瓶内。继续煮沸并时常摇动烧瓶，经过约1.5 h，当甲苯层近乎消失，回流不再出现油珠时，停止加热。如果反应混合物呈紫色，可加放少量亚硫酸氢钠使紫色褪去。

将反应混合物趁热抽气过滤，用少量热水洗涤滤渣二氧化锰，合并滤液和洗涤液。倒入烧杯中，烧杯放在冷水浴中冷却，然后用浓盐酸酸化②，直到苯甲酸全部析出为止。

将析出的苯甲酸抽气过滤，用少量冷水洗涤。将产品放在表面皿上晾干，称量，计算产率，测定熔点。

五、思考题

1. 在氧化反应中，影响苯甲酸产量的主要因素是哪些？
2. 为什么高锰酸钾要分批加入？

实验26 乙酰水杨酸的制备

一、实验目的

(1)通过乙酰水杨酸制备，初步了解有机合成中乙酰化反应原理及方法。

(2)巩固称量、溶解、加热、结晶、洗涤、重结晶等基本操作。

二、实验原理

水杨酸分子中含羟基(—OH)、羧基(—COOH)，具有双官能团，因此它能进行两种不同的酯化反应。本实验采用以强酸(浓硫酸)为催化剂，以乙酸酐为乙酰化试剂，与水杨酸的酚羟基发生酰化作用形成乙酰水杨酸。乙酰水杨酸(阿斯匹林)不仅是退热止痛药，还可用于预防老年人心血管系统疾病。反应如下：

---

① 高锰酸钾要分批加入，每次加入不宜太多，否则摇动烧瓶时反应异常激烈；加高锰酸钾过程中有时会发生管道堵塞现象，可用一细长玻璃棒疏通。

② 酸化要彻底，使苯甲酸充分结晶析出。

$$\text{(o-HOC}_6\text{H}_4\text{COOH)} + (CH_3COO)_2O \xrightarrow[\text{水浴 }85\sim90℃]{\text{浓 }H_2SO_4} \text{(o-CH}_3\text{COOC}_6\text{H}_4\text{COOH)} + CH_3COOH$$

乙酰水杨酸能溶于碳酸氢钠水溶液，而副产物不能溶于碳酸氢钠水溶液，这种性质上的差别可用于阿司匹林的纯化。

最终产物中的杂质可能是水杨酸本身，这是由于乙酰化反应不完全或由于产物在分离步骤中发生水解造成的。它可以在各步纯化过程中和产物的重结晶过程中被除去。与大多数酚类化合物一样，水杨酸可与氯化铁形成配合物；阿司匹林因酚羟基已被酰化，不再与氯化铁发生颜色反应，因此杂质很容易被检出。

三、仪器和药品

1. 仪器

锥形瓶、布氏漏斗、抽滤瓶、表面皿等。

2. 药品

水杨酸、乙酸酐、浓硫酸等。

四、实验步骤

称取6.3 g固体水杨酸，放入50 mL锥形瓶中，加入9 mL乙酸酐①，加入10滴浓硫酸，充分摇动，待水杨酸溶解后将锥形瓶放在70℃左右水浴中30 min②，常常摇动锥形瓶，使乙酰化反应尽可能完全。

取出锥形瓶，让其自然降温至室温。观察有无晶体出现。如果无晶体出现，用玻璃棒摩擦锥形瓶内侧。当有晶体出现时，置冰水浴中冷却，并加入100 mL冷水，出现不规则大量白色晶体，继续冷却5 min，让结晶完全，抽滤。粗产品用冰水洗涤2次，烘干得乙酰水杨酸。

此产品可用乙醇－水③进行重结晶，测定熔点为134～136℃。

五、思考题

1. 在硫酸存在下，水杨酸与乙醇作用会得到什么产品？
2. 试比较苄醇、苯酚和水杨酸乙酰化速率。
3. 醇、酚、糖的酯化有什么不同？

---

① 水杨酸应当干燥，乙酸酐应当是新蒸馏的，收集139～140℃的馏分。

② 温度高反应速度快，但温度不宜过高，否则副产物增多，如水杨酰水杨酸酯、乙酰水杨酸酯。

③ 也可以用稀乙酸(1:1)或苯、汽油(40～60℃)、乙醚－石油醚(30～60℃)重结晶。重结晶时，其溶液不应加热过久，也不宜用高沸点溶剂，因为这样乙酰水杨酸将部分分解。

实验27　2－甲基－2－氯丙烷的制备

一、实验目的

（1）学习制备2－甲基－2－氯丙烷的实验原理和过程。

（2）进一步巩固蒸馏的基本操作和分液漏斗①的使用方法。

二、实验原理

以浓盐酸、叔丁醇②为原料制备2－甲基－2－氯丙烷，叔丁醇在室温下与浓盐酸反应。反应式为：

$$CH_3-\underset{CH_3}{\overset{CH_3}{\underset{|}{\overset{|}{C}}}}-OH + HCl \xrightarrow{\text{室温}} CH_3-\underset{CH_3}{\overset{CH_3}{\underset{|}{\overset{|}{C}}}}-Cl + H_2O$$

三、仪器和药品

1. 仪器

圆底烧瓶、分液漏斗、蒸馏烧瓶、球形冷凝管、直形冷凝管、蒸馏头、接液瓶、温度计、量筒、烧杯、锥形瓶、电子天平、电磁搅拌器等。

2. 药品

浓盐酸、叔丁醇、水、5%碳酸氢钠溶液、无水氯化钙等。

四、实验步骤

将约7.9 mL叔丁醇和21 mL浓盐酸放入100 mL圆底烧瓶中，室温下置于磁力搅拌器中，搅拌10～15 min后，将反应体系转入分液漏斗中，静置分层，有机层依次用水、5%碳酸氢钠溶液、水各5 mL洗涤③，分液。产品用无水氯化钙干燥。干燥后的产品转入蒸馏烧瓶中，加入沸石。接收瓶置于冰水浴中。在水浴上蒸馏收集50～51℃馏分。计算产率。

五、思考题

1. 粗产品中有哪些杂质？如何将它们除去？

2. 使用分液漏斗时，需要注意哪些问题？

3. 在实验中用碳酸氢钠溶液中和酸，应特别注意什么问题？能否用稀的氢氧化钠溶液替代？为什么？

4. 为什么选用无水氯化钙作为干燥剂？

---

① 在使用分液漏斗过程中要注意放气，以免发生事故。

② 叔丁醇温度较低时呈固体，需要熔化后使用。

③ 在洗涤粗产品时，洗涤时间不能过长，否则会增加产物的水解损失。

实验28 环己烯的制备

一、实验目的

(1)学习用酸催化环己醇脱水制备环己烯的反应原理和实验方法。
(2)学习和掌握有机合成中蒸馏、分馏及液体的干燥等操作。

二、实验原理

烯烃是重要的化工原料，工业上通过石油裂解制备，也可利用醇在氧化铝等催化剂存在下高温脱水制备。实验室主要用浓硫酸或浓磷酸催化脱水或卤代烃在醇钠作用下脱卤化氢制备。

环己醇可用浓硫酸或浓磷酸催化脱水制备环己烯，因使用浓硫酸常常会产生一些黑色物质使烧瓶不易清洗，因此本实验采用浓磷酸催化脱水制备环己烯。

反应式为：

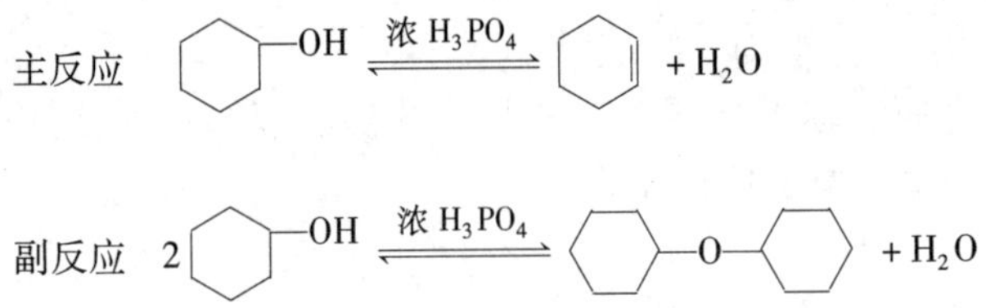

主反应 环己醇—OH $\xrightleftharpoons{\text{浓 } H_3PO_4}$ 环己烯 $+ H_2O$

副反应 2 环己醇—OH $\xrightleftharpoons{\text{浓 } H_3PO_4}$ 环己基—O—环己基 $+ H_2O$

强酸使醇羟基质子化，以水的形式离去，生成碳正离子，再失去一个质子发生单分子消除反应，生成烯烃。

主反应为可逆反应，本实验采用的措施是：边反应边蒸出生成的环己烯和水形成的二元共沸物(沸点70.8℃，含水10%)。但是原料环己醇也能和水形成二元共沸物(沸点97.8℃，含水80%)。为了使产物以共沸物的形式蒸出反应体系，而又不夹带原料环己醇，本实验采用分馏装置，并控制柱顶温度不超过73℃。

三、仪器和药品

1. 仪器

圆底烧瓶、分馏柱、直形冷凝管、蒸馏头、接液管、分液漏斗、锥形瓶、温度计、电子天平等。

2. 药品

环己醇、浓磷酸、氯化钠、无水氯化钙、5%碳酸钠溶液等。

四、实验步骤

实验流程如下：

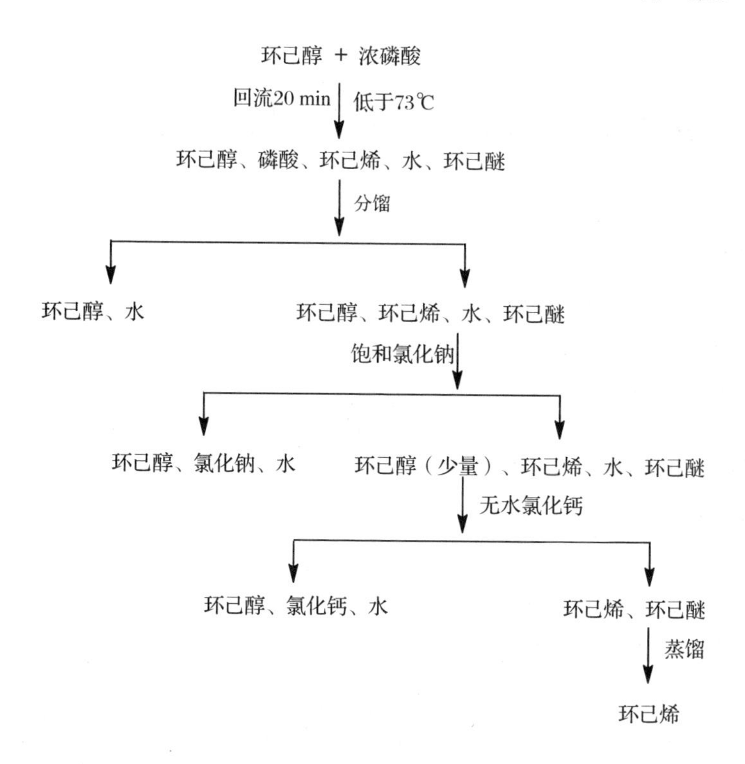

在25 mL干燥的圆底烧瓶中加入5 g环己醇①、3 mL浓磷酸和几粒沸石，充分摇匀。烧瓶上装一短分馏柱进行分馏，接收瓶置于冰水浴中，缓慢加热②，收集85℃以下馏分，至无液体溜出时升高温度，加热至烧瓶中只有少量残渣并出现白雾时停止加热，大约用时1 h。

将馏出液用约1 g氯化钠饱和，然后用3～4 mL 5%碳酸钠溶液中和酸。全部转入分液漏斗中③，静置分层，分出有机层，有机层用0.5 g无水氯化钙干燥（至液体透明澄清），将溶液过滤到50 mL蒸馏烧瓶中，加入沸石，水浴加热蒸馏，收集80～85℃馏分。产量2.00～3.00 g（产率约60%）。

五、思考题

1. 写出反应机理。
2. 制备环己烯反应后期出现的白雾是什么？
3. 加入氯化钠饱和的目的是什么？
4. 无水氯化钙干燥后，为何在蒸馏前要过滤除去？

---

① 环己醇室温下为黏稠状液体（熔点24℃），若用量筒量取体积则损失较大，故称其质量。
② 加热时，烧瓶底部与电热套保持适当距离，以免局部过热。加热时不宜温度过高、过快。
③ 在洗涤粗产品时，洗涤时间不能过长，否则会增加产物的水解损失。

实验29　二苯亚甲基丙酮的制备

一、实验目的

(1)了解和掌握醛、酮在碱性催化下的缩合反应。
(2)学习羟醛缩合反应的应用方法和实验技术。
(3)巩固结晶、过滤、干燥、重结晶和熔点的测定。

二、实验原理

当含有 α - 活泼氢的酯类化合物在醇钠等碱性条件下发生羟醛综合，失去一分子醇得到 β - 酮酸酯类化合物的反应称为克莱森(Claisen)综合反应。

若芳香醛与有 α - 活泼氢的醛、酮发生羟醛综合，生成 α,β - 不饱和醛酮，则该反应称为克莱森 - 施密特(Claisen-Schmidt)反应。

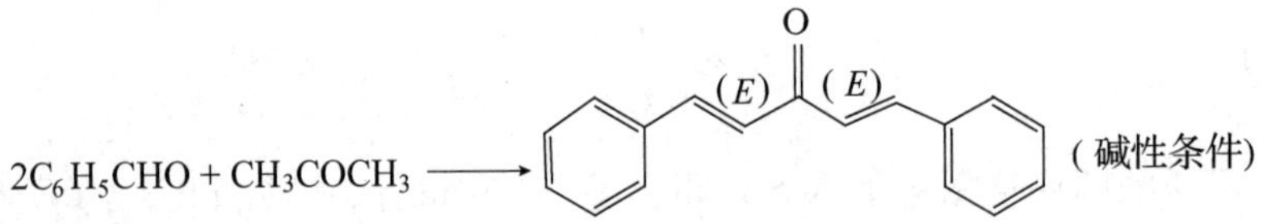

$$2C_6H_5CHO + CH_3COCH_3 \longrightarrow$$

O　(E)　(E)　(碱性条件)

三、仪器和药品

1. 仪器
圆底烧瓶、球形冷凝管、布氏漏斗、抽滤瓶、搅拌器、真空水泵、温度计等。
2. 药品
苯甲醛(新蒸馏)、丙酮、乙醇、10%氢氧化钠溶液、冰乙酸等。

四、实验步骤

在250 mL圆底烧瓶中依次加入40 mL 95%乙醇、5.3 mL新蒸馏的苯甲醛、1.8 mL丙酮、50 mL 10%氢氧化钠溶液，室温条件下①搅拌20～30 min，抽滤，分别用30 mL水、1 mL冰乙酸和25 mL 95%乙醇②的混合液、30 mL水依次洗涤滤饼，抽干。将所得固体转移到100 mL锥形瓶中，并用无水乙醇重结晶。低温(0℃)下抽滤得到产物晶体，将产物放在表面皿上并置于烘箱(50℃左右)中干燥，称量，计算产率，测定熔点。

五、思考题

1. 苯甲醛原料为什么需要新蒸馏处理？
2. 试写出反应的机理过程。

---

① 注意反应温度，不要太高，温度过高副产物较多，影响产率。
② 加入乙醇是为了溶解苯甲醛和最初形成的苯亚甲基丙酮。

实验30　甲基橙的制备

一、实验目的

(1)掌握甲基橙的制备实验原理和方法。

(2)学习重氮化反应和偶联反应。

(3)巩固重结晶的原理和操作。

二、实验原理

甲基橙在分析化学中是一种常用的酸碱指示剂，化学式是 $C_{14}H_{14}N_3SO_3Na$。它由对氨基苯磺酸经重氮化后与 *N*,*N*－二甲基苯胺偶合而成。

反应式为：

$$H_2N-C_6H_4-SO_3H \xrightarrow{NaOH} H_2N-C_6H_4-SO_3Na$$

$$H_2N-C_6H_4-SO_3Na \xrightarrow[\text{浓}HCl]{NaNO_2} \left[HO_3S-C_6H_4-\overset{+}{N}\equiv N\right]Cl^- \xrightarrow[HOAc]{C_6H_5N(CH_3)_2}$$

$$\left[HO_3S-C_6H_4-N=N-C_6H_4-NH(CH_3)_2\right]^+ OAc^- \xrightarrow{NaOH}$$

酸性黄

$$NaO_3S-C_6H_4-N=N-C_6H_4-N(CH_3)_2$$

甲基橙

三、仪器和药品

1. 仪器

烧杯、布氏漏斗、抽滤瓶、滤纸、淀粉-碘化钾试纸、电热套、水浴锅、试管、玻璃棒、量筒等。

2. 药品

对氨基苯磺酸、亚硝酸钠、*N*,*N*－二甲基苯胺、浓盐酸、冰乙酸、无水乙醇、乙醚、5%氢氧化钠溶液、10%氢氧化钠溶液等。

四、实验步骤

1. 重氮盐的制备

称取2.1 g对氨基苯磺酸晶体于100 mL烧杯中，再加入10 mL 5%氢氧化钠溶液，温热，使其完全溶解。冷却至室温后，分批次加入0.8 g亚硝酸钠于上述烧杯中。随后，将烧杯放入冰盐浴中，在搅拌下加入由3.0 mL浓盐酸与10 mL水配制的溶液，并保持温度在5℃以下。滴完后，用淀粉-碘化钾试纸检验。将反应液在冰浴中继续放置15 min，使其反应完全。

2. 甲基橙的制备

取1.3 mL *N*,*N*－二甲基苯胺和1 mL冰乙酸混合于试管中，振荡使其混合均匀。不断搅拌下，将此混合液缓慢加入上述冷却的对氨基苯磺酸重氮盐溶液中，加完后继续搅拌10 min，出现红色沉淀。然后慢慢加入15 mL 10%氢氧化钠溶液，直至反应物变为橙色，甲基橙粗产品析出。

将反应体系加热至沸，完全溶解后，先室温冷却，再放入冰水浴中冷却，待完全析出甲基橙晶体后，抽滤收集晶体，并依次用少量水、无水乙醇、乙醚洗涤。若要得到较纯的产品，可将其粗产品溶于70 mL热水中，冷却结晶，待甲基橙全部析出后，抽滤，并依次用少量乙醇、乙醚洗涤。产品干燥后，称量。

五、思考题

1. 本实验中为什么要将对氨基苯磺酸先制备成钠盐？
2. 重氮化反应中为什么要保持低温？
3. 本实验中的偶合反应为什么要在弱酸介质中进行？

第4部分 天然有机化合物的提取

实验31 茶叶中咖啡因的提取及其性质

一、实验目的

(1)通过从茶叶中提取咖啡因，掌握天然有机物的一种提取方法，并进行定性鉴定，熟悉咖啡因的一般性质。

(2)掌握索氏(Soxhlet)提取器的提取方法和用升华法提纯有机物的操作技术。

二、实验原理

咖啡因是存在于茶叶、咖啡、可可和某些植物中的生物碱之一，为黄嘌呤衍生物，呈弱碱性，常以盐或游离状态存在。能溶于氯仿、丙酮、乙醇和水(热水中溶解度更大)，但难溶于冷的乙醚和苯。它是一种温和的兴奋剂，具有刺激心脏、兴奋中枢神经和利尿等作用。含结晶水的咖啡因是无色针状结晶。纯品的熔点为235～236℃，在100℃时失去结晶水，并开始升华；120℃时显著升华，178℃迅速升华。嘌呤、黄嘌呤及咖啡因结构式如图4-1所示。

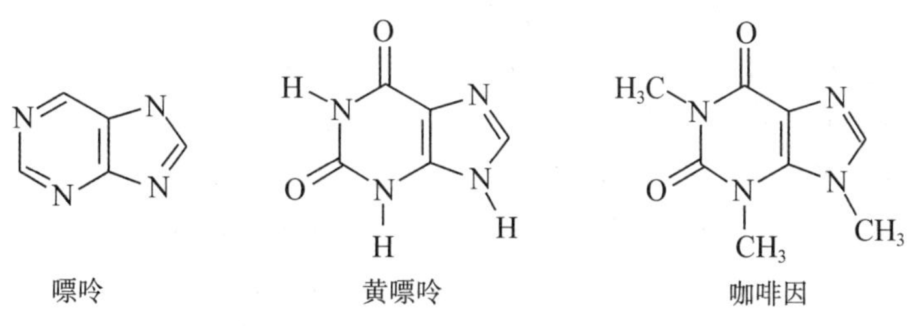

图4-1 嘌呤、黄嘌呤及咖啡因结构式

茶叶中含有干重1%～5%的咖啡因，此外，还含有11%～12%的单宁酸(鞣酸)和0.6%的色素、纤维素及蛋白质等。其中，单宁酸易溶于水和乙醇。因此，用水提取时，单宁酸即混溶于茶汁中。为了除去单宁酸，可以加碱，使单宁酸成盐而与咖啡因分离。本实验采用索氏提取器提取，再经浓缩、升华得咖啡因晶体。

三、仪器和药品

1. 仪器

索氏提取器、滤纸筒、水浴锅、漏斗、蒸发皿、圆底烧瓶、直形冷凝管、表面皿、锥形瓶、直形冷凝管、沙浴、电热套、酒精灯、滤纸、脱脂棉等。

2. 药品

干茶叶、生石灰、95%乙醇等。

四、实验步骤

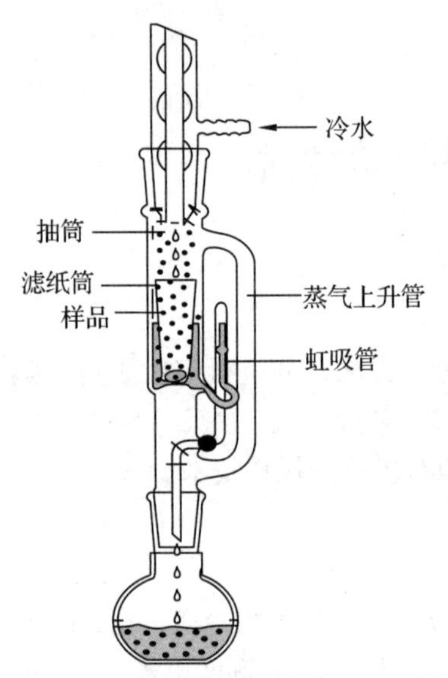

图4-2 索氏提取器

(一)仪器装置

索氏提取器是由烧瓶、抽筒和回流冷凝管三部分组成，如图4-2所示。

索氏提取器是利用溶剂的回流及虹吸原理，使所要萃取的固体物质每次都被纯的溶剂所萃取，因而溶剂用量大大减少而效率又得到提高。萃取前，应先将固体物质研细，以增加溶剂浸溶的面积，然后将研细的固体物质装入滤纸筒①内，再置于抽筒中，烧瓶内盛溶剂，并与抽出筒(磨口)相连，抽出筒上端接冷凝管。溶剂受热沸腾，其蒸气沿抽出筒侧管上升至冷凝处，冷凝为液体，滴入滤纸筒中，并浸泡筒中样品。当液面超过虹吸管最高处时，即虹吸流回烧瓶，从而萃取出溶于溶剂的部分物质。如此多次循环，把要提取的物质富集于烧瓶内。提取液经常压(或减压)浓缩除去溶剂后，即得产物。

(二)提取

称取10 g干茶叶，装入滤纸筒内，轻轻压实，滤纸筒上口盖一片圆形滤纸或一小团脱脂棉，置于抽筒中。圆底烧瓶内加入120 mL 95%乙醇(占烧瓶容积的1/2～2/3)，加入3～4粒沸石，加热乙醇沸腾，连续提取2～3 h，待冷凝液刚刚虹吸下去时，立即停止加热。

将仪器改装成蒸馏装置，水浴加热回收大部分乙醇，然后将残留液倒入蒸发皿中，加入4 g生石灰粉②，在蒸汽浴上蒸发至干，再用酒精灯隔石棉网小火焙烧片刻，除去全部水分③，冷却后，擦去沾在边上的粉末，以免升华时污染产物。

将一张刺有许多小孔的圆形滤纸盖在装有粗咖啡因的蒸发皿上，取一个大小合适的玻璃

---

① 滤纸筒的直径要略小于抽筒的内径，其高度要超过虹吸管，但是样品不得高于虹吸管。如无现成的滤纸筒，可自行制作。其方法是：取一张脱脂滤纸，卷成圆筒状(其直径略小于抽出筒的内径)，底部折起而封闭，用线扎紧，然后将研细的固体样品装入，上口盖以滤纸或脱脂棉，以保证回流均匀地浸透被萃取物。

② 生石灰起中和及吸水作用，以除去杂质。

③ 如留有少量水分，升华开始时，将产生一些烟雾，污染器皿。

漏斗罩于其上，漏斗颈部疏松地塞一小团棉花①。

将蒸发皿放在石棉网上，用酒精灯加热，使咖啡因升华②。咖啡因通过滤纸孔遇到漏斗内壁凝为固体，附着于漏斗内壁和滤纸上。当纸上出现白色针状晶体时，暂停加热，冷却至100℃左右，揭开漏斗和滤纸，仔细地用小刀把附着于漏斗内壁和滤纸上的咖啡因刮下。

将蒸发皿内的残渣加以搅拌，重新放好滤纸和漏斗，用较大的火焰再加热升华1次。此时，火不能太大，否则蒸发皿内大量冒烟，产品既受污染又遭损失。合并两次升华所收集的咖啡因于表面皿中，测定熔点。

(三)纯化

如产品仍含杂质，可用半微量减压升华管再次升华(见图2-18)。将粗咖啡因放入试管的底部，把装好的仪器放入油浴中，浸入的深度以直形冷凝管的底部与油的表面在同一水平为宜。

冷凝管内通入冷却水，开启水泵进行抽气减压，并加热油浴到180～190℃，咖啡因升华凝结于直形冷凝管上。升华完毕，小心取出冷凝管，将咖啡因刮到洁净的表面皿上。本实验需5～6 h。

五、思考题

1. 索氏提取器的萃取原理是什么？它与一般的浸泡萃取比较，有哪些优点？
2. 本实验进行升华操作时，应注意什么？

实验32 烟草中烟碱的提取和烟碱的性质

一、实验目的

(1)学习从烟草中提取烟碱(nicotine)的基本原理和方法，初步了解烟碱的一般性质。
(2)掌握水蒸气蒸馏的操作技术。

二、实验原理

烟草中含有多种生物碱，除主要成分烟碱(含2%～8%)外，还含有去甲基烟碱(即降烟碱)、假木贼碱(即新烟碱)和至少7种微量的生物碱。烟碱是由吡啶和吡咯两种杂环组成的含氮碱。纯品为无色油状液体，沸点246℃，具有旋光性(左旋)，能溶于水和许多有机溶剂。

烟碱在植物体内常与柠檬酸和苹果酸等有机酸成盐而存在。提取时，常可将烟草与无机强酸溶液共热，再加碱中和，使烟碱游离。然后用有机溶剂萃取，蒸去溶剂后得烟碱。因其

---

① 蒸发皿上覆盖刺有小孔的滤纸是为了避免已升华的咖啡因落入蒸发皿中，纸上的小孔使蒸气通过。漏斗颈塞棉花，为防止咖啡因蒸气逸出。

② 在萃取回流充分的情况下，升华操作的好坏是实验成败的关键，在升华过程中必须严格控制加热温度，温度太高，将导致被烘物和滤纸炭化，一些有色物质也会被带出来，使产品不纯。

具有挥发性，故可用水蒸气蒸馏法提取。另外，由于烟碱是一种液体，难以分离和纯化。所以常把烟碱与苦味酸作用，生成烟碱二苦味酸盐结晶，以便于处理。

三、仪器和药品

(一)水蒸气蒸馏法

1. 仪器

圆底烧瓶、烧杯、锥形瓶、水蒸气蒸馏装置、温度计、试管等。

2. 药品

干烟末或去纸香烟、10%鞣酸溶液、0.05%高锰酸钾溶液、10%硫酸溶液、10%碘－碘化钾溶液、30%氢氧化钠溶液、酚酞、碘化汞钾试剂、20%乙酸溶液、饱和苦味酸等。

(二)苦味酸盐法

1. 仪器

抽滤装置、分液漏斗、烧杯、小型多孔漏斗、锥形瓶、玻璃棉、滤纸、脱脂棉、水浴锅。

2. 药品

干烟末、氯仿、甲醇、饱和苦味酸甲醇溶液、5%氢氧化钠溶液等。

四、实验步骤

(一)水蒸气蒸馏法

1. 提取

称取5 g干烟末(或5支去纸香烟)置于250 mL烧杯中，加入50 mL 10%硫酸溶液，不断搅拌下，加热煮沸20 min(注意：煮沸时需补加适量水，以补偿挥发)。稍冷后，慢慢加入30%氢氧化钠溶液(约40 mL)中和，用石蕊试纸检验至明显碱性①。将混合物移入250 mL圆底烧瓶中，放入2～3粒沸石，进行水蒸气蒸馏。待收集约12 mL馏出液时，停止蒸馏。馏出液做性质实验。

2. 烟碱的性质②

取6支洁净的试管，各加入烟碱溶液2 mL，再分别进行下列操作：

(1)第一支试管中加入1滴酚酞，颜色有何变化?

(2)第二支试管中加入1～2滴0.05%高锰酸钾溶液及10滴10%硫酸溶液，振荡试管，观察颜色有何变化③?

(3)第三支试管中加入2滴10%碘－碘化钾溶液，观察有何现象?

(4)第四支试管中加入5滴饱和苦味酸，观察有何现象?

---

① 水蒸气蒸馏法提取烟碱时，中和混合物至明显碱性是实验成败的关键，否则烟碱不能被蒸出。

② 烟碱具有生物碱的一般通性，可以与生物碱试剂(如10%碘－碘化钾溶液、鞣酸等)生成有颜色的复合物沉淀。

③ 烟碱与高锰酸钾或硝酸等氧化剂作用，则生成烟酸(尼克酸)。

(5)第五支试管中加入2~3滴10%鞣酸溶液，观察有何现象?

(6)第六支试管中加入3滴20%乙酸溶液和5滴碘化汞钾试剂，观察有何现象?

(二)苦味酸盐法

1. 提取

准确称取干烟末8.5 g置于250 mL烧杯中，加入100 mL 5%氢氧化钠溶液，搅拌20 min。将混合物倒入布氏漏斗(不铺滤纸，底板铺一层玻璃棉)进行抽滤①，并压榨烟末，以挤出更多的碱液，将烟叶重新置于原烧杯中，加2 mL蒸馏水(搅拌)洗涤，再抽滤，合并两次滤液。

将滤液移到分液漏斗中，加25 mL氯仿进行萃取。轻轻振荡分液漏斗内容物，静置分层，将下层液(有机相)放入150 mL烧杯中，上层液(水相)再用50 mL氯仿分两次进行萃取，合并3次萃取液，并将全部萃取液小心地倒入150 mL圆底烧瓶中，水浴加热蒸馏，回收氯仿。当剩下8~10 mL溶液时，立即冷却烧瓶，并将全部萃取液转移到50 mL圆底烧瓶中，再用3 mL氯仿洗涤原烧瓶，一同并入50 mL烧瓶。水浴加热蒸馏浓缩至干，剩下少量油状物或固体残渣，加1 mL蒸馏水轻轻摇动，以溶解残渣，再加4 mL甲醇(立即产生黄色沉淀)，将此甲醇溶液通过垫有玻璃棉的漏斗，滤入100 mL烧杯中，并用5 mL甲醇洗涤一次(此时滤液应是清亮无任何悬浮物的，否则必须重新过滤)。加入10 mL饱和苦味酸甲醇溶液，立即析出绒毛状的淡黄色二苦味酸烟碱沉淀。用垫有滤纸的小型多孔漏斗或玻璃钉漏斗减压过滤，产量约50 mg。

2. 重结晶

将所得二苦味酸烟碱置于50 mL锥形瓶中，在加热下逐渐加入热的乙醇-水(体积比1∶1)溶液，直到固体刚好溶解为止。静置冷却，将出现亮黄色的棱柱状结晶(由于结晶过程是缓慢的，最好用塞子塞上锥形瓶，静置待下次实验进行处理)，用垫有滤纸的小型多孔漏斗或玻璃钉漏斗减压过滤，并隔夜干燥。收集产物，测定熔点。纯二苦味酸烟碱的熔点为222~223℃。

五、思考题

1. 试画出从烟草中提取烟碱的流程图。
2. 用水蒸气蒸馏提取烟碱时，为什么要中和混合物呈明显碱性?

实验33 油料作物中粗脂肪的提取和油脂的性质

一、实验目的

(1)掌握油脂提取的方法和原理，了解油脂的性质。

(2)熟悉索氏提取器的使用。

---

① 过滤烟叶的氢氧化钠溶液时，不能用滤纸。因滤纸遇强碱会膨胀，而失去滤纸的作用。

二、实验原理

油脂是动植物的三大营养物质之一。油料作物品质的好坏取决于油脂含量的多少。油脂种类繁多，是高级脂肪酸甘油酯的混合物，均可溶于石油醚、乙醚、汽油、苯和二硫化碳等有机溶剂。油料作物种子内的粗脂肪主要是采用有机溶剂连续萃取法进行萃取的。萃取是有机化学实验中用来提取或纯化有机化合物的常用手段之一，应用萃取可以从固体或液体混合物中提出所需要的物质。若所需萃取物质在有机溶剂中的溶解度小，一般要用大量溶剂和很长时间才能萃取出来，这时通常采用索氏提取器来抽提。本实验以石油醚为溶剂，利用索氏提取器进行油脂的提取。在提取过程中，一些色素、游离脂肪酸、磷脂、类固醇及蜡等也和油脂一并被浸提出来，所以得到的提取物是粗脂肪。油脂在酸或碱的存在下，或受酶的作用，易被水解成甘油与高级脂肪酸。例如：

$$\begin{array}{l} CH_2-O-\overset{O}{\overset{\|}{C}}-R \\ | \\ CH-O-\overset{O}{\overset{\|}{C}}-R' \\ | \\ CH_2-O-\overset{O}{\overset{\|}{C}}-R'' \end{array} + 3NaOH \longrightarrow \begin{array}{l} CH_2-OH \\ | \\ CH-OH \\ | \\ CH_2-OH \end{array} + \begin{array}{l} RCOONa \\ R'COONa \\ R''COONa \end{array}$$

高级脂肪酸的钠盐即通常所说的肥皂。当加入饱和氯化钠后，由于肥皂不溶于盐水而被盐析，甘油则溶于盐水，故将甘油和肥皂分开。所生成的甘油用硫酸铜的氢氧化钠溶液鉴定，得蓝色溶液；而肥皂与无机酸作用则游离出难溶于水的高级脂肪酸。

由于高级脂肪酸的钙盐、镁盐等不溶于水，故常用的钠皂溶液遇钙离子、镁离子后，就生成钙盐、镁盐沉淀而失效。

在油脂的高级脂肪酸中，除硬脂酸、软脂酸等高级脂肪酸外，还有一些不饱和脂肪酸，如油酸和亚油酸。所以，不同的油脂其不饱和度也不同，而且它的不饱和度可根据它们与溴或碘的加成作用进行定性分析或定量测定。

三、仪器和药品

1. 仪器

分析天平、粉碎机、恒温水浴、索氏提取器、球形冷凝管、直形冷凝管、蒸馏头、温度计、接收弯管、锥形瓶、滤纸筒、滤纸等。

2. 药品

黄豆(或花生)、豆油(或花生油、菜籽油)、猪油、10%盐酸溶液、10%氯化钙溶液、10%硫酸镁溶液、5%硫酸铜溶液、5%氢氧化钠溶液、30%氢氧化钠溶液、溴水、四氯化碳、饱和氯化钠、95%乙醇等。

四、实验步骤

(一)油脂的提取

先将样品放在100~150℃烘箱中干燥3~4 h，冷却至室温，进行粉碎(颗粒应小于50

目)。准确称取5 g，置于烘干的滤纸筒内，上面盖一层滤纸，以防样品溢出。

将洗净的索氏提取器的烧瓶烘干，冷却后，加入石油醚达其容积的1/3～1/2处，把盛有样品的滤纸筒放在抽提筒内(注意滤纸筒的上缘必须略高于抽提筒的虹吸管)。安装好提取器后，在水浴上加热回流1.5～2 h(不能用明火)。

提取完毕，撤去水浴，待石油醚冷却后，卸下抽提筒，改装蒸馏装置，在水浴上加热回收石油醚。待温度计读数下降，即停止蒸馏，烧瓶中所剩浓缩物便是粗脂肪。在105℃烘干至恒重后，称量。烧瓶增加的质量即为粗脂肪的质量。

计算公式：

$$\text{粗脂肪}(\%)=\frac{\text{粗脂肪质量}}{\text{试样质量(去水分)}}\times 100$$

(二)油脂的化学性质

1. 皂化——肥皂的制备

(1)皂化　量取5 mL豆油①放到50 mL圆底烧瓶中，然后加入6 mL 95%乙醇②和10 mL 30%氢氧化钠溶液，加入沸石，装上球形冷凝管，水浴加热回流30 min，检查皂化是否完全。

检查方法：取出几滴皂化液放在试管中，加入5～6 mL蒸馏水，加热振荡，如果内有油滴分出，表示皂化完全。

(2)盐析　皂化完全后，拆除实验装置，将皂化液倒入一个盛有30 mL饱和氯化钠的小烧杯里，边倒边搅拌。此时有一层肥皂浮到溶液的表面，冷却后，将析出的肥皂减压蒸馏(或用布拧干)，滤渣就是肥皂，所得滤液留做鉴别甘油的实验用。

2. 肥皂的性质

将上述制得的少量肥皂放到小烧杯中，加入30 mL蒸馏水，在沸水浴中加热，不断搅拌使之溶解成均匀的肥皂水溶液。

(1)取一支试管，加入1～3 mL肥皂水溶液，在不断搅拌的情况下，慢慢加入5～6滴10%盐酸溶液，观察出现什么现象?

(2)取2支试管，各加入1～3 mL肥皂水溶液，分别加入5～6滴10%氯化钙溶液和10%硫酸镁溶液，观察出现什么现象?

(3)取一支试管，加入2 mL蒸馏水，加入1～2滴豆油，充分振荡，观察乳浊液的形成；另取一支试管，加入2 mL肥皂水溶液，加入1～2滴豆油，充分振荡，观察出现什么现象?将2支试管静置数分钟，再比较二者稳定程度有何不同?为什么?

3. 油脂中甘油的检查

取2支试管，一支加入1 mL滤液，另一支加入1 mL蒸馏水做空白实验。然后，在2支试管中各加入5滴5%氢氧化钠溶液和3滴5%硫酸铜溶液。试比较二者颜色有何不同。为什么?

---

①　也可以用猪油、菜籽油或棉籽油等代替。

②　由于油脂是不溶于碱的水溶液，故皂化缓慢，加入乙醇可增加油脂的溶解度，使油脂与碱形成均匀的溶液，从而加速皂化的进行。

4. 油脂的不饱和性

在2支干燥试管中，各加入10滴10%豆油的四氯化碳溶液和10滴含10%猪油的四氯化碳溶液。然后分别滴入溴的四氯化碳溶液，并随时加以振荡，直到溴的颜色不再褪色。记录二者所需溴的四氯化碳溶液的滴数，以此比较它们的不饱和度。

五、思考题

1. 如何检验油脂的皂化作用是否完全?
2. 为什么皂化能稳定油 - 水乳浊液?
3. 在油脂的皂化反应中，氢氧化钠起什么作用？乙醇又起什么作用?

实验34 从槐花米中提取芦丁

一、实验目的

(1)学习从天然产物中提取黄酮苷的原理和方法。
(2)练习热过滤及抽滤的操作方法。

二、实验原理

芦丁(rutin)又称云香苷(rutioside)，有调节毛细管壁的渗透性作用，临床上用作毛细血管止血药，作为高血压症的辅助治疗药物。

芦丁存在于槐花米和荞麦叶中。槐花米是豆科槐属植物的花蕾，含芦丁量高达12%~16%，荞麦叶中含8%芦丁。芦丁是黄酮类植物的一种成分，黄酮类植物成分原来是指一类存在于植物界并具有以下基本结构的一类黄色色素，它们的分子中都有一个酮式羰基且显黄色，所以称为黄酮，结构式如图4-3所示。

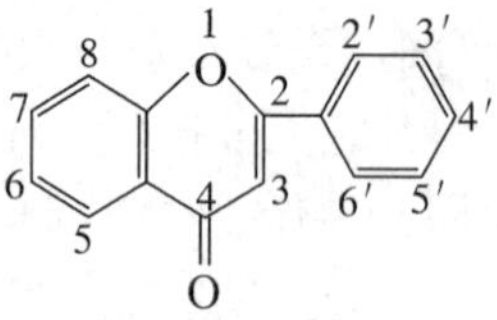

图4-3 黄酮结构式

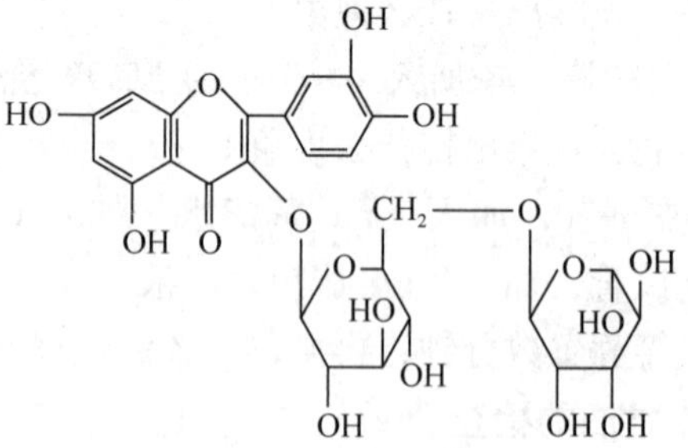

图4-4 芦丁结构式

黄酮的中草药成分几乎都带有一个以上羟基，还可能有甲氧基、烃基、烃氧基等其他取代基，3、5、7、3′、4′几个位置上有羟基或甲氧基的机会最多，6、8、1′、2′等位置上有取代基的成分比较少见。由于黄酮类化合物结构中的羟基较多，大多数情况下是一元苷，也有二元苷。芦丁(槲皮素 -3 - *O* - 葡萄糖 - *O* - 鼠李糖)是黄酮苷，其结构式如图4-4所示。

芦丁为淡黄色小针状结晶，含有3分子结晶水，熔点为174~178℃，不含结晶水的熔点为188℃。芦丁在热水中的溶解度为1∶200；冷水中为1∶8000；热乙醇中为1∶60，冷乙醇中为1∶650；可溶于吡啶及碱性水溶液，呈黄色，加水稀释复析出；可溶于浓硫酸和浓盐酸，呈棕黄色，加水稀释复析出；不溶于乙醇、氯仿、石油醚、乙酸乙酯、丙酮等溶剂。

本实验是利用芦丁易溶于碱性水溶液，经酸化后又可析出的性质进行提取和纯化的。

三、仪器和药品

1. 仪器

烧杯、量筒、台秤、研钵、酒精灯、布氏漏斗、抽滤瓶、pH 试纸等。

2. 药品

槐花米、饱和石灰水、15% 盐酸溶液等。

四、实验步骤

称取10 g 槐花米，在研钵中研成粗粉状，置于250 mL 烧杯中，加入饱和石灰水①，于石棉网上加热至沸腾，并不断搅拌，煮沸15 min，然后抽滤。滤渣中加入70 mL 饱和石灰水，煮沸10 min，再抽滤，合并两次滤液，然后用15% 盐酸溶液中和(约需5 mL)，调节pH 3~4②。放置1~2 h，使沉淀完全，抽滤，沉淀用水洗涤2~3 次，得芦丁粗产品。

将制得的芦丁粗产品，置于250 mL 烧杯中，加水100 mL，于石棉网上加热至沸腾，在不断搅拌下，慢慢加入饱和石灰水调节溶液的pH 8~9，待沉淀溶解后，趁热过滤。滤液置于250 mL 烧杯中，用15% 盐酸溶液调节 pH =4~5，静置0.5 h，芦丁以浅黄色结晶析出，抽滤，产品用水洗涤1~2 次，烘干，称重。

本实验约需4 h，产品约1 g。

五、思考题

1. 提高芦丁产量，应注意哪些问题?
2. 停止抽滤时，如不拔下连接抽滤瓶的橡皮管就关水阀，会产生什么问题?

实验35　从胆汁中提取胆红素

一、实验目的

(1)进一步练习萃取和普通蒸馏操作。
(2)学习提取胆红素的基本原理和操作方法。

二、实验原理

胆红素($C_{33}H_{36}N_4O_6$)多存在于动物的胆汁中(20%)，少量存在于血清中，是胆汁的主

---

① 槐花米中含有大量多糖、黏液质等水溶性杂质，用饱和石灰水去溶解芦丁时，上述的含羧基杂质可生成钙盐沉淀，不致溶出。

② pH 值过低会使芦丁形成鉾盐而增加水溶性，降低效率。

要色素，也是胆石的成分之一。它在生物化学上被认为是血红蛋白的代谢产物，一般要通过肝脏调节排出。当肝脏功能下降时，往往被贮存下来，达到一定量时可引起黄疸病。

胆红素是制造人造牛黄的原料之一，天然牛黄中胆红素含量可达56%以上。研究证明：胆红素具有镇静、解热、祛痰、降压、镇惊、抑菌和促进红细胞再生等作用。胆红素对乙型脑炎病毒和W_{256}癌细胞也有明显的抑制作用。同时，胆红素又是一种重要的生物试剂，是许多中药中不可缺少的成分，如牛黄解毒片、牛黄清心丸和牛黄安宫丸。

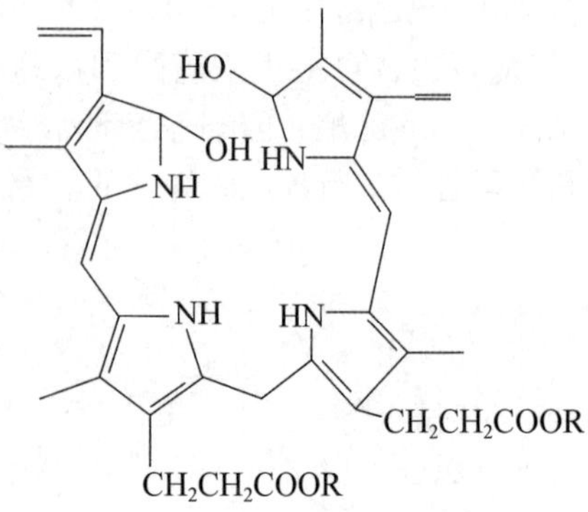

图4-5　胆红素结构式

胆红素结构式如图4-5所示。式中，R = H时为间接胆红素，R = β - 葡萄糖醛酸苷时为直接胆红素。

胆红素晶体属单斜晶系，橙红色，稍加热则变为黑色，但不熔化。可溶于氯苯、氯仿、苯、二硫化碳、酸和碱中，微溶于乙醚，不溶于水。在干燥状态下稳定，在氯仿中置于暗处也比较稳定。但在碱溶液中，如0.1 mol/L氢氧化钠溶液遇三价铁离子时极不稳定，很快被氧化成胆绿素($C_{33}H_{34}N_4O_6$)。

胆红素的提取方法较多，本实验介绍氯仿提取法和胆红素钙盐法。

三、仪器和药品

1. 仪器

蒸馏烧瓶、烧杯、分液漏斗、直形冷凝管、温度计、量筒、精密及广泛pH试纸、涤纶布(40 cm × 40 cm)、40目尼龙过滤筛、锥形瓶、水浴锅等。

2. 药品

新鲜胆汁、1 mol/L氢氧化钠溶液、盐酸、氯仿、亚硫酸氢钠、95%乙醇、饱和石灰水等。

四、实验步骤

(一)氯仿提取法

将新鲜的动物胆用不锈钢剪刀剪开，用细纱布过滤，除去油脂，置于棕色瓶中保存备用。

在100 mL烧瓶中加入5 mL氯仿，在60 ~ 65℃水浴上稍微加热，用1 mol/L氢氧化钠溶液调节pH = 10 ~ 11①，然后放入25 mL新鲜胆汁和1.5%亚硫酸氢钠。控制温度在65℃左右，并保持3 min，加热时要不断搅拌，以防大量气泡生成，使胆汁外溢。煮沸过的胆汁要用冷水迅速冷却至室温，这时pH值可自动降低至8 ~ 9，再加入10 mL氯仿，用1∶1盐酸边

① 用1 mol/L NaOH调节pH值，绝不能大于12，大于12产率明显下降。

滴加边摇动调节 pH = 3.5 ~ 4①。静置，如果上层仍有半透明的红色，说明酸度不够，应小心滴加适量盐酸；如果上层为棕黄色水层，下层为红棕色，说明酸度合适(有时出现中间层)。

将烧瓶中的液体移入分液漏斗中静置，放出下层液体于一个干净烧杯中，其余倒入锥形瓶中，加 4 ~ 5 mL 氯仿，是否需要再加盐酸，根据下面 3 种情况决定：

①若 pH = 3.5，则无须再加盐酸。

②若 pH = 3.7 ~ 3.8，则应加酸，调至 pH = 3.5。

③若 pH = 3 时则很难分层，这时需加 1 mol/L 氢氧化钠溶液，调 pH 值至 3.5 ~ 4，则可分层。将其移入分液漏斗中静置分层，取下层液，在 80 ~ 90℃水浴上蒸馏氯仿至干。蒸馏烧瓶内剩余红棕色胶状物。当快接近蒸干时，打开蒸馏烧瓶盖，插上玻璃棒，直至玻璃棒上不再出现水珠时停止加热。然后加入 95% 乙醇，在 80 ~ 85℃的水浴上加热蒸馏几分钟②，直至胆红素红色小颗粒析出为止，冷却至室温，用快速定性滤纸过滤，将所得固体放入30 ~ 35℃烘箱内烘干，最后置于干燥箱内，密封于暗处保存③。

(二)胆红素钙盐法

在 1000 mL 烧杯中，加入 100 mL 胆汁和 50 mL 饱和石灰水，搅拌均匀，加热至50 ~ 60℃，液面产生乳白色泡沫，可用干燥滤纸清除，继续加热至 95 ~ 98℃，保持 5 min，液面上将漂浮大量橙红色胆红素钙盐，迅速捞出，用双层湿的涤纶布压榨，得胆红素钙盐。等滤液温度降至 30 ~ 40℃后，向滤液中加入 1:3 盐酸，细调 pH 值至 1 ~ 2，即得胆汁酸。

另取 200 mL 烧杯，放入上述胆红素钙盐，加入其质量一半的水，搅成糊状。加入 1% 亚硫酸氢钠溶液 20 mL，用 1:3 盐酸调 pH 值至 1.5，用涤纶布滤去酸液弃之，向滤液中加入少量 95% 乙醇，搅成糊状，再加入 1% 亚硫酸氢钠溶液，边加边搅拌，再用盐酸仔细调 pH 值至 1 ~ 2，再加 10 倍的 95% 乙醇，静置 16 ~ 24 h，即得胆红素粗晶。虹吸上层清液。最后用 25℃左右加热蒸馏水洗涤沉淀 2 ~ 3 次。用涤纶布滤干，所得固体为粗胆红素。

五、思考题

1. 为什么溶解胆红素时 pH 值要在 7 以上？而析出时，则要调节 pH 值在 7 以下？
2. 为什么 pH 值调至 3.5 ~ 4 就可以出现分层现象？
3. 欲得到更多的产品，应注意哪些事项？

实验 36 从果皮中提取果胶

一、实验目的

(1)了解用酸提法从植物中提取果胶的原理和操作方法。

---

① 加稀盐酸时，一定要慢慢加入，边加边搅拌，若速度太快，有胆酸生成，影响分离效果。

② 蒸馏时，温度不能超过 95℃，高温易氧化分解。

③ 胆红素对加热和光敏感，易氧化变质，必须保存在棕色瓶子中。

(2)了解果胶的性质，熟悉有机物提取的相关操作。

二、实验原理

果胶是一种高分子聚合物，其粉末呈白色、浅黄色至黄色，主要以不溶于水的原果胶形式存在于植物组织中。当用酸从植物中提取果胶时，原果胶被水解形成果胶，又称果胶酯酸，其主要成分是半乳糖尾酸甲酯及半乳糖尾酸通过1,4－苷键连成的高分子化合物，果胶结构式如图4-6所示。

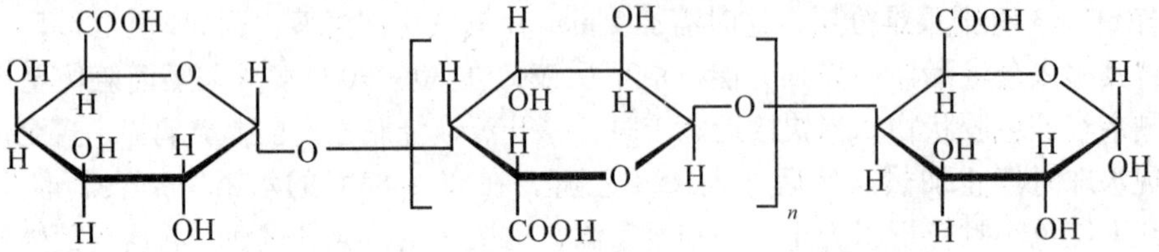

图4-6 果胶结构式

果胶不溶于乙醇，在提取液中加入至约50%时，可使果胶沉淀下来而与杂质分离。

三、仪器和药品

1. 仪器

烧杯、量筒、酒精灯、电子天平、玻璃棒、滤纸、纱布等。

2. 药品

果皮(柑橘、苹果、梨)、浓盐酸、活性炭、95%乙醇等。

四、实验步骤

取10 g果皮(柑橘、苹果、梨)放入烧杯中，加入60 mL水，再加入1.5～2 mL浓盐酸。加热至沸，在搅拌下维持沸腾约30 min，用纱布过滤除去残渣。向滤液内加入少量活性炭，继续加热10～20 min，用滤纸过滤除掉脱色剂，得浅黄色滤液。

将滤液转入小烧杯中，在不断搅拌下慢慢加入等体积的95%乙醇，会看到出现絮状的果胶沉淀。稍待片刻过滤，并用5 mL 95%乙醇分2～3次洗涤沉淀，然后将沉淀烘干，即得果胶固体。

五、思考题

为什么要用乙醇洗涤果胶沉淀？

实验37 桉树叶中桉叶油的提取

水蒸气蒸馏是分离和纯化有机物质的常用方法，尤其是在反应产物中有大量树脂状杂质存在的情况下，效果较一般蒸馏或重结晶好。使用这种方法时，被提纯物质应具备下列条件：不溶(或几乎不溶)于水；在沸腾下与水长时间共存而不发生化学变化；在100℃左右时必须具有一定的蒸气压(一般不小于1330 Pa)。

一、实验目的

(1)初步掌握水蒸气蒸馏的基本操作。

(2)掌握植物精油水蒸气蒸馏提取法的基本原理和实验装置。

二、实验原理

由两种互溶物质所构成的混合物的蒸气压可借助拉乌尔定律($p_i = p_i^* x_i$,p_i 为组分 i 在液相中物质的量分数为 x_i 时的蒸气压,p_i^* 为纯组分的蒸气压)计算。除共沸混合物外,其数值介于两纯组分的蒸气压之间,故该混合物的沸点也就处于两纯组分的沸点之间。然而,如果两种物质彼此不互溶,则其蒸气压将彼此互不干扰,即

$$p_A = p_A^* \qquad p_B = p_B^*$$

$$p_{总} = p_A + p_B$$

式中 $p_{总}$——混合物的总蒸气压;

p_A^*,p_B^*——纯A、纯B组分的蒸气压;

p_A,p_B——混合物中A、B组分的蒸气分压。

互不相溶混合物液面上的总蒸气压($p_{总}$)就直接等于两组分的蒸气压之和。因此,混合物的总蒸气压大于任何一个组分的蒸气压,其沸点将比低沸点组分的沸点还低。

对于水(沸点100℃)和溴苯(沸点156℃)两个不互溶的混合物蒸馏情况的讨论有助于说明上述原理。图2-6是水、溴苯及它们的混合物的蒸气压与温度关系的曲线图。图中说明混合物应在95℃左右沸腾,即在该温度时总蒸气压就等于大气压。

此温度低于水的沸点,而这个混合物中水是最低沸点的组分。因此,要在100℃或更低温度下蒸馏化合物,水蒸气蒸馏是一个有效的方法;特别是用来纯化那些热稳定性较差和高温下要分解的化合物。水蒸气蒸馏也用于含有大量非挥发性杂质的反应产物的分离馏出物中,有机物质的质量(m_A)同水的质量($m_{水}$)之比,等于两者的分压与摩尔质量的乘积之比:

$$\frac{m_A}{m_{水}} = \frac{p_A M_A}{p_{水} M_{水}} = \frac{p_A M_A}{18 p_{水}}$$

式中 p_A,$p_{水}$——A组分和水的分压;

M_A,$M_{水}$——A组分和水的相对分子质量。

在95℃时溴苯和水的混合物蒸气压分别为15 998 Pa和85 326 Pa,其馏出液的组成可以从上式计算获得:

$$\frac{m_A}{m_{水}} = \frac{15\ 998 \times 157}{85\ 326 \times 18} = \frac{1.64}{1}$$

尽管溴苯在蒸馏温度时的蒸气压很小,但在馏出液中溴苯还是比水的质量多。有机化合物的相对分子质量通常要比水大得多,所以即使化合物在100℃时蒸气压只有667 Pa,用水蒸气蒸馏也可以获得良好的效果(以质量做比较),甚至有的固体物质也常用水蒸气蒸馏法来纯化。

三、仪器和药品

1. 仪器

圆底烧瓶、水蒸气蒸馏装置、烧杯、电子天平等。

2. 药品

新鲜桉叶等。

四、实验步骤

(一)仪器装置

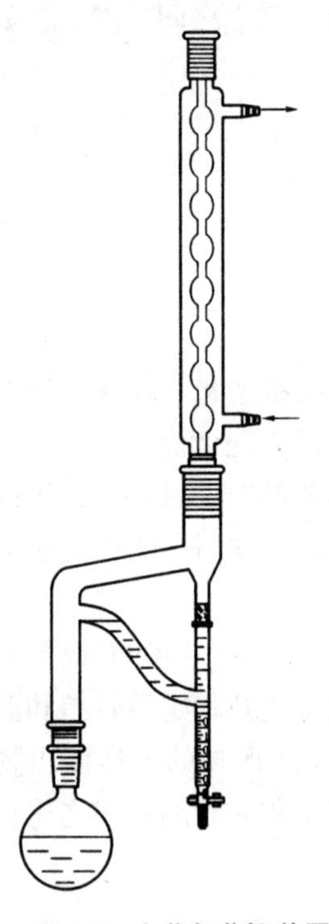

图4-7 水蒸气蒸馏装置

水蒸气蒸馏可实现连续水蒸气蒸馏，用于从混合物中分离相对密度比水轻(或重)的有机物。

蒸馏时先将被蒸馏物与适量水放入圆底烧瓶，将油水分离器下端旋塞涂好凡士林装在烧瓶上，再在油水分离器上端装上冷凝管，关闭旋塞，用电炉隔石棉网加热圆底烧瓶，注意火不要太大，以免将瓶中混合物烧焦。当蒸气进入冷凝管被冷凝，冷凝液在油水分离器中聚集并分层，不溶于水的相对密度比水轻(或重)的有机层在上层(或下层)，水层在下层(或上层)，分层后的水由支管不断返回圆底烧瓶中，又不断与被分离成分一起蒸馏，油水分离器中有机层逐渐增多。如此循环往复，直至被分离成分绝大部分蒸出为止。

(二)提取

将新鲜桉叶切成小段，称取100~150 g放入500 mL圆底烧瓶，按图4-7装好水蒸气蒸馏装置，进行水蒸气蒸馏。

观察回流液滴有无油珠。当无油珠时即可停止加热，拆下冷凝管，待油水完全分层后由油水分离器下端刻度读出有机层体积。将有机层放于烧杯中，称量，计算含油率①。

五、思考题

1. 水蒸气蒸馏的基本原理是什么?
2. 查阅文献，说出桉叶油的性质及用途。

---

① 同一种桉树叶，在一年四季中，由于光合代谢的不同，其含油率相差很大。不同品种桉树叶的产油率情况：辐射桉3%~5%、柠檬桉0.8%~1.0%、荨麻叶桉2.0%、丰桉3.0%~4.5%、灌木桉1.5%~2.0%、蓝桉1.0%、棱萼桉2.0%~2.5%、白木桉2.0%~2.5%、毛皮桉2.0%、多苞桉2.0%。

第5部分
有机化合物的基本性质

实验38　元素的定性分析

一、实验目的

(1)了解有机化合物元素定性分析的原理。
(2)掌握碳、氢、氮、硫和卤素等常见元素的鉴定方法。

二、实验原理

有机化合物的元素定性分析能鉴定样品中含有哪些元素。一般有机化合物都含有碳、氢两种元素。样品如果在加热时炭化，或者在燃烧时冒黑烟，就说明其中含有碳。但并非所有的有机物都是如此。通常的检验方法是将样品和干燥的氧化铜粉末混合后加热，使样品中的碳元素氧化成二氧化碳，氢元素氧化成水，然后分别给予鉴定。有机化合物中氧元素的鉴定目前还没有很好的方法，一般是根据官能团的定性实验或定量分析结果(即已知的各元素的百分含量总和是否小于100%)判定有无氧元素存在。

由于有机化合物一般是共价化合物，在水中很难解离成相应的离子。故要鉴定氮、硫和卤素，一般要把样品分解，使这些元素转变成离子，再利用无机物定性分离的原理和方法进行鉴定。分解样品的方法很多，最常见的是钠熔法，即将有机化合物与金属钠混合共熔，使有机物中的氮、硫、卤素等元素转化为氰化钠、硫化钠、硫氰化钠、卤化钠等可溶于水的无机物，然后利用无机物定性分析的原理和方法进行鉴定。

$$\underset{(\text{含 C、H、O、N、S、X})}{\text{有机物}} \xrightarrow[\triangle]{\text{钠熔}} \begin{cases} NaCN \\ Na_2S \\ NaSCN \\ NaX \\ NaOH \\ \cdots\cdots \end{cases}$$

若有机物在空气中经高温灼烧后，留有不挥发的白色残渣，冷却后加入蒸馏水，溶液呈碱性，说明样品中含有钠、钾等活泼金属元素。

三、仪器和药品

1. 仪器

研钵、试管、铁架台、酒精灯等。

2. 药品

氧化铜、金属钠、石灰水、10%氢氧化钠溶液、5%硫酸亚铁铵溶液、2%氯化铁溶液、5%氯化铁溶液、15%盐酸溶液、乙酸铜-联苯胺、亚硝基铁氰化钠、乙酸、10%乙酸溶液、2%乙酸铅溶液、15%硝酸溶液、5%硝酸银溶液、1%高锰酸钾溶液、蔗糖、无水乙醇等。

四、实验步骤

(一)碳、氢的鉴定

称取0.2 g干燥的蔗糖和1 g干燥的氧化铜粉末①放在研钵中混合均匀、研细。把样品装入干燥的试管中，配上装有导管的软木塞，用铁夹固定在铁架台上，试管口略向下倾斜，把导管伸入盛有2 mL澄清石灰水的试管里。在试管下先小火加热，再加强热，观察现象②。如果石灰水变浑浊，表明有二氧化碳生成，试管口或器壁上有水滴生成，表明有水生成，可知样品中有碳、氢元素。

(二)氮、硫和卤素的鉴定

1. 样品的钠熔

用镊子取一粒绿豆大小的金属钠③，迅速放入一支垂直夹在铁架台上的洁净试管中，用酒精灯小火加热，使金属钠熔成球状。待钠蒸气充满试管下半部时，移开酒精灯，迅速加入10~20 mg固体样品或几滴液体样品④，使其落到试管下半部的钠蒸气中。待反应缓和时，重新加热，使试管底部烧到红热，并持续1~2 min，使样品完全分解。冷却至室温后慢慢加入1~2 mL无水乙醇以除掉过量的钠。待无氢气放出时，再继续加热试管，先小火加热，蒸去乙醇，再加强热，使试管烧红，并立即将红热的试管底部浸入盛有10 mL蒸馏水的小烧杯中，试管底部立即破裂⑤。然后将这些混合物煮沸，连同试管碎片过滤。滤渣用蒸馏水洗涤2~3次，合并滤液和洗涤液(约25 mL)，得到无色澄清的碱性溶液。此溶液可供氮、硫和卤素的定性分析用。

---

① 氧化铜容易从空气中吸潮，有时也可能夹带有机杂质，使用前可放在坩埚内强热几分钟，以除去杂质，然后放在干燥器中冷却待用。

② 反应中产生的红色物质金属铜或氧化亚铜可用少量的稀硝酸除去。

③ 用镊子从煤油中取出金属钠后，应用小刀切除外表的氧化层，剩下的金属钠和切下的外表应放回原瓶中，绝不可弃于水槽、废液缸中。

④ 样品中应加少许蔗糖或葡萄糖，使氮能与碳、钠充分反应，转化为氰化钠。用几种化合物凑齐含氮、硫和卤素的样品应事先混合均匀，并一次性加入。

⑤ 若试管底部未断开，可用镊子敲打使其破裂。

2. 氮、硫和卤素的鉴定

(1)氮的鉴定

①普鲁士蓝实验：取一支试管，加入2 mL滤液和1 mL新配制的5%硫酸亚铁铵溶液，再加5滴10%氢氧化钠溶液，使溶液呈明显碱性。将此溶液煮沸片刻，如果含有硫，就会出现黑色的硫酸亚铁铵沉淀，加入15%盐酸溶液酸化，使沉淀恰好溶解(不必过滤)，再加入2%氯化铁溶液2滴，若有蓝色或蓝绿色的沉淀出现，证明样品中含有氮①。

$$6NaCN + FeSO_4 \longrightarrow Na_2SO_4 + Na_4[Fe(CN)_6]$$

$$3Na_4[Fe(CN)_6] + 4FeCl_4 \longrightarrow \underset{\text{普鲁士蓝(蓝色)}}{Fe_4[Fe(CN)_6]_3} \downarrow + 12NaCl$$

②乙酸铜-联苯胺实验：取一支试管，加1 mL滤液，用5滴10%乙酸溶液酸化，然后沿试管壁慢慢加入几滴乙酸铜-联苯胺，不要晃动试管，若在两层交界处出现蓝色环②，表明样品中含有氮。若样品中含有硫时，应加1滴2%乙酸铅溶液(不可多加)后进行离心分离，取上清液进行实验。样品中含有碘时也有此反应，本实验的灵敏度比普鲁士蓝实验要高些。

(2)硫的鉴定

①硫化铅实验：取一支试管，加入1 mL滤液，用数滴乙酸使滤液呈酸性，再加3滴2%乙酸铅溶液，若有黑褐色沉淀生成，证明样品中含有硫。

$$Na_2S + Pb(CH_3COO)_2 \longrightarrow \underset{\text{(黑色)}}{PbS} \downarrow + 2CH_3COONa$$

②亚硝酰铁氰化钠实验：取一支试管，加入1 mL滤液和2滴新配制的约0.5%亚硝基铁氰化钠溶液(使用前临时取1小粒亚硝基铁氰化钠溶于数滴蒸馏水中配制)1~2滴，若溶液呈紫红色或深红色，证明样品中含有硫。

$$Na_2S + Na[Fe(CN)_5CO] \longrightarrow \underset{\text{(紫红色)}}{Na_3[Fe(CN)_5NOS]}$$

(3)硫和氮同时鉴定③ 取一支试管，加入1 mL滤液，用15%盐酸溶液酸化，再加5%氯化铁溶液1滴，如有血红色出现，证明样品中含有硫氰离子(SCN^-)。

$$FeCl_3 + 3NaSCN \longrightarrow \underset{\text{(血红色)}}{Fe(CNS)_3} + 3NaCl$$

(4)卤素的鉴定

①硝酸银溶液实验：取一支试管，加入1 mL滤液，用15%硝酸溶液酸化，在通风橱中

---

① 如果样品中含有硫和氮，钠熔时可能直接生成硫氢化钠。鉴定方法同氮、硫的同时鉴定。

② 乙酸铜与联苯胺在一起有下列平衡式：

$$Cu^{2+} + H_2N\text{—}C_6H_4\text{—}C_6H_4\text{—}NH_2 \rightleftharpoons$$

$$Cu^+[HN{=}C_6H_4{=}C_6H_4{=}NH \cdot H_2N\text{—}C_6H_4\text{—}C_6H_4\text{—}NH_2] \cdot HOAc$$

当溶液中有CN^-时，CN^-与Cu^{2+}形成$[Cu_2(CN)_4]^{2-}$络合物。络合物的形成，使Cu^+离子浓度减小，平衡向右移动。因此，实验中有联苯胺蓝的蓝色环出现。

③ 钠熔时，若钠过量会使硫氢化钠分解成硫化钠和氰化钠，在(1)(2)鉴定中可得到正结果，否则(1)(2)实验可能得到负结果，此时必须做(3)。

加热沸腾3 min，除去硫化氢或氰化氢①。如有沉淀②，则过滤除去。冷却后加数滴5%硝酸银溶液(如样品中无硫、氮，则酸化后可直接加入5%硝酸银溶液)，若有大量白色或黄色沉淀析出，表明样品中有卤素。

$$NaX + AgNO_3 \longrightarrow NaNO_3 + AgX\downarrow$$

(黄色或白色)

②氯、溴、碘的分别鉴定：取0.5 mL滤液于试管中加5滴1%高锰酸钾溶液及5滴15%硝酸溶液，将试管振荡2~3 min，静置分层，如下层有几层呈棕红色，表明有溴或溴与碘同时存在；如有机层呈紫色或浅紫色，表明有碘没有溴；如有机层无色，表明溴、碘都没有。如有机层为棕红色，加几滴烯丙醇，振荡，棕色褪去变成紫色，表明溴、碘同时存在。如有机层变为无色，则表明没有碘。取出水层，加1 mL 15%硝酸溶液，煮沸2 min，冷却后加2%硝酸银溶液，如生成白色沉淀，表明有氯存在。

五、思考题

1. 钠熔后剩余的金属钠要用乙醇销毁，能否用水销毁？为什么？
2. 在做硫化铅实验时，有时会出现白色或灰色沉淀而不是黑褐色沉淀，为什么？实验前用乙酸酸化的目的是什么？
3. 钠熔法的缺点之一是样品分解不完全，为了分解完全，能否加过量的金属钠？为什么？

实验39 烃的性质

一、实验目的

(1)熟悉烃的主要化学性质，进一步理解不同烃类的性质和结构的关系。

(2)掌握乙炔的实验室制法。

二、实验原理

烃类化合物根据其结构不同可分为脂肪烃和芳香烃。脂肪烃又可分为烷烃、烯烃、炔烃等。不同结构的烃具有不同的性质。

烷烃分子中仅有碳氢和碳碳σ键，σ键结合牢固。在一般条件下，烷烃比较稳定，但在特殊情况下可发生一些反应，如取代反应：

$$C_nH_{2n+2} + X_2 \longrightarrow C_nH_{2n+1}X + C_nH_{2n}X_2 + \cdots$$

烯烃和炔烃分子中分别含有碳碳双键和三键，分子中除有碳氢和碳碳σ键外，还含有π键。π键较不稳定，易发生氧化和加成反应。

---

① 硫化氢和氰化氢都是极毒气体，故应在通风橱中加热。

② 此操作应在通风橱中进行，以保证安全。这时生成的沉淀是硫化钠被硝酸氧化生成的硫。

$$3Na_2S + 8HNO_3 \longrightarrow 3S\downarrow + 2NO\uparrow + 6NaNO_3 + 4H_2O$$

$$>C=C< + Br_2 \longrightarrow >\underset{Br}{C}-\overset{Br}{C}<$$

$$-C\equiv C- + 2Br_2 \longrightarrow -Br_2C-CBr_2-$$

（红棕色）　　　　（红棕色消失）

$$>C=C< + 2MnO_4^- + 4H_2O \longrightarrow >\underset{OH}{C}-\underset{OH}{C}< + 2MnO_2\downarrow + 2OH^-$$

（紫红色）　　　　（紫红色消失）（棕褐色沉淀）

$$>\underset{OH}{C}-\underset{OH}{C}< \xrightarrow{[O]} >C=O + O=C<$$

$$R-C\equiv C-R' + KMnO_4 \longrightarrow RCOOK + R'COOK + 2MnO_2\downarrow$$

（紫红色）　　　　（棕褐色沉淀）

（H）$R-C\equiv C-H$ 型的炔烃，与一价银离子或亚铜离子能生成炔化物沉淀。例如：

$$RC\equiv CH \xrightarrow{Ag^+(Cu^+)} RC\equiv CAg\downarrow \quad (RC\equiv CCu\downarrow)$$

（白色沉淀）　（红褐色沉淀）

故此反应可用来鉴别端基炔烃。

芳烃具有芳香性，一般较难氧化和加成，易取代。如有侧链，则侧链易被氧化成羧基。苯环上的氢常被—X、$—NO_2$、$—SO_3H$、—R 等所取代，属于亲电取代反应。苯环上发生二取代时，第二个取代基引入的难易和位置都与第一个取代基的定位效应有关。

三、仪器和药品

1. 仪器

试管、蒸馏烧瓶、恒压滴液漏斗等。

2. 药品

浓硫酸、浓硝酸、1% 高锰酸钾溶液、5% 碳酸钠溶液、3% 溴的四氯化碳溶液、碳化钙（电石）、饱和氯化钠、2% 硝酸银溶液、10% 氢氧化钠溶液、2% 氨水、氯化亚铜氨溶液、铁粉、5% 高锰酸钾溶液、1∶4 硫酸、液体石蜡、无色汽油①、10% 硫酸铜溶液、无水氯化铝、氯仿、苯、甲苯等。

四、实验步骤

（一）烷的性质

1. 卤代反应

取 2 支干燥试管，各加入 2 滴 3% 溴的四氯化碳溶液，再分别加入 10 滴液体石蜡。振荡混合均匀，把一支试管放在暗处，另一支试管放入日光下或日光灯下。20 min 后观察二者颜

① 可由有色汽油蒸馏制得，常含少量不饱和烃。

色变化情况并加以解释。

2. 氧化反应

取3支试管，分别加入5滴浓硫酸、10%氢氧化钠溶液和5%高锰酸钾溶液，再依次加入5滴1%高锰酸钾溶液和液体石蜡，振荡混匀，观察变化情况。

(二)烯烃的性质

1. 加成反应

取一支试管，加入10滴无色汽油，再加入1~2滴3%溴的四氯化碳溶液，振荡摇匀，观察现象。

2. 氧化反应

取2支试管，分别加入2滴浓硫酸、10%氢氧化钠溶液和1%高锰酸钾溶液，然后加入5滴无色汽油，观察溶液变化情况。

(三)乙炔的制备和性质

1. 乙炔的制备

在250 mL蒸馏烧瓶中加入5 g碳化钙(电石)，装上恒压滴液漏斗①，在恒压滴液漏斗中加入40 mL饱和氯化钠②。蒸馏烧瓶的侧管连接装有10%硫酸铜溶液③的洗气瓶装置。慢慢地从恒压滴液漏斗加入饱和氯化钠，便有乙炔生成，待空气排尽后，进行性质实验。

2. 乙炔的性质

(1)加成反应　取一支试管，加入3 mL 3%溴的四氯化碳溶液，通入乙炔，观察现象。

(2)氧化反应　取2支试管，各加入1 mL 1%高锰酸钾溶液，再分别加入5滴浓硫酸和5%碳酸钠溶液，通入乙炔，观察现象。

(3)生成金属炔化物④

①取一支洁净试管，加入3 mL 2%硝酸银溶液和1滴10%氢氧化钠溶液，再加入2%氨水，边加边振荡，直至沉淀恰好溶解，得澄清的硝酸银氨溶液，又称吐伦试剂。

将乙炔通入上述溶液中，观察现象。

②取一支试管，加入2~3 mL氯化亚铜氨溶液⑤，通入乙炔，观察现象。

---

① 使用恒压滴液漏斗，可保持反应器和漏斗中的压力平衡，保证氯化钠可顺利地加入。

② 用氯化钠代替水，使反应比较缓和，产生的气流比较平稳。

③ 工业品碳化钙中含有硫化钙、磷化钙和砷化钙等杂质，它们与水作用时产生硫化氢、磷化氢和砷化氢等气体夹杂在乙炔中，使其带有恶臭味，同时硫化氢会影响乙炔银、乙炔亚铜的生成和颜色，故用硫酸铜溶液把这些杂质除去。

④ 生成的乙炔银和乙炔亚铜在干燥状态或受到震动或受热极易爆炸，为了防止发生爆炸事故，实验完毕，应立即用稀硝酸或稀盐酸处理。

⑤ 亚铜盐在空气中很容易被氧化成二价铜盐，使溶液变蓝，干扰乙炔亚铜的红色溶液，羟胺盐酸盐是一种强还原剂，可使 Cu^{2+} 还原为 Cu^{+}。

$$4Cu^{2+} + 2NH_2OH \longrightarrow 4Cu^{+} + N_2O + H_2O + 4H^{+}$$

（四）芳烃的性质

1. 卤代反应

取4支干燥洁净的试管，编号为A、B、C、D。在A、B 2支试管中各加入5滴苯，在C、D 2支试管中各加入5滴甲苯，然后在这4支试管中各加入2滴3%溴的四氯化碳溶液，摇匀。在A、C 2支试管中各加入少量铁粉，振荡，观察现象。若无明显变化，可放入沸水中加热1～2 min，观察现象。

2. 傅－克反应(Friedel－Crafts)

取一支干燥洁净的试管，加入约0.1 g无水氯化铝，用喷灯加强热，使氯化铝升华至试管壁上，试管口装上干燥管，冷却至室温。另取一支试管，加入10滴氯仿和6滴苯，混匀，将所得溶液沿试管壁倒入第一支试管中，观察现象。

用萘、甲苯和氯苯作样品，结果如何？

3. 氧化反应

取2支洁净试管，分别加入10滴苯和甲苯，再加入2滴1%高锰酸钾和1∶4硫酸，用力振荡，在50～60℃水浴中加热5 min，观察有何变化，为什么？

五、思考题

1. 烷烃的卤代反应中，为什么用溴的四氯化碳溶液，用溴水行吗？为什么？
2. 用电石制取的乙炔常常带有臭味，如何除去？装气瓶中装有重铬酸钾硫酸溶液，能否除去臭味？
3. 甲苯的卤代、硝化等反应为什么比苯容易进行？

实验40　卤代烃的性质

一、实验目的

(1)进一步认识不同烃基结构、不同卤原子对反应速率的影响。

(2)掌握卤代烃的鉴别方法。

二、实验原理

卤代烃的主要化学性质是亲核取代反应：

$$RX + Nu:^- \longrightarrow RNu + X \quad (Nu:^- \text{为亲核试剂})$$

在卤代烃的亲核取代反应中，因底物的组成与结构不同、反应条件不同和亲核试剂的强弱不同，其反应历程有单分子亲核取代反应(S_N1)和双分子亲核取代反应(S_N2)两种。一般情况下，两种不同的反应历程处于一种竞争状态。通常溶剂化效应强的卤代烃有利于按单分子亲核取代反应进行；亲核试剂的亲核能力越强越有利于按双分子亲核取代反应历程进行。弄清楚某一反应按怎样的历程进行以及某一卤代烃在反应中的活性如何，必须仔细地分析反应及卤代烃和亲核试剂的结构。

在单分子亲核取代反应中，各种卤代烃的活性顺序是：

叔卤代烃 > 仲卤代烃 > 伯卤代烃

在双分子亲核取代反应中，各种卤代烃的活性顺序是：

伯卤代烃 > 仲卤代烃 > 叔卤代烃

此外，还有两种活性顺序：①RI > RBr > RCl；②烯丙型卤代烃(苄卤) > 孤立型卤代烃(卤烷) > 乙烯型卤代烃(卤苯)。

三、仪器和药品

1. 仪器

试管、电热恒温水浴锅、玻璃棒、量筒等。

2. 药品

5% 氢氧化钠溶液、10% 硝酸溶液、1% 硝酸银溶液、稀硝酸、溴苯、1 - 溴丁烷、2 - 溴丁烷、2 - 甲基 -2 - 溴丙烷、烯丙基溴、1 - 氯丁烷、2 - 氯丁烷、1 - 碘丁烷、2 - 甲基 - 2 - 氯丙烷、15% 碘化钠丙酮溶液、饱和硝酸银乙醇、铜丝等。

四、实验步骤

1. 与碘化钠丙酮溶液反应

取 5 支试管各加入 1 ~2 mL 15% 碘化钠丙酮溶液，分别加入 2 滴 1 - 溴丁烷、2 - 溴丁烷、2 - 甲基 -2 - 溴丙烷、烯丙基溴、溴苯，混匀，观察现象。记下出现沉淀的时间，必要时将试管置于 60 ~70℃ 水浴中加热片刻，记录沉淀时间。说明没有产生沉淀的原因。

2. 与硝酸银的反应

(1) 烃基结构对反应速率的影响　取 3 支试管，各加入饱和硝酸银乙醇溶液 1 mL，然后分别加入 2 ~3 滴 1 - 氯丁烷、2 - 氯丁烷、2 - 甲基 -2 - 氯丙烷，振荡试管观察有无沉淀析出。必要时可在沸水浴中加热后再观察。比较 3 种卤代烃的活性。

(2) 卤原子对反应速率的影响　取 3 支试管，各加入饱和硝酸银乙醇溶液 1 mL，然后分别加入 2 ~3 滴 1 - 氯丁烷、1 - 溴丁烷、1 - 碘丁烷，振荡试管，观察有无沉淀析出。必要时在沸水浴中加热后再观察。比较 3 种卤代烃的活性。

3. 与稀碱的反应

(1) 烃基结构对反应速率的影响　取 3 支试管，各加入 10 ~15 滴 1 - 氯丁烷、2 - 氯丁烷、2 - 甲基 -2 - 氯丙烷，再加入 1 ~2 mL 5% 氢氧化钠溶液，充分振荡后静置，小心取水层数滴加入同体积的稀硝酸酸化，然后加入 1% 硝酸银溶液 1 ~2 滴，观察现象。若无沉淀生成可在水浴中小心加热，再检验，比较 3 种卤代烃的活性顺序。

(2) 卤原子对反应速率的影响　取 3 支试管，各加入 10 ~15 滴 1 - 氯丁烷、1 - 溴丁烷、1 - 碘丁烷，再分别加入 1 ~2 mL 5% 氢氧化钠溶液，振荡后静置，小心取水层数滴，用等体积的 10% 硝酸溶液酸化后，加入 1 ~2 滴 1% 硝酸银溶液，观察现象。比较 3 种卤代烃的活性顺序。

4. 拜尔斯坦(Beilsten)铜丝实验

取一根长约 25 cm 的铜丝，将其一端在玻璃棒上卷成螺旋形，另一端系在玻璃棒上，将螺旋部分在灯焰上灼烧至不显绿色。冷却后，用铜丝圈蘸少量样品，放在火焰上灼烧，若火焰为绿色，则可能有卤素存在。

五、思考题

1. 为什么在不同反应中，卤原子的活性总是：碘 > 溴 > 氯？

2. 卤代烃与硝酸银乙醇溶液的反应中，不同烃基的活性总是：3° > 2° > 1°，为什么？实验中可否用硝酸银水溶液代替硝酸银的乙醇溶液？为什么？

3. 苄氯和氯苯中氯原子的活性大小如何？为什么？

实验41　醇和酚的性质

一、实验目的

(1)认识醇、酚的一般性质，进行醇和酚主要化学性质的实验操作。

(2)能较快地设计出：①伯醇、仲醇与叔醇；②一元醇与多元醇；③醇与酚类物质的鉴别方案，并进行实验操作。

二、实验原理

羟基是醇类化合物的官能团，能发生取代、消除、氧化反应。羟基具有活泼氢，能与金属钠作用放出氢气，也能跟酰氯、酸酐等作用生成酯。伯、仲、叔醇与氢卤酸反应的速率明显不同，因此可与卢卡斯(Lucas)试剂鉴别低级的伯、仲、叔醇①。

$$ROH + HCl \xrightarrow[25 \sim 30℃]{ZnCl_2} RCl + H_2O$$

叔醇立即反应，1 min内可看到液体分层或变浑浊；仲醇反应缓慢，需10 min左右液体变浑浊；伯醇不起反应，加热后会慢慢变浑浊。

伯醇、仲醇易被氧化剂氧化，可使高锰酸钾溶液褪色，叔醇较难被氧化②。

低级的醇能与硝酸铈铵试剂作用，生成红色或琥珀色配合物，此反应用来鉴定醇③。

多元醇除了具备一元醇的性质外，由于它们分子中相邻羟基的相互影响，具有一些特殊的性质，能与许多金属氢化物作用生成类似盐的化合物。例如，邻二醇与新配制的氢氧化铜反应生成能溶于水的绛蓝色或蓝紫色配合物。此反应可用来鉴定邻位多元醇。另外，邻位多元醇还能与高碘酸作用④。

---

① 卢卡斯试剂只用于鉴定 $C_3 \sim C_6$ 的醇，因为 $C_1 \sim C_2$ 醇反应后产物为气体，C_6 以上的醇不溶于卢卡斯试剂，反应难进行。

② 加热或使用酸性高锰酸钾常呈正性反应，产物是一些小分子化合物。

③ 硝酸铈铵只适用于检验 C_{10} 以下的醇类，反应后生成红色配离子，溶液的颜色由黄色变为红色。

④ 邻多元醇与高碘酸反应如下：

$$CH_2OH(CHOH)_nCH_2OH + (n+1)HIO_4 \longrightarrow H_2O + 2HCHO + nHCOOH + (n+1)HIO_3$$

产物中有甲醛和甲酸。可采用鉴别产物甲醛、甲酸或高碘酸根的方法来鉴别多元醇。

酚类化合物分子中含有羟基，酚羟基直接与苯环相连，使得苯环上 H 的活性增强，易发生亲电取代反应，苯酚能使溴水褪色生成2,4,6-三溴苯酚白色沉淀，此反应用来检验苯酚。

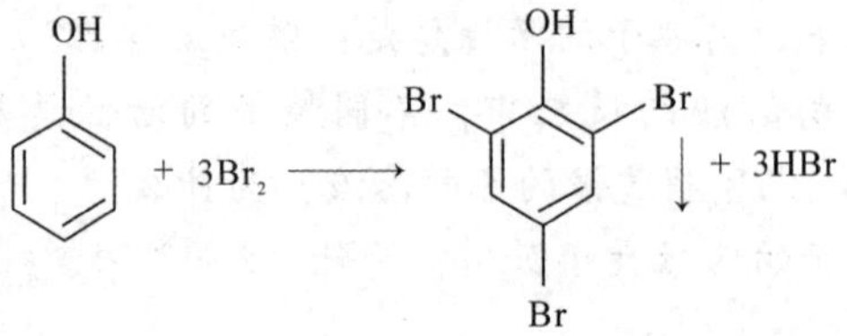

$$C_6H_5OH + 3Br_2 \longrightarrow C_6H_2Br_3OH\downarrow + 3HBr$$

2,4,6-三溴苯酚(白色)

因酚羟基在水溶液中能电离出少量氢离子，使酚溶液显示弱酸性($pK_a \approx 10$)，能与氢氧化钠作用生成可溶于水的酚钠盐。

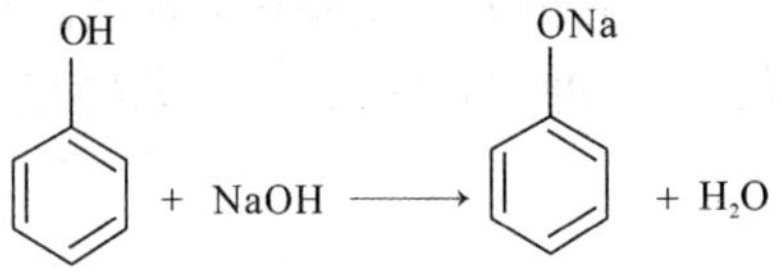

$$C_6H_5OH + NaOH \longrightarrow C_6H_5ONa + H_2O$$

大多数酚能与氯化铁反应，形成粉红色、紫色或绿色的配合物。例如：

$$6C_6H_5OH + FeCl_3 \longrightarrow [Fe(C_6H_5O)_6]^{3-} + 3H^+ + 3HCl$$

三、仪器和药品

1. 仪器

试管、滤纸、电子天平、量筒等。

2. 药品

金属钠、氯化锌的浓盐酸溶液(卢卡斯试剂)、1%高锰酸钾溶液、浓硫酸、3 mol/L 硫酸、5%氢氧化钠溶液、10%硫酸铜溶液、5%碳酸钠溶液、5%碳酸氢钠溶液、1%氯化铁溶液、饱和溴水、二氧化锰粉末、酚酞试剂、甲醇、无水乙醇、正丁醇、仲丁醇、叔丁醇、正辛醇、乙二醇、甘油、1,3-丙二醇、苯酚晶体、苯酚饱和溶液、对甲苯酚饱和溶液、α-萘酚饱和溶液、对苯二酚饱和溶液、1,2,3-苯三酚饱和溶液等。

四、实验步骤

(一)醇的化学性质

1. 醇的同系物溶解性比较

取4支试管，各加入2 mL 水，然后分别加入10滴甲醇、无水乙醇、正丁醇、正辛醇，振荡并观察溶解情况，能得出什么结论?

2. 醇钠的生成及水解

取2支干燥试管，分别加入1 mL 无水乙醇和1 mL 正丁醇，然后各加入一小粒新切的绿豆大小、用滤纸擦干的金属钠，观察反应放出的气体和试管是否发热。再用拇指堵住试管口一会儿，待气体大量放出时，试管口移近灯焰，移开拇指，有何现象？继续观察液体的黏度有何变化？反应完毕，将剩余的金属钠取出放在乙醇中销毁。把加入乙醇的试管中的液体倒在表面皿上，在水浴上蒸干，将所得的固体移入装有1 mL水的试管中，观察溶解情况。滴入酚酞试液，观察现象并解释发生的变化。

3. 醇与卢卡斯试剂反应

取3支干燥试管，分别加入10滴正丁醇、仲丁醇、叔丁醇，再各加入1 mL卢卡斯试剂，立即用塞子塞住试管口，充分振荡后静置，在25～30℃水浴中加热，观察现象，记下混合物变浑浊和出现分层的时间，如何解释？

4. 醇的氧化

取3支试管，分别加入0.5 mL正丁醇、仲丁醇、叔丁醇，再各加入1滴1%高锰酸钾溶液，充分振荡，有何现象？然后各加入1滴浓硫酸或微热，又有何变化？

5. 多元醇与氢氧化铜反应①

取3支试管各加入3 mL 5%氢氧化钠溶液和5滴10%硫酸铜溶液，制得新鲜的氢氧化铜。3支试管分别依次加入5滴乙二醇、甘油、1,3-丙二醇，观察现象并解释发生的变化。再加入几滴稀盐酸，又有什么变化？

（二）酚的化学性质

1. 苯酚的弱酸性

取3支试管，各加入0.3 g苯酚晶体，再分别加入5滴5%氢氧化钠溶液、5%碳酸钠溶液、5%碳酸氢钠溶液，振荡。比较3支试管中现象有何不同？说明原因。

2. 苯酚与氯化铁的显色反应②

分别取苯酚、对甲苯酚、α-萘酚饱和溶液各3滴于3支试管中，再各加入新配制的1%氯化铁溶液1滴。观察现象，溶液颜色有何不同？

---

① 邻多元醇能与新制的氢氧化铜作用生成绛蓝色的配合物。该配合物对碱稳定，加入过量稀盐酸后则分解为原来的醇和铜盐。例如：

$$\begin{array}{l} CH_2OH \\ | \\ CHOH \\ | \\ CH_2OH \end{array} + Cu(OH)_2 \longrightarrow \begin{array}{l} CH_2O\text{—}Cu \\ | \quad\quad / \\ CH\text{—}O \\ | \\ CH_2OH \end{array} + 2H_2$$

② 大多数酚能与氯化铁起显色反应，但也有例外，例如：

麝香草酚（CH_3、OH、$CH(CH_3)_2$）　　2,5-二甲苯酚（CH_3、OH、CH_3）

即不显色。

3. 苯酚与饱和溴水的反应①

取5支试管，分别加入3滴苯酚、对甲苯酚、对苯二酚、1,2,3－苯三酚、α－萘酚，再各加入2滴饱和溴水，振荡，观察有何变化?

4. 酚的氧化反应

(1)苯酚的氧化　取一支试管，依次加入1 mL饱和苯酚溶液和1 mL 3 mol/L硫酸，摇匀后再加入1滴1%高锰酸钾溶液，有何变化?为什么?

(2)对苯二酚的氧化　取15 mm×150 mm试管一支，加入0.3 g对苯二酚和0.3 g二氧化锰，再加入4 mL 3 mol/L硫酸，装上带有45°导管的软木塞，另用一支试管浸入冷水中作为接收器，小心加热，有何现象?产物对苯醌的色、味、态如何?取少量对苯醌于试管中，加入2 mL水，溶解，再加入0.1 g对苯二酚晶体，振荡，观察现象。析出的暗绿色闪光的晶体是什么?

五、思考题

1. 在卢卡斯实验中，为什么要用饱和氯化锌的浓盐酸溶液，用其稀溶液行不行?为什么?为什么可用卢卡斯试剂来鉴别伯醇、仲醇和叔醇?此反应用于鉴别有什么限制?

2. 如何鉴别乙醇、乙二醇、正丁醇和1,3－丙二醇?

3. 苯酚的溴代反应极易进行，而苯的溴代反应较难进行，为什么?

4. 苯酚为什么能溶于氢氧化钠和碳酸钠溶液中，而不溶于碳酸氢钠溶液?

实验42　醛、酮的性质

一、实验目的

(1)认识醛、酮的化学性质。

(2)掌握醛、酮的鉴定方法。

二、实验原理

醛、酮都有羰基，能与羰基试剂作用。醛、酮的许多反应都取决于羰基的结构特点。主要

---

① 2,4,6－三溴苯酚与过量的溴水作用，会被氧化成2,4,4,6－四溴代环己二烯酮。

OH / Br / Br / Br $\xrightarrow{HOBr}$ O / Br / Br / Br Br $\downarrow$ $+H_2O$

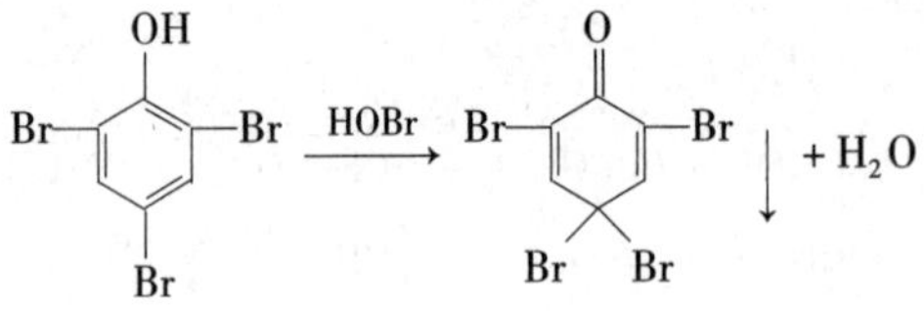

淡黄色

2,4,4,6－四溴代环己二烯酮不溶于水，易溶于苯中，与碘化钾的酸性溶液反应析出碘，本身又被还原为2,4,6－三溴苯酚。

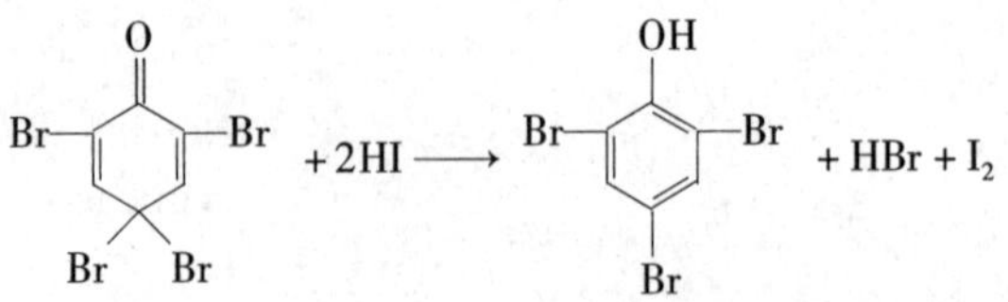

O / Br / Br / Br Br $+2HI \longrightarrow$ OH / Br / Br / Br $+HBr+I_2$

性质是易于发生亲核加成反应，由于受到羰基的影响，醛、酮的α－H也表现出一定的活性。

醛和酮能与羰基试剂2,4－二硝基苯肼加成生成黄色2,4－二硝基苯腙沉淀，是鉴别羰基化合物的常用方法。

$$\mathrm{R(H)C{=}O} + 2,4\text{-}(NO_2)_2C_6H_3NHNH_2 \longrightarrow 2,4\text{-}(NO_2)_2C_6H_3NHN{=}C(R)H(R) + H_2O$$

在与饱和亚硫酸氢钠的反应中，不是所有的醛、酮都能与之加成，由于空间位阻效应，只有醛和脂肪族甲基酮能与饱和亚硫酸氢钠溶液反应，生成白色沉淀，8个碳原子以下的脂肪族环酮也有类似的反应，芳酮则不能反应。如果将加成物与稀盐酸或稀碳酸钠溶液共热，则分解为原来的醛或甲基酮。因此，这一反应可采用来鉴别和纯化醛或甲基酮。

$$\mathrm{R(CH_3)H\,C{=}O + NaHSO_3 \longrightarrow R(CH_3)H\,C(OH)SO_3^-Na^+\downarrow}$$

醛可以与希夫(Schiff)试剂(又称品红醛试剂)反应，显示浅红色或红色，酮则不能，而且醛中只有甲醛与希夫试剂反应显示的颜色在加稀硫酸后不消失。

受羰基影响，α－H比较活泼，容易发生卤代、缩合反应。能发生活泼氢反应的醛、酮一般为醛和甲基酮，在分子中具有CH_3CO—原子团的化合物，或其他易被次碘酸钠氧化成这种基团的化合物，如(CH_2—CH(OH)—)均能发生碘仿反应，这是一个鉴别甲基酮(甲基醇)的简便方法。

一般情况下，醛比酮易被氧化，酮只有在强氧化剂的作用下，才会被分解成小分子化合物。醛能被弱氧化剂氧化成羧酸，如可被吐伦试剂、斐林试剂、本尼地特(Benedict)溶液氧化。结构不同的醛反应的活性也不同。醛一般都能与吐伦试剂反应，而芳香醛不能与斐林试剂反应，芳香醛和甲醛不能与本尼地特溶液反应。

三、仪器和药品

1. 仪器

试管、量筒、电热恒温水浴锅等。

2. 药品

饱和亚硫酸氢钠溶液、10%盐酸溶液、5%氢氧化钠溶液、2%硝酸银溶液、10%氨水溶液、1%高锰酸钾溶液、浓硫酸、浓盐酸、浓氨水、2,4－二硝基苯肼试剂、甲醛、乙醛、丙酮、环己酮、苯甲醛、3－戊酮、胺尿盐酸盐、结晶乙酸钠、苯乙酮、碘－碘化钾溶液、95%乙醇、异丙醇、希夫试剂、斐林试剂A、斐林试剂B、本尼地特溶液、0.5 mol/L羟胺盐酸盐、37%甲醛水溶液、40%乙醛水溶液、甲基橙指示剂、苯酚、饱和氢氧化钾乙醇溶液等。

四、实验步骤

1. 醛、酮的亲核加成反应

(1)与2,4－二硝基苯肼的加成　取5支试管中各加入2 mL 2,4－二硝基苯肼试剂，再分别各加入2～3滴甲醛、乙醛、环已酮、苯甲醛和丙酮，摇匀后静置。观察有无结晶析出？并注意结晶的颜色①，若无沉淀析出，可在温水中微热再观察。写出反应的化学方程式。

(2)与亚硫酸氢钠加成　取4支试管中，各加入2 mL饱和亚硫酸氢钠溶液②，然后分别各加入6～8滴乙醛、苯甲醛、丙酮、3－戊酮，边加边用力振荡试管，观察有无晶体析出。若无晶体析出，可在冰水中冷却几分钟后再观察。向有晶体析出的试管中加入少量水、10%盐酸溶液或5%氢氧化钠溶液，观察有何变化？写出有关的化学方程式。

(3)与氨脲的加成③　将0.5 g胺尿盐酸盐，0.75 g结晶乙酸钠溶于4～5 mL蒸馏水中，把澄清液分成4份，装于4支试管中，依次分别加入2～3滴丙酮、苯乙酮、乙醛、3－戊酮，观察有无沉淀析出？写出反应方程式。

2. 醛、酮的α－H的活泼性——碘仿反应

取6支试管，各加入3 mL蒸馏水，分别加入5滴甲醛、乙醛、丙酮、苯乙酮、95%乙醇、异丙醇，再加入1 mL碘－碘化钾溶液，加入5%氢氧化钠溶液至红色消失为止，几分钟后观察有无沉淀析出？能否嗅到碘仿的气味？如果只出现白色浑浊，把试管置于50～60℃的水浴中加热几分钟，再观察现象。得出什么结论？

3. 与希夫试剂作用④

取4支试管，各加入0.5 mL希夫试剂(品红醛试剂)，再分别依次加入4～5滴37%甲

---

① 析出晶体的颜色常和醛、酮分子中的共轭与否有关，非共轭的酮生成黄色沉淀；共轭的酮生成红色沉淀；具有长共轭链的羰基化合物则生成红色沉淀。有时强酸性、强碱性化合物会使反应试剂沉淀析出，试剂本身的颜色也有干扰，需仔细观察。

② 醛、酮与亚硫酸氢钠的反应是可逆的，生成的α－羟基磺酸钠遇稀酸或稀碱即可分解成原来的醛、酮。此反应可用于醛、酮的分离和提纯。

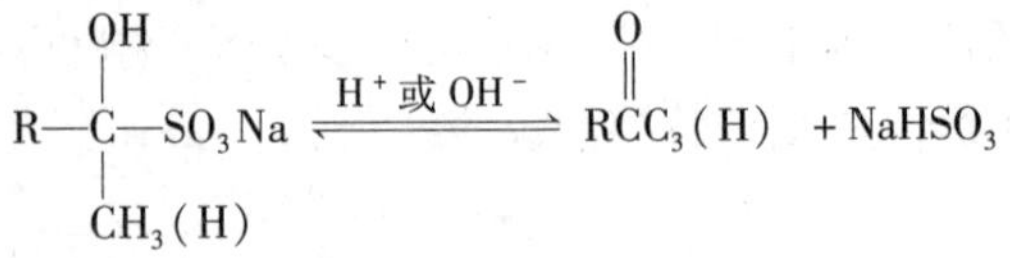

$$R-\underset{CH_3(H)}{\overset{OH}{\underset{|}{\overset{|}{C}}}}-SO_3Na \xrightleftharpoons{H^+或OH^-} R\overset{O}{\overset{\|}{C}}C_3(H) + NaHSO_3$$

饱和亚硫酸氢钠溶液的配制见附录2。

③ 加热可促进此反应。

④ 有人认为希夫试剂与醛反应显色的过程是：

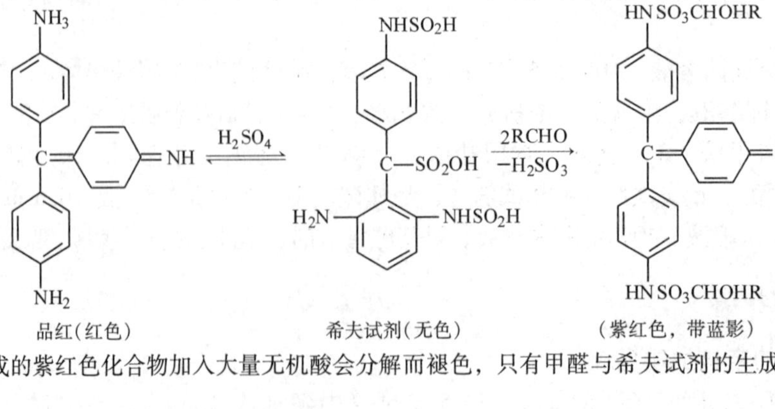

$$\text{品红（红色）} \xrightleftharpoons{H_2SO_4} \text{希夫试剂（无色）} \xrightarrow[-H_2SO_3]{2RCHO} \text{（紫红色，带蓝影）}$$

品红（红色）：NH_3，$=NH$，NH_2；希夫试剂（无色）：$NHSO_2H$，$C-SO_2OH$，H_2N-，$-NHSO_2H$；（紫红色，带蓝影）：$HNSO_3CHOHR$，$=NH$，$HNSO_3CHOHR$

反应生成的紫红色化合物加入大量无机酸会分解而褪色，只有甲醛与希夫试剂的生成产物在强酸条件下仍不褪色。

醛水溶液、乙醛、丙酮、3-戊酮，摇匀，静置几分钟，观察其颜色变化。再向甲醛、乙醛与希夫试剂反应的试管中，逐滴加入10%盐酸溶液，注意颜色有何变化?

4. 氧化反应

(1)与吐伦试剂的反应——银镜反应　在洁净的试管中，加入2 mL 2%硝酸银溶液，再加入10%氨水溶液，边加边摇直至沉淀刚好溶解，即得到澄清的硝酸银氨溶液，即吐伦试剂①。

另取4支洁净的试管，把上述硝酸银氨溶液分成4份，试管中依次加入甲醛水溶液、乙醛水溶液、丙酮和苯甲醛溶液各2滴(不要摇动)，静置几分钟，观察有何变化，若无变化，置于50~60℃的水浴中温热几分钟，观察是否有银镜产生。

(2)与斐林试剂②的反应　取4支试管，在每支试管中，分别加入斐林试剂A和斐林试剂B各5滴，混合均匀后，再分别加入5滴甲醛水溶液、乙醛水溶液、丙酮和苯甲醛，振荡混匀，然后置于沸水浴中加热几分钟，观察现象③，比较结果。

(3)与本尼地特溶液的反应　取4支试管，各加入0.5 mL本尼地特溶液，分别加入6~7滴甲醛、乙醛、丙酮、苯甲醛。摇匀后，在沸水浴中加热5~6 min，注意有无砖红色沉淀生成。为什么?

(4)与高锰酸钾溶液的反应　取6支试管，各加入2滴1%高锰酸钾溶液，各分别加入5滴甲醛、乙醛、苯甲醛、丙酮和乙醇，振荡后观察现象，在没有变化的试管中加入2滴浓硫酸，又有何变化?

5. 缩合反应

(1)羟醛缩合　在一支试管中加入0.5 mL 40%乙醛水溶液，再加入2 mL 5%氢氧化钠溶液，摇匀，加热煮沸，观察溶液颜色的变化，嗅其气味并说明原因。

(2)与羟胺缩合　取4支试管，分别加入1 mL 0.5 mol/L羟胺盐酸盐和1滴甲基橙指示剂，此时溶液呈红色，再加入5%氢氧化钠溶液至刚好转变为橙黄色，然后分别加入37%甲醛水溶液、40%乙醛水溶液、丙酮、95%乙醇各2滴，观察现象并解释。

(3)甲醛和苯酚缩合制备酚醛树脂④　取2支试管，编号为A、B，分别加入3 g苯酚。A试管中加入3 mL 37%甲醛水溶液，再加入3滴浓盐酸作为催化剂。B试管中加入4 mL 37%甲醛水溶液，再加入3~4滴浓氨水作为催化剂。把2支试管同时放在沸水浴中加热2~

---

① 配制吐伦试剂时应防止加入过量的氨水，否则将生成雷酸银(Ag—ON═C)，受热后将增加其爆炸的机会，试剂本身还将失去灵敏性。

吐伦试剂久置后将析出黑色氮化银(AgN)沉淀。它受震动时即分解，容易爆炸，有时潮湿的氮化银也能引起爆炸。因此，这种试剂必须在临用时配制，不宜贮存备用。进行实验时，切忌用灯焰直接加热。

② 斐林试剂的配制：用酒石酸钾和氢氧化铜混合后生成的络合物不稳定，故需分别配制，实验时将两溶液等体积混合。

斐林试剂A：结晶硫酸铜34.6 g溶于500 mL水中。

斐林试剂B：酒石硫钾钠173 g，氢氧化钠70 g溶于500 mL水中。

③ 颜色变化的情况为：蓝色→绿色→黄色→红色沉淀，氧化亚铜呈红色。

④ 在酸催化下，生成线型结构的酚醛树脂，呈紫色，可溶于乙醇。在碱催化下，生成体型结构的酚醛树脂，呈橙红色。

3 min，观察有何现象？继续加热，又有何现象？两者有何不同？为什么？

6. 康尼查罗(Cannizzaro)反应

取一支大试管，加入1 mL苯甲醛，再加入1~2 mL饱和氢氧化钾乙醇溶液，边加热边用力振荡，稍热，观察有何现象？析出的晶体是什么？

五、思考题

1. 在与亚硫酸氢钠的反应中，为什么要用新配制的而且是饱和的亚硫酸氢钠溶液？

2. 有的碘仿反应需要加热，有的实验者为了尽快产生碘仿，均采用沸水浴加热，这种操作能很快生成碘仿吗？为什么？

实验43 羧酸及其衍生物的性质

一、实验目的

认识羧酸及其衍生物的一般性质。

二、实验原理

羧酸具有酸性，酸性比碳酸强，故羧酸不仅溶于氢氧化钠溶液，而且也溶于碳酸氢钠溶液。饱和一元羧酸中，甲酸酸性最强，而低级饱和二元羧酸的酸性又比一元羧酸强。羧酸能与碱作用成盐，与醇作用成酯。甲酸和草酸还具有较强的还原性，甲酸能发生银镜反应，但不与裴林试剂反应。草酸能被高锰酸钾氧化，此反应用于定量分析。

羧基中的羟基被其他原子或基团取代后生成羧酸衍生物。羧酸衍生物都含有酰基($R—\overset{\displaystyle O}{\overset{\|}{C}}—$)结构，具有相似的化学性质。在一定条件下，都能发生水解、醇解、氨解反应，其活泼性为：酰卤>酸酐>酯>酰胺。

油脂是高级脂肪酸的甘油酯，油脂在碱性条件下水解，可制得肥皂。

三、仪器和药品

1. 仪器

试管、玻璃棒、电热恒温水浴锅、天平、量筒等。

2. 药品

饱和碳酸钠、石灰水、10%氢氧化钠溶液、20%氢氧化钠溶液、10%盐酸溶液、10%氯化钙溶液、6 mol/L硫酸溶液、1%高锰酸钾、浓硫酸、1∶1氨水、5%硝酸银、饱和氯化钠、10%硫酸溶液、饱和碳酸氢钠、氯化钠晶体、饱和亚硫酸钠、1%氯化铁溶液、饱和溴水、金属钠、饱和乙酸铜、氯仿、刚果红试纸、红色石蕊试纸、甲酸、冰乙酸、草酸晶体、苯甲酸晶体、无水乙醇、乙酰氯、乙酸酐、乙酰胺晶体、苯胺(新蒸)、乙酰乙酸乙酯、草酸铵晶体等。

四、实验步骤

(一)羧酸的性质

1. 羧酸的酸性

(1)刚果红①实验 取3支试管，分别加入2~3滴甲酸、冰乙酸和0.1 g草酸，各加入2~3 mL蒸馏水，振摇使其溶解。然后用玻璃棒分别蘸取少许酸液，在同一条刚果红试纸上画线，比较试纸颜色的变化和颜色的深浅。在剩余的溶液中加入1滴甲基橙，观察有何变化？说明理由。

(2)碳酸氢钠实验 取一支试管，分别加入5 mL饱和碳酸氢钠，然后加入1 mL甲酸，迅速装上带有软木塞的导气管，把气体导入盛有2 mL石灰水的试管中，观察有何现象？说明理由。

2. 成盐反应

(1)与氢氧化钠作用 取一支试管，加入0.2 g苯甲酸晶体，再加入1 mL水，观察溶解情况。逐滴加入10%氢氧化钠溶液，振荡，有何变化，再加入0.5 mL 10%盐酸溶液，观察有何变化？说明理由。

(2)草酸钙的生成 取几粒草酸铵晶体于试管中，加入0.5 mL左右的水，制成饱和溶液，并加入1滴10%氢氧化钠溶液②，然后加入10%氯化钙溶液1~2滴，观察有何变化？说明理由。

3. 分解反应

取3支试管，分别加入1 mL乙酸和1 g草酸，装上带有导气管的软木塞，导气管伸入装有2 mL石灰水的试管里，使导气管插入石灰水中，加热样品，观察有何现象？说明理由。

4. 氧化反应

(1)高锰酸钾氧化 取3支试管，分别加入1 mL甲酸、1 mL乙酸，以及由0.2 g草酸和1~2 mL水所配成的溶液，然后分别加入0.5 mL 6 mol/L硫酸溶液、5滴1%高锰酸钾溶液，加热至沸，观察有何变化？说明理由。

(2)浓硫酸氧化 取2支试管，分别加入1 g草酸、1 mL甲酸，各缓缓加入1 mL浓硫

---

① 刚果红的变色范围是pH=3~5，与弱酸作用呈棕黑色，与中强酸作用呈蓝黑色，与强酸作用呈稳定的蓝色。其结构变化如下：

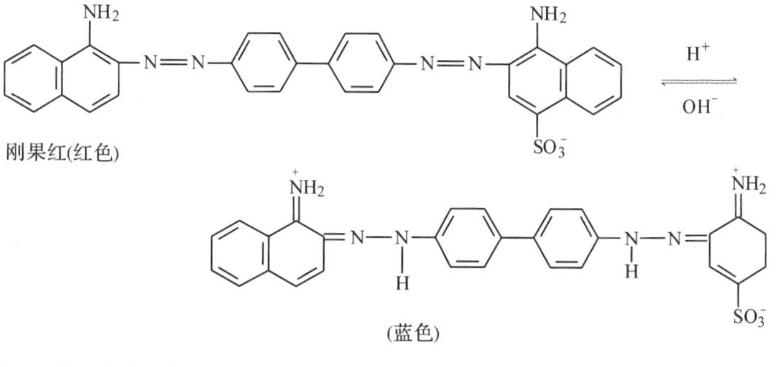

NH_2 … N=N … N=N … NH_2, SO_3^- $\underset{OH^-}{\overset{H^+}{\rightleftharpoons}}$

刚果红(红色)

$\overset{+}{N}H_2$ … N—N(H) … N(H)—N … $\overset{+}{N}H_2$, SO_3^-

(蓝色)

② 草酸钙易溶于无机酸中，但不溶于水和乙酸，加入氢氧化钠有利于结晶的析出。

酸，装上带有导气管的橡皮塞，加热，边加热边观察试管里的颜色变化，待产生大量气泡时，点燃导气管口的气体，有何现象？

(3)银镜反应① 取2支洁净试管，其中一支加入0.5 mL 20%氢氧化钠溶液，5～6滴甲酸。另一支试管中加入1 mL 1∶1氨水，5～6滴5%硝酸银溶液。把两者混合均匀，如产生沉淀，再加入几滴氨水，使其恰好溶解。静置于80～90℃水浴中加热，有何现象？

5. 酯化反应

在一支干燥试管中，加入1 mL无水乙醇、1 mL冰乙酸，并加入3滴浓硫酸。摇匀后放入60～70℃水浴中，加热8～10 min。然后将试管浸入冰水中冷却，再加入约3 mL饱和碳酸钠②。观察溶液分层情况，并嗅其气味。

(二)羧酸衍生物的性质

1. 水解反应

(1)乙酰氯的水解 取一支试管，在试管中加入2 mL蒸馏水，沿管壁慢慢加入1～2滴乙酰氯③，略微振摇试管，有何现象？待试管冷却后，再加入1～2滴5%硝酸银溶液，观察溶液有何变化？为什么？

(2)乙酸酐的水解 在试管中加入2 mL水，并加入1～2滴乙酸酐，由于它不溶于水，呈珠粒状沉于管底。再略微加热试管，这时乙酸酐的珠粒消失，这时可嗅到何种气味？这说明乙酸酐受热发生水解，生成了何种物质？

(3)酯的水解 取3支试管，编号为A、B、C，各加入5滴乙酸乙酯，A试管中加5 mL蒸馏水，B试管中加4.5 mL蒸馏水和0.5 mL 10%硫酸溶液，C试管中加4.5 mL蒸馏水和0.5 mL 20%氢氧化钠溶液，混匀。将3支试管同时放入70～80℃的水浴中加热，一边振摇，一边观察并比较酯层消失的快慢。并说明理由。

(4)酰胺的水解

①碱性水解：在试管中加入0.2 g乙酰胺和2 mL 20%氢氧化钠溶液，小火加热至沸，嗅其气味，并可在试管口用润湿的试纸检验。说明理由。

②酸性水解：在试管中加入0.2 g乙酰胺和2 mL 10%硫酸溶液，振动后小火加热至沸，嗅其气味。冷却后加入2～3 mL 10%氢氧化钠溶液至碱性，再加热并嗅其气味，再在试管口用润湿的试纸检验，有何现象？如何解释？

根据上述实验，试比较酰氯、酸酐、酯和酰胺的反应活性。

2. 醇解作用

(1)乙酰氯的醇解 在干燥的试管中加入1 mL无水乙醇，置于冷水浴中冷却，振摇下沿试管壁慢慢滴入1 mL乙酰氯，并不断摇动，反应进行剧烈并放热，待试管冷却后，再慢慢加入约3 mL饱和碳酸钠溶液中和至无气泡生成。加入少量氯化钠晶体，使之饱和，观察

---

① 因甲酸酸性较强，会破坏银氨离子，实验不易成功，加入碱与甲酸中和，转化为甲酸根离子，可克服此缺点，但碱量不宜过多。

② 目的是降低乙酸乙酯的溶解性，促进液体分层。

③ 酰氯的水解、醇解反应剧烈，逐滴加入时要小心，以免液体从试管中溅出伤人。

有何现象？气味如何？

（2）乙酸酐的醇解　在干燥的试管中加入 1 mL 无水乙醇和 1 mL 乙酸酐，加热 2 ~ 3 min，再用饱和碳酸钠溶液中和至析出酯层，无气泡产生，加入少量氯化钠晶体使之饱和，有何现象？为什么？

3. 氨解作用

取 2 支试管，各加入 10 滴新蒸馏的苯胺，再分别加入 10 滴乙酰氯、乙酸酐，用力振荡，用手摸试管底部看有无放热，反应完毕，加 3 mL 水，观察有何现象？

4. 乙酰乙酸乙酯的反应

（1）与2，4 - 二硝基苯肼的反应　取一支干燥试管，加入0.5 mL 纯净的干燥乙酰乙酸乙酯和0.5 mL 新制的 2，4 - 二硝基苯肼，振荡后静置 10 ~ 15 min，观察有无结晶析出，为什么？

（2）与氯化铁反应①　取一支试管，加入 5 滴乙酰乙酸乙酯和 2 ~ 3 滴 1% 氯化铁溶液，振荡，溶液颜色有何变化？说明了什么？

（3）与饱和溴水反应　取一支试管，加入 3 滴饱和溴水，再加入 0.5 mL 乙酰乙酸乙酯，溶液颜色有何变化？说明了什么？

（4）与金属钠的反应　取一支干燥的试管，加入 0.5 mL 乙酰乙酸乙酯，切一块绿豆大小的金属钠，投入试管中，有何现象？用拇指堵住试管口一会儿，移近灯焰，观察现象。说明了什么？

（5）与饱和乙酸铜的反应②　取一支试管，加入 0.5 mL 乙酸铜，再加入 0.5 mL 乙酰乙酸乙酯，振荡后静置，有何现象？再加入 2 mL 氯仿，又有何现象？

以上实验表明乙酰乙酸乙酯具有何种结构？

五、思考题

1. 在羧酸及其衍生物与乙醇反应中，为什么在加入饱和碳酸钠溶液后，乙酸乙酯才分层浮在液面上？能否用氢氧化钠代替碳酸钠？为什么？

2. 为什么酯化反应中要加浓硫酸？为什么碱性介质能加速酯的水解反应？

3. 甲酸具有还原性，能发生银镜反应。其他羧酸是否也有此性质？为什么？

4. 丙酮的互变异构体中烯醇式异构体所占比例相当小，而乙酰乙酸乙酯中烯醇式却占 7.5%，试从结构上加以分析，为什么会有这种差异？

---

① 乙酰乙酸乙酯的烯醇式与氯化铁作用生成紫红色或紫色的配合物。

$$CH_3-\underset{\underset{OH}{|}}{C}=CH\overset{}{\underset{\underset{O}{\|}}{C}}-OC_2H_5 + FeCl_3 \rightleftharpoons CH_3-\underset{\underset{O}{|}}{C}=CH-\underset{\underset{O}{\|}}{C}-OC_2H_5 + HCl$$

（产物中两个 O 与 Fe 配位，Fe 上连有两个 Cl）

② 反应生成的烯醇式铜盐呈蓝绿色结晶，它可溶于氯仿中。

实验44 胺和酰胺的性质

一、实验目的

(1)掌握脂肪胺和芳香胺的化学性质的异同点。

(2)掌握伯、仲、叔胺的鉴别方法。

(3)了解酰胺的水解反应和尿素的一些性质。

二、实验原理

胺因其氮原子上电子云密度较大，从而呈碱性，能与无机酸或有机酸作用，生成物大多数溶于水。

酰胺既可看作是羧酸的衍生物，也可看成是胺的衍生物。由于酰基的引入，使其碱性变弱，常呈中性。酰胺可以发生水解、降解等反应。酰亚胺则表现出一定的酸性。

尿素是碳酸的二元酰胺，除了可发生水解反应外，还可起缩合、分解、成盐和氧化等反应。

三、仪器和药品

1. 仪器

试管、量筒、电子天平、玻璃棒等。

2. 药品

10%盐酸溶液、浓硫酸、浓盐酸、亚硝酸钠、碘化钾淀粉试纸、10%氢氧化钠溶液、饱和溴水、漂白粉溶液、饱和重铬酸钾溶液、15%硫酸溶液、1%高锰酸钾溶液、饱和石灰水、1%硫酸铜溶液、红色石蕊试纸、苯胺、二苯胺晶体、无水乙醇、*N*-甲基苯胺、*N*,*N*-二甲基苯胺、丙胺、二乙胺、三乙胺、5%β-萘酚氢氧化钠溶液、苯磺酰氯、乙酰胺、尿素等。

四、实验步骤

(一)胺的性质

1. 碱性

(1)取一支试管，加入2滴苯胺和0.5 mL水，振荡，观察溶解情况。再加入2~3滴10%盐酸溶液，振荡，观察是否变澄清，为什么?

(2)取一支试管，加入2滴苯胺和1 mL水，再加入2滴浓硫酸①，有何变化?

---

① 大多数无机酸与苯胺作用生成的盐易溶于水，但苯胺硫酸盐为难溶于水的白色固体。反应式如下：

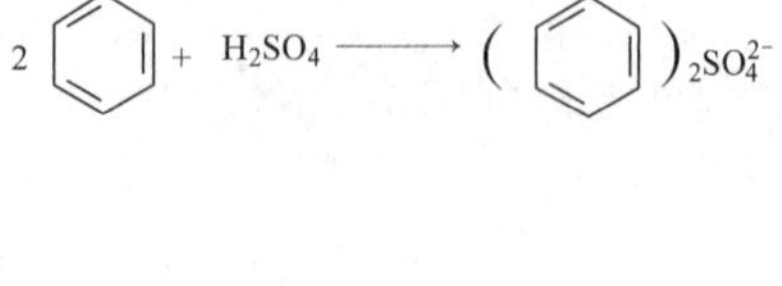

$$2\,C_6H_5NH_2 + H_2SO_4 \longrightarrow (C_6H_5\overset{+}{N}H_3)_2SO_4^{2-}$$

(3)取0.2 g二苯胺晶体，用0.5～1 mL无水乙醇使其溶解，再加入1 mL水，有何现象？逐滴加入10%盐酸溶液，又有何变化？再用水稀释此溶液，结果如何？

2. 与亚硝酸反应

取3支试管，依次分别加入0.5 mL苯胺、*N*－甲基苯胺、*N*,*N*－二甲基苯胺，再各加入2 mL浓盐酸、2 mL水，搅拌使之溶解，置于冰水浴中冷却至0～5℃。另取1.5 g亚硝酸钠溶于6 mL水中，再分别加入上述3个试管中，搅拌，直到混合液能使碘化钾－淀粉试纸变深蓝色为止①，观察有何变化？试将试管从冰水浴中取出，过后观察有何变化？

取丙胺、二乙胺、三乙胺重复上述操作，比较结果。

根据下列现象可以区别胺类：

①有气泡生成，放出气体，得到澄清溶液者为脂肪族伯胺。

②溶液中有黄色或油状物析出，加碱后不变色者为仲胺，加碱至碱性变为绿色固体者为芳香族叔胺。

③没有气泡生成，无气体放出，得到澄清溶液，取溶液数滴加入5%β－萘酚氢氧化钠溶液中，出现橙红色沉淀者为芳香族伯胺②。

3. 兴斯堡(Hinsberg)反应③

在3个带磨口塞的小锥形瓶中，分别加入0.5 mL苯胺、*N*－甲基苯胺、*N*,*N*－二甲基苯胺，再各加入0.5 mL苯磺酰氯，用力振荡几分钟，观察有无沉淀生成。往沉淀中加入3～4 mL 10%氢氧化钠溶液，振荡片刻，有何变化？说明理由。

(二)苯胺的反应

1. 溴代反应④

取一支试管，加入1滴苯胺和5 mL水，振荡使之溶解，取出1 mL(剩下的留做后面的实验用)加入1滴饱和溴水，振荡。溶液里有何变化？继续加入饱和溴水，又有什么变化？

2. 氧化反应

取3支试管，编号为A、B、C，各加入1 mL苯胺溶液。A试管中加入几滴漂白粉溶液，

---

① 过量的亚硝酸把碘化钾氧化成碘，淀粉溶液遇碘变蓝。

② 芳香族伯胺与亚硝酸作用生成重氮盐的反应为重氮反应，生成的重氮盐在碱性条件下与β－萘酚发生偶联反应，生成偶氮染料而显色。例如：

$$ArNH_2 \xrightarrow[(<5℃)]{HNO_2} Ar-N\equiv N: \xrightarrow[OH^-]{\beta-萘酚}$$ (1-(N=NH—Ar)-2-萘氧负离子结构，O^-)

β－萘酚氢氧化钠溶液的配制见附录2。

③ 伯胺磺酰化后的产物中氮原子上还有一个氢原子，由于磺酰基的吸电子效应，使得这个氢原子显酸性，产物可溶于氢氧化钠溶液。仲胺磺酰化的产物因无此氢原子，故不溶于碱。叔胺则因氮原子上无氢，不能进行磺酰化反应。

④ 加入过量的溴水，可把产物氧化为醌型化合物往往产生颜色。

振荡，有何现象①？B试管中加入2滴饱和重铬酸钾和0.5 mL 15%硫酸溶液，振荡后静置10 min，观察颜色变化情况。C试管中加入1滴1%高锰酸钾溶液，振荡，有何变化？

(三)酰胺的霍夫曼(Hoffmann)降解

取一支试管，加入0.2 g乙酰胺，再加入3～4滴饱和溴水，振荡，然后慢慢加入10%氢氧化钠溶液至溴的红棕色消失，再加入过量的等体积的10%氢氧化钠溶液，微热，在试管口放一张湿润的红色石蕊试纸，观察有何现象？

(四)脲的反应

1. 脲的水解

取一支试管，加入1 mL 20%尿素水溶液和2 mL饱和石灰水，加热。在试管口放一张湿润的红色石蕊试纸，观察溶液和试纸有何现象？

取一支试管，加入1 mL 20%尿素水溶液和几粒亚硝酸钠②，振荡使之溶解。加入1滴15%硫酸溶液，观察有无气体生成？再加入2滴15%硫酸溶液，立即装上带有导气管的橡皮塞，把生成的气体通入装有1 mL饱和石灰水的试管中，有何现象？说明了什么？

2. 双缩脲反应③

取一支干燥的试管，加入0.2 g尿素，慢慢加热至熔化。在试管口放一张湿润的红色石蕊试纸，观察试纸的颜色变化并闻气体的气味。继续加热至全部固化后，冷却。然后加入2 mL热水，搅拌使之溶解，静置片刻。用胶头滴管吸出澄清液约1 mL置于另一支试管中，滴入等体积的10%氢氧化钠溶液，得清亮溶液，再加入1滴1%硫酸铜溶液，溶液颜色有何变化？

---

① 苯胺遇漂白粉溶液即呈明显的紫色，这个反应可用来鉴定苯胺。其反应式如下：

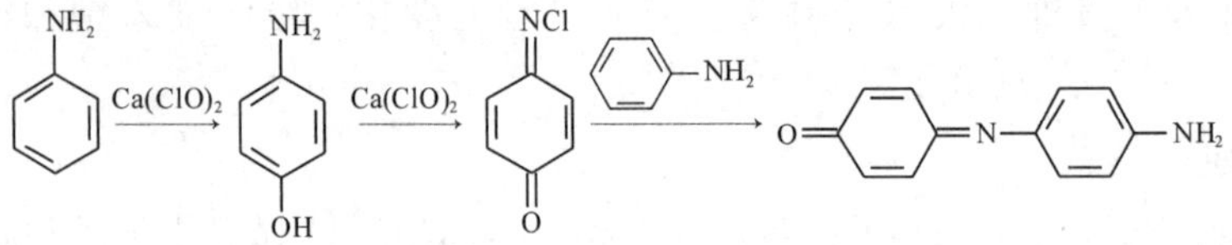

$$C_6H_5NH_2 \xrightarrow{Ca(ClO)_2} HO\text{-}C_6H_4\text{-}NH_2 \xrightarrow{Ca(ClO)_2} O{=}C_6H_4{=}NCl \xrightarrow{C_6H_5NH_2} O{=}C_6H_4{=}N\text{-}C_6H_4\text{-}NH_2$$

② 尿素与亚硝酸的反应如下：

$$NH_2\overset{O}{\overset{\|}{C}}NH_2 + 2HNO_2 \longrightarrow HO\text{—}\overset{O}{\overset{\|}{C}}\text{—}OH + 2N_2\uparrow + 2H_2O$$

$$HO\text{—}\overset{O}{\overset{\|}{C}}\text{—}OH \longrightarrow CO_2\uparrow + H_2O$$

实验室中常用尿素除去过量的氧化剂——亚硝酸。

③ 双缩脲反应反应式如下：

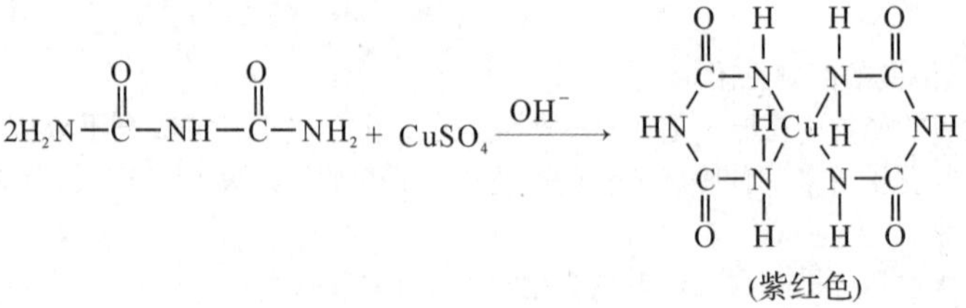

$$2H_2N-\overset{O}{\overset{\|}{C}}-NH-\overset{O}{\overset{\|}{C}}-NH_2 + CuSO_4 \xrightarrow{OH^-} \text{双缩脲铜配合物}$$

(紫红色)

五、思考题

1. 如何鉴别和分离伯、仲、叔胺？原理是什么？请写出相应反应方程式（以乙胺、二乙胺、三乙胺为例）。

2. 请写出酰胺的霍夫曼降解反应方程式。

实验45　糖类的性质

一、实验目的

（1）了解糖类的化学性质。
（2）掌握糖类的鉴定方法。

二、实验原理

糖类是多羟基醛或酮及其聚合物和某些衍生物的总称。糖类可分为单糖、二糖和多糖。具有半缩醛（酮）结构的糖，能还原斐林试剂、吐伦试剂，称为还原糖。单糖属于还原糖；二糖按两个单糖的结合方式不同可分为还原糖和非还原糖，蔗糖为非还原性二糖，麦芽糖、乳糖和纤维二糖为还原性二糖。

还原糖具有变旋光现象，能和过量苯肼反应生成糖脎，C－2差向异构体可生成相同的脎，但不同结构的差向异构体反应速率不同，析出糖脎的时间也不同，可以据此来鉴别他们。淀粉和纤维素属于多糖，无还原性，它们在酸或酶的作用下水解生成葡萄糖。

淀粉遇碘显蓝色，这是鉴定淀粉的方法；反过来，也可用淀粉来检出碘分子。糖在浓硫酸作用下与酚类化合物产生颜色反应，此反应可用于鉴别糖类，其中间苯二酚可用于鉴别醛糖和酮糖。

糖类可以进行酯化反应，纤维素硝酸酯和乙酸酯在工业上应用很广。纤维素和铜氨溶液作用，生成可溶性铜络合物，铜络合物加酸后纤维素重新沉淀出来。这是制造人造丝的原理。

三、仪器和药品

1. 仪器

试管、量筒、玻璃棒、电热恒温水浴锅等。

2. 药品

斐林试剂A、斐林试剂B、1%硝酸银溶液、1∶1氨水、本尼地特试剂、0.1%碘水、5%氢氧化钠溶液、25%硫酸、浓硫酸、浓盐酸、10%氢氧化钠溶液、饱和氯化钠溶液、15%盐酸溶液、浓硝酸、2%葡萄糖溶液、2%果糖溶液、2%麦芽糖溶液、2%木糖溶液、2%阿拉伯糖溶液、2%蔗糖溶液、1%淀粉溶液、苯肼试剂、莫力许试剂、0.2%蒽酮－浓硫酸溶液、间苯二酚盐酸试剂、脱脂棉、乙醇和乙醚等。

四、实验步骤

1. 糖的还原性

（1）斐林实验　取5支试管，编号，加入斐林试剂A和斐林试剂B各1 mL，再分别滴加5滴2%葡萄糖、2%果糖、2%麦芽糖、2%蔗糖、1%淀粉溶液，在沸水浴中加热几分钟，观察并比较结果。

(2)吐伦实验① 取4支试管，各加入吐伦试剂3 mL，再分别加入5滴2%葡萄糖、2%果糖、2%麦芽糖、2%蔗糖、1%淀粉溶液，摇匀，在50～60℃水浴中加热几分钟，观察有无银镜生成，记下出现银镜的时间。

(3)本尼地特实验 取4支试管，各加入本尼地特溶液2 mL，再分别加入4滴2%葡萄糖、2%果糖、2%麦芽糖、2%蔗糖溶液，在沸水浴中加热几分钟，观察现象，说明原因。

(4)与碘溶液作用 取2支试管，分别加入3 mL 2%葡萄糖和2%果糖溶液，再各加入0.5 mL碘溶液，然后各加入5%氢氧化钠溶液至颜色褪去为止，静置7～8 min，各加入0.5 mL 25%硫酸溶液，观察有何现象②?

2. 糖脎的生成

取4支试管，分别加入1 mL 2%葡萄糖、2%果糖、2%麦芽糖、2%蔗糖溶液，再各加入1 mL苯肼试剂，用棉花塞住试管口，振荡。置于沸水浴中加热，记录出现结晶的时间③。20 min后，取出试管，冷却，观察是否有结晶析出?用玻璃棒挑出少许，放在载玻片上，用盖玻片盖好。在低倍显微镜下观察各糖脎的晶形，记录下来，并与注释中的图形④进行比较。

---

① 蔗糖溶液置于沸水浴中加热或加热时间过长，有时会因其水解而呈正性反应。

② 醛糖可被碘酸、次碘酸、溴酸、次溴酸等氧化剂氧化成糖酸，酮糖在同样的条件下不被氧化。因此用碘水、溴水可鉴别醛糖和酮糖。次碘酸钠可由碘与碱制得，是一个可逆反应：

$$I_2 + 2NaOH \rightleftharpoons 2NaIO + H_2O$$

在碱性溶液中，因反应向右进行，碘液褪色，产生氧化剂——次碘酸钠。在酸性溶液中，因反应向左进行，析出碘，溶液呈棕色。醛糖把次碘酸钠还原成碘化钠，反应后，在溶液中加酸，反应不能向左进行，没有碘析出，溶液不呈棕色。而酮糖与次碘酸钠反应缓慢，加酸后有碘析出。

③ 几种重要糖的比旋光度、析出糖脎所需时间、糖脎的颜色、熔点见表5-1。

表5-1　几种重要糖的比旋光度、析出糖脎所需时间等参数

糖的名称	比旋光度	析出糖脎所需时间/min	糖脎颜色	糖脎熔点/℃(或分解温度)
果糖	-92°	2	深黄色	205
葡萄糖	+52.7°	4～5	深黄色	205
麦芽糖	+129.0°	冷后析出	深黄色	206
蔗糖	+66.5°	30(转化生成)	黄色	205
木糖	+18.7°	7	橙黄色	163
半乳糖	+80.2°	15～19	橙黄色	201

④ 几种重要的糖脎晶形，如图5-1所示。

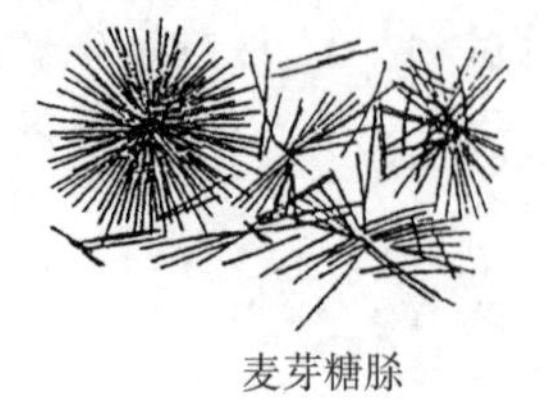

麦芽糖脎

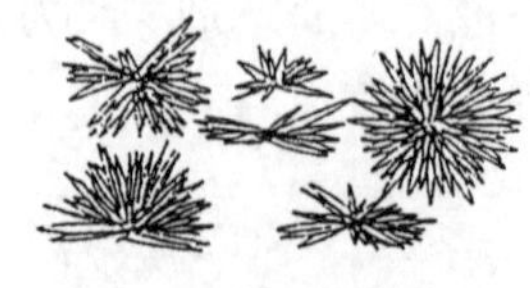

麦芽糖脎

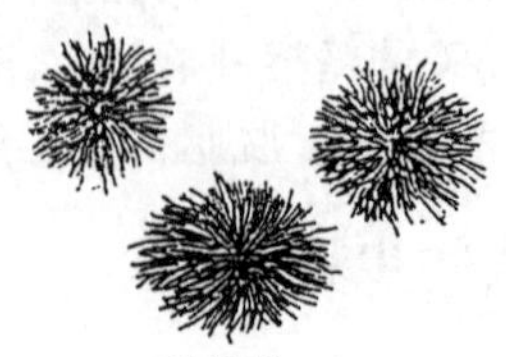

乳糖脎

图5-1　糖脎晶形

3. 显色反应

(1)莫力许(Molish)反应　取5支试管，分别加入2%葡萄糖、2%果糖、2%蔗糖、2%麦芽糖、1 mL 1%淀粉溶液，再各加入3～4滴莫力许试剂①，混匀。将试管倾斜，沿试管壁缓缓加入1 mL浓硫酸，不要摇动。浓硫酸和糖溶液明显地分为两层，观察液面交界处是否有紫色环出现？观察几分钟，若无颜色变化，可在水浴中温热，再观察。

(2)蒽酮反应②　取6支试管，分别加入0.5 mL 2%葡萄糖、2%果糖、2%蔗糖、2%木糖、2%麦芽糖、1%淀粉溶液，将试管倾斜，沿管壁慢慢加入0.5 mL新配制的0.2%蒽酮－浓硫酸溶液，不要摇动，观察现象。

(3)西里瓦诺夫(Seliwanoff)反应　取4支试管，各加入1 mL间苯二酚盐酸试剂③，再分别加入2滴2%葡萄糖、2%果糖、2%麦芽糖、2%蔗糖溶液。混匀，置于沸水浴中加热1～2 min后，观察其颜色变化。加热20 min后，再观察之。

(4)杜氏反应④　取4支洁净的试管，分别滴加2滴2%阿拉伯糖、2%果糖、2%葡萄糖、2%木糖溶液，再各加入5滴间苯三酚盐酸试剂⑤，摇匀，置于沸水浴中加热2 min，各试管中颜色有何不同？

(5)淀粉遇碘的反应⑥　取一支试管，加入0.5 mL 1%淀粉溶液，再加入1滴0.1%碘溶液，观察颜色变化。微热，再观察颜色变化。冷却，又有何变化？

4. 淀粉的水解

(1)酸水解　取一支试管，加入2 mL 1%淀粉溶液，再加入0.5 mL浓盐酸，混匀，置

---

① 莫力许试剂(α－萘酚的乙醇溶液)的配制见附录2。

甲酸、丙酮、乳酸及糖醛的衍生物也呈正性反应，所以，正性结果不一定是糖，负性反应则一定不是糖。

② 糖类化合物与蒽酮试剂反应产生绿色，再变为蓝绿色。糖醛产生暂时性的绿色，很快又变为棕色。

③ 间苯二酚盐酸试剂的配制见附录2。

酮糖在酸的作用下，脱水生成羟甲基糠醛与间苯二酚缩合生成红色物质，反应很快，反应式如下：

CH₂OH, C=O, HO—H, H—OH, H—OH, CH₂OH　$\xrightarrow[(-3H_2O)]{H^+,\ \triangle}$　HOH₂C–(呋喃)–CHO　$\xrightarrow[-2H_2O]{2\ 间苯二酚(OH, OH)}$

HOH₂C–(呋喃)–CH–(OH, O, OH)　$\xrightarrow{[O]}$　HOH₂C–(呋喃)–C=(O, O, OH)

④ 戊糖与盐酸作用生成糠醛，与间苯三酚缩合形成红色或暗红色产物，其他糖产生黄色或棕色。

⑤ 间苯三酚盐酸试剂的配制见附录2。

⑥ 直链淀粉通过分子内氢键卷曲成螺旋状，直链淀粉遇碘显蓝色，碘分子钻入螺旋中与淀粉之间通过范德华力形成络合物，这个络合物呈深蓝色。

于沸水浴中加热15～20 min。冷却，取水解液1滴于白瓷滴板上，滴1滴0.1%碘溶液，有何现象？取1 mL水解液，用10%氢氧化钠溶液中和后，做本尼地特实验，结果如何？

(2)酶水解　取一支试管，加入3 mL 1%淀粉溶液、0.5 mL饱和氯化钠和1 mL新鲜唾液，混匀，在37℃水浴中加热15 min左右，取1 mL水解液，做本尼地特实验，有何现象？为什么？

5. 蔗糖水解

取一支试管，加入1 mL水和2滴2%蔗糖溶液，再加入2滴15%盐酸溶液，摇匀，放入沸水浴中加热10 min左右。逐渐加入10%氢氧化钠溶液至溶液呈碱性，再加入5滴本尼地特溶液，摇匀，在沸水浴中加热2 min，有何现象？为什么？

6. 纤维素的水解

在一支干燥的试管中，放入少许脱脂棉，加入浓硫酸搅拌，使棉花全溶(不要变黑)。加入3 mL水，摇匀，在沸水浴中加热10～15 min，冷却。取水解液0.5 mL，用20%氢氧化钠溶液中和，再加入本尼地特溶液5滴，摇匀，在沸水浴中加热2 min，有何现象？为什么？

7. 纤维素硝酸酯的制备

取一支大试管，加入4 mL浓硝酸，再缓缓加入8 mL浓硫酸，摇匀。把0.3 g脱脂棉用玻璃棒使之浸入混酸中。再把试管置于60～70℃热水浴中加热，并不断搅动。5 min后，用玻璃棒挑出脱脂棉，放在烧杯中用水洗涤几次，挤干。再用滤纸吸干，弄松，放在表面皿上，在水浴上蒸干，得到纤维素硝酸酯(即硝化纤维)。

取少许硝化纤维，点燃，与脱脂棉作对比，有何不同？把剩余干燥的硝化纤维溶于1 mL乙醇和3 mL乙醚的混合液，使之溶解，得到硝化纤维素溶液。取此溶液少许，倒入表面皿上，在水浴上加热，得到硝化纤维薄片(即火棉胶)。把薄片点燃，观察燃烧状况。

8. 酮氨溶液与纤维素的作用①

称取硫酸铜晶体1 g，溶于15 mL水中，然后加入20%氢氧化钠溶液(2～3 mL)至不再生成沉淀为止，用电动离心机分离氢氧化铜沉淀，加入浓氨水至氢氧化铜沉淀溶解，得深蓝色酮氨溶液。加入0.5 g脱脂棉花，搅拌使之溶解，得深蓝色胶状纺丝液。

用医用注射器吸取纺丝液，把它注入装有稀硫酸的烧杯中，可得到丝状纤维。

五、思考题

1. 如何鉴别葡萄糖、果糖和淀粉溶液？
2. 为什么可用碘液定性地了解淀粉水解进行的程度？
3. 具有哪种结构的糖可以形成相同的糖脎？能否用成脎反应来鉴别它们？
4. 在糖的成脎反应中，加热时间长了，蔗糖也会出现黄色结晶，这是为什么？

---

① 纤维素不溶于水，可溶于铜氨溶液，因为铜氨溶液中含有[$(CuNH_3)_4^{2+}(OH^-)_2$]，能与葡萄糖残基形成络离子$(C_6H_7O_5Cu)^-$，把纺丝液注入酸中，络离子被破坏，重新析出纤维素，但再生纤维素不具有天然纤维素的结构。

实验46　氨基酸、蛋白质的性质

一、实验目的

(1)熟悉氨基酸主要的化学性质。

(2)了解蛋白质的基本结构和重要的化学性质。

(3)掌握鉴别氨基酸和蛋白质的方法。

二、实验原理

自然界中以α-氨基酸最为常见，除甘氨酸外，其余的氨基酸都含有手性碳原子，多为L-构型，而且有旋光性。氨基酸具有氨基和羧基，是两性化合物。根据分子中侧链R基团的结构不同，可分为酸性氨基酸、中性氨基酸、碱性氨基酸。氨基酸在水中的电离可用式子表示如下：

$$\begin{array}{ccccc} RCHCOO^- & \underset{OH^-}{\overset{H^+}{\rightleftharpoons}} & RCHCOO^- & \underset{OH^-}{\overset{H^+}{\rightleftharpoons}} & RCHCOO \\ | & & | & & | \\ NH_2 & & {}^+NH_3 & & {}^+NH_3 \\ \text{负离子} & & \text{两性离子} & & \text{正离子} \\ pH > pI & & pH = pI & & pH < pI \end{array}$$

某氨基酸带正、负电荷数目相等，主要以两性离子存在时溶液的pH值称为该氨基酸的等电点(pI)。在等电点时，氨基酸的溶解度最小，最易沉淀。

蛋白质的基本构成单位是氨基酸，不同蛋白质也有各自的等电点，蛋白质和氨基酸都能与某些试剂发生显色反应。

蛋白质是生物体的基本组成物质。细胞内除水外，其余80%的物质是蛋白质，大多数的酶、激素、病毒等都是蛋白质。蛋白质是多种α-氨基酸的缩合物。蛋白质分子通过氢键、盐键、疏水键和范德华力维持一定的空间构型。在各种物理、化学因素发生变化时，这些作用力被破坏，它的一些理化性质发生改变，生物活性丧失，这种现象称为蛋白质的变性。盐析是高浓度的中性盐使蛋白质从溶液中沉淀出来的现象，盐析分离出来的蛋白质可保持天然构象。

大部分氨基酸易溶于水，难溶于非极性的有机溶剂，不同的氨基酸溶解性也不相同，可用纸色谱法来分离混合氨基酸。

三、仪器和药品

1. 仪器

试管、量筒、酸度计等。

2. 药品

10%氢氧化钠溶液、15%盐酸溶液、1%盐酸溶液、1%氢氧化钠溶液、缓冲溶液(pH=3.0、4.6、7.0)、硫酸铵晶体、饱和硫酸铜溶液、1%硝酸银溶液、5%氯化汞溶液、5%乙酸铅溶液、浓硝酸、酪氨酸、pH试纸、酪蛋白溶液、卵清蛋白溶液、饱和苦味酸溶液、饱和鞣酸溶液、37%甲醛水溶液、0.1%茚三酮溶液、2%乙酸溶液等。

四、实验步骤

1. 两性解离与等电点

(1)取一支试管，加约0.1 g酪氨酸和2 mL水，摇匀。观察是否溶解。逐滴加入10%氢氧化钠溶液使溶液呈弱碱性①，观察现象。再加入15%盐酸溶液至酸性，观察又有何变化？为什么？

(2)取一支试管，加1 mL酪蛋白溶液②，逐滴加入1%盐酸溶液至溶液变浑浊，继续加入1%盐酸溶液，有何变化？

(3)取3支试管，分别加入5 mL pH＝3.0、4.6、7.0的缓冲溶液③，各加入10滴酪蛋白溶液，摇匀。比较现象并说明理由。

2. 蛋白质的沉淀

(1)可逆沉淀(盐析)　取3 mL卵清蛋白溶液，加入硫酸铵晶体，振荡，加至硫酸铵不能再溶解为止。静置片刻，有何现象？吸出上清液，沉淀中加入2～3 mL水，吸出的蛋白质是否溶解？

(2)加热沉淀蛋白质　取一支试管，加入2 mL卵清蛋白溶液，置于沸水浴中加热5～10 min，有何现象？冷却，加入2 mL水，沉淀能否再溶于水？

(3)重金属沉淀蛋白质　取4支试管，编号，各加入1 mL卵清蛋白溶液，分别逐滴加入饱和硫酸铜溶液、1%硝酸银溶液、5%氯化汞溶液、5%乙酸铅溶液，振荡，有何现象？各再加入2～3 mL水，沉淀是否溶解？

在加入硫酸铜、乙酸铅的试管里继续加入硫酸铜、乙酸铅，有何变化④？

(4)生物碱试剂沉淀蛋白质　取2支试管，各加入10滴卵清蛋白溶液，加入1滴2%乙酸溶液，再加入饱和的苦味酸和饱和的鞣酸⑤溶液。振荡混合，是否有沉淀生成？

(5)甲醛与蛋白质的作用　取5滴卵清蛋白溶液，加入5滴37%甲醛水溶液，观察有何

---

① 控制pH＝8～9，可在试管里放一片石蕊试纸，指示溶液的酸碱性。

② 酪蛋白又称乳酪素、干酪素。由于分子中含有磷酸，显弱酸性，能溶于强酸和浓酸，但几乎不溶于水。

酪蛋白溶液的配制：称取0.25 g纯酪蛋白，用30 mL蒸馏水及4 mL 5%氢氧化钠溶液，置于沸水浴中搅拌，使之溶解。再用6%乙酸溶液中和至中性。

③ 缓冲溶液的配制见表5-2。

表5-2　缓冲溶液的配制

酸或碱	0.1 mol 盐酸 20.40 mL	0.1 mol 氢氧化钠 12.00 mL	0.1 mol 氢氧化钠 29.54 mL
盐溶液	0.2 mol 邻苯二甲酸氢钾 25 mL	0.2 mol 邻苯二甲酸氢钾 25 mL	0.2 mol 磷酸二氢钾 25 mL
水	稀释至100 mL	稀释至100 mL	稀释至100 mL
pH	3.0	4.6	7.0

④ 重金属在浓度很低时，就能使蛋白质沉淀，形成不溶于水的盐类化合物，重金属中毒就是这个道理。

⑤ 生物碱试剂沉淀蛋白质反应说明该蛋白质分子中有杂环的氨基存在。

现象？若无沉淀，可加入1滴1%盐酸溶液促其沉淀。

3. 显色反应

(1)茚三酮反应① 取4支试管，编号，分别加入1%甘氨酸、酪氨酸、谷氨酸和卵清蛋白溶液各1 mL，再各加入4～5滴0.1%茚三酮溶液，在沸水浴中加热10～15 min，观察有何变化。

(2)黄蛋白反应② 取一支试管，加入1 mL卵清蛋白溶液，再加入0.5 mL浓硝酸，观察有何现象？在灯焰上加热煮沸，有何变化？再加浓氨水，沉淀或溶液是否变成橙色？

4. 蛋白质的分解

取2 mL卵清蛋白溶液，加入4 mL 20%氢氧化钠溶液，加热3～5 min，在试管口放一张湿润的红色石蕊试纸，有何现象？

在上述热溶液中加入1 mL 5%乙酸铅溶液，再煮沸，观察有何变化。为什么？

---

① 茚三酮溶液的配制及其显色反应原理如下：

配制：0.1 g茚三酮溶于50 mL水中即得。配制后应在2 d内用完。放置过久，易变质失灵。茚三酮对于任何含有游离氨基的物质均可发生氧化还原作用：

还原产物与氨和过量的茚三酮进一步缩合：

缩合产物是蓝紫色燃料，它可经下列互变现象，再与氨形成烯醇式的铵盐，后者在溶液中解离出阴离子，能使反应液的颜色变深：

含有游离基氨基的蛋白质或其水解产物(茜素、胨、多肽等)均有显色反应。α-氨基酸与茚三酮试剂也有显色反应，唯其氧化还原反应中有去羧作用伴随发生，这与蛋白质不同。

② 含有苯环的氨基酸和蛋白质都能与硝酸起硝化反应，在苯环上导入硝基，生成黄色化合物，加碱后变成橙黄色。皮肤沾上硝酸变黄就是这个道理。

五、思考题

1. 在蛋白质的两性实验中，能否用浓硫酸代替稀酸？为什么？
2. 为何蛋清可作铅和汞的解毒剂？
3. 总结本实验中氨基酸和蛋白质性质的异同点。
4. 设计鉴别下列化合物的方案并说明理由：

谷氨酸（$HOOCCH_2CH_2CH(NH_2)COOH$）、酪氨酸（$HO-C_6H_4-CH_2CH(NH_2)CHOOH$）、苯丙氨酸（$C_6H_5-CH_2CH(NH_2)CHOOH$）、尿素和酪蛋白。

第 6 部分
绿色有机合成及应用实验

实验 47 微波法合成肉桂酸

一、实验目的

(1)掌握微波法合成肉桂酸的原理及方法。

(2)掌握微波技术在绿色有机合成中的应用。

二、实验原理

肉桂酸又称桂皮酸，白色单斜晶体，熔点为 135 ~ 136℃，沸点为 300℃，相对密度为 1.2475。易溶于醚、苯、丙酮、冰乙酸、二硫化碳及油类物质，可溶于乙醇、甲醇和氯仿，微溶于水。

本实验利用乙酸铵为催化剂，在微波辐射下由苯甲醛和丙二酸在无溶剂的条件下缩合，合成肉桂酸，反应时间短，实验过程简单、产率高、基本无环境污染。反应式如下：

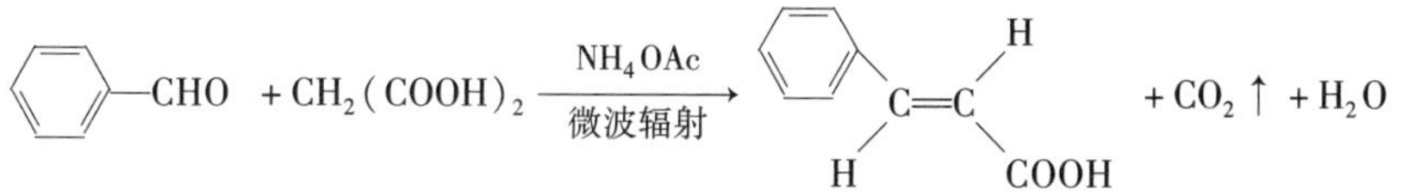

$$C_6H_5\text{—}CHO + CH_2(COOH)_2 \xrightarrow[\text{微波辐射}]{NH_4OAc} C_6H_5\text{—}CH\!=\!CH\text{—}COOH + CO_2\uparrow + H_2O$$

三、仪器和药品

1. 仪器

磨口锥形瓶、微波炉、回流冷凝管、温度计等。

2. 药品

苯甲醛、丙二酸、乙酸铵、氢氧化钠溶液、浓盐酸等。

四、实验步骤

分别研磨丙二酸、乙酸铵并过 80 ~ 100 目筛，置于磨口锥形瓶中，并分别加入 20.0 mL 苯甲醛、20.0 mL 丙二酸和 24.0 mL 乙酸铵，充分混合均匀，然后放入微波炉中，并与微波炉上的回流冷凝装置连接，通入冷凝水，开启微波炉，用“高火”档辐射 6 min。当微波炉中温度达到110℃，反应混合物完全熔融成液体并有气体放出。在室温下放置，待气泡完全消失，溶液变为白色固体。

在白色固体中加入60 mL冰水，搅动并粉碎固状物，浸泡10～15 min。减压过滤，用100 mL冰水洗涤沉淀，得白色粉状物，真空干燥。

将产品溶于适量的氢氧化钠溶液中，过滤，除去黄色不溶物，向滤液中加入浓盐酸，调整pH=3～4，使产品以白色沉淀析出，抽滤得到白色纯净物。

五、思考题

1. 微波辐射时，如何防止温度太高而引起反应物挥发损失或产物氧化？
2. 要得到纯度更高的产品，还可采取什么措施？

实验48　新型固体酒精的制备

一、实验目的

(1)了解固体酒精的配制原理及实验方法。

(2)掌握固体酒精的制备工艺和操作技能。

二、实验原理

酒精是一种易燃、易挥发的液体，沸点为78℃，凝固点为-114℃。它是一种重要的有机化工原料，用途很广，可用来制造乙酸、饮料、香精、染料，广泛应用于化学、食品等工业，也可作为燃料应用于日常生活中。

固体酒精并不是固体状态的酒精，而是固化剂与酒精形成的凝胶，利用硬脂酸钠受热时软化、冷却后又重新凝固的性质，将液体酒精包含在硬脂酸钠网状骨架(骨架间隙中充满了酒精分子)即可制备固体酒精。但硬脂酸钠的价格昂贵，且市场上不易购得。因此，本工艺采用硬脂酸[$CH_3(CH_2)_{16}COOH$]在一定的温度下与氢氧化钠反应，生成硬脂酸钠，大大降低了固体酒精燃料的成本。固体酒精燃烧后，余下的残渣就是硬脂酸钠。主要化学反应：

$$CH_3(CH_2)_{16}COOH + NaOH = CH_3(CH_2)_{16}COONa + H_2O$$

在配方中还可以加入适量可燃的有机化合物作为添加剂，不仅不影响酒精的燃烧性能，而且可以持久燃烧，并能够释放出应有的热能，在实际使用中更加安全方便。

本产品用火柴直接点燃，而且可以多次点火和熄火，燃烧升温快，生产及使用安全方便，燃烧时无异味、无烟、无毒，适用于工厂、家庭、医院、办公室、餐厅小火锅、小餐车、学生野营、部队行军，以及旅行、临时引火和饮食生活用的方便固体燃料。它用塑料袋密封包装，可长期保存，且产品的主要性能指标不变。

本实验对固体酒精的生产配方进行了改进，优化了工业条件，使固体酒精更利于日常应用，实现资源的最大合理化利用。

三、仪器和药品

1. 仪器

圆底烧瓶、球形冷凝管、电热恒温水浴锅、三口烧瓶、烧杯、模具等。

2. 药品

酒精（乙醇含量≥93%）、氢氧化钠、硬脂酸、石蜡、硝酸铜、沸石等。

四、实验步骤

1. 固体酒精的一般制法

向装有球形冷凝管的250 mL圆底烧瓶中加入9.0 g硬脂酸、50 mL酒精和数粒沸石，摇匀。在水浴上加热至约60℃，并保温至固体溶解为止。

将2.5 g氢氧化钠和10 mL水加入100 mL烧杯中，搅拌溶解后再加入200 mL酒精，搅匀，将液体在1 min之内从冷凝管上端加进含有硬脂酸、石蜡和酒精的圆底烧瓶中（要始终保持酒精沸腾）。在水浴上加热，搅拌数分钟后加入0.2 g硝酸铜，回流15 min，使反应完全，移去水浴，趁热倒进模具，冷却后密封即得到成品。

2. 固体酒精制备方法的改进

在装有搅拌器、温度计和球形冷凝管的500 mL三口烧瓶中加入7.0 g硬脂酸、2.0 g石蜡、150 mL酒精，在水浴上加热至70℃，并保温至固体全部溶解。

将1.2 g氢氧化钠和5 mL水加入100 mL烧杯中，搅拌溶解后再加入100 mL酒精，搅匀，将液体在1 min之内从冷凝管上端加进含有硬脂酸、石蜡和酒精的圆底烧瓶中（要始终保持酒精沸腾）。在水浴上加热，搅拌数分钟后加入0.2 g硝酸铜，回流15 min，使反应完全，移去水浴，趁热倒进模具，冷却后密封即得到成品。

3. 燃烧实验

把500 mL常温水（20℃ ±2℃）盛入容器（底面直径不超过200 mm的金属锅），用50 g固体酒精燃料块在专用炉具上燃烧，用秒表测定。

以制得的固体酒精燃料作为燃烧样品，称取50 g固体酒精燃料于铁罐中，点燃，取1000 mL烧杯将装有500 mL水（25℃）的烧杯在铁罐上加热，燃烧时间为15 min，可把500 mL水烧沸。

五、新型固体酒精配制方法改进的意义

无论从实验过程，还是性能比较，改进后的固体酒精燃料明显优越于一般制法中制得的固体酒精燃料，而且更利于日常应用。加入石蜡等物料作为黏结剂，可以得到质地更加结实的固体酒精燃料，添加硝酸铜是为了燃烧时改变火焰的颜色。为了增加欣赏性和艺术性，还可以添加溶于酒精的染料，以制成各种颜色的固体燃料。

采用该工艺生产的固体酒精燃料具有原料易得、工艺简单、质地均匀、易成型包装、易用于工业化生产等优点，特别适合中小企业和家庭生产，产品具有广阔的市场前景。

六、思考题

1. 本实验中石蜡的作用是什么？
2. 固体酒精的配制原理是什么？

第7部分 有机化合物官能团的鉴定

一、双键的鉴定

1. 高锰酸钾溶液

向试管中加入2滴待测物环己烯，逐滴加入2%高锰酸钾溶液，摇动，观察高锰酸钾的紫色变化情况。

2. 溴溶液

于2 mL二氯甲烷中溶解0.2 mL待测物，摇动下加入5%溴－二氯甲烷溶液，观察溴的橙红色是否褪色。

二、卤代烃的鉴定

1. 硝酸银－乙醇溶液

将少量样品加入2 mL 2%硝酸银溶液中，若室温放置5 min无反应则加热到沸腾，注意是否有沉淀生成，比较不同样品生成沉淀的时间。

2. 碘化钠－丙酮溶液

向1 mL碘化钠－丙酮溶液中加入2滴待测物（含氯或溴）。摇动试管，室温下放置3 min观察是否有沉淀及溶液是否变为红棕色。否则于50℃水浴加热，6 min后冷却至室温观察。

碘化钠－丙酮溶液：于100 mL丙酮中溶解15 g碘化钠，开始无色之后形成淡柠檬黄色溶液。

三、醇的鉴定

1. 金属钠实验

向0.25 mL待测样品中加入新切的钠薄片，直到钠不再溶解，观察是否有氢气产生。冷却后加入等体积的乙醚，如有固体盐析出，进一步证明有活性氢存在。

2. 硝酸铈铵实验

对于水溶性化合物：向1 mL硝酸铈铵试剂中加入0.2 mL待测样品，充分混合并观察是否溶液由黄色变为红色。

对于水不溶性化合物：向1 mL硝酸铈铵试剂中加入2 mL二噁烷，若溶液为黄色或浅橘黄色则加入0.2 mL待测样品，观察（同上）。

硝酸铈铵试剂配制：室温下向40 mL蒸馏水中加入1.3 mL浓硝酸，然后溶解10.96 g硝酸铈铵，并稀释至50 mL。

注意：①主要用于检测不超过十碳的醇；②对于酚，会生成棕色溶液或者沉淀。

3. Jones 试剂

在盛有1 mL丙酮的试管中加入1滴待测物质，混合均匀。再加入1滴Jones试剂观察溶液在2 s内的变化。伯醇、仲醇会产生蓝绿色的不透明悬浮物，叔醇没有反应。

Jones试剂配制：将25 g二氧化铬加入25 mL浓硫酸，搅拌下缓慢加入75 mL水中，冷却到室温。

4. 卢卡斯试剂

向试管中加入0.2 mL待测样品，加入2 mL卢卡斯试剂并振荡，静置。记录乳状液(不溶性液层)出现的时间。

卢卡斯试剂配制：见附录2。

注意：反应活性烯丙醇、叔醇 > 仲醇 > 伯醇。

四、酚的鉴定

1. 高锰酸钾实验

向2 mL水或乙醇中加入0.2 mL待测物，逐滴加入2%高锰酸钾溶液，摇动至高锰酸钾的紫色不再褪去。若其颜色在0.5～1 min不变，则间歇性剧烈摇动试管之后放置5 min。若紫色消失、试管底部出现褐色悬浮物高锰酸钾，则显示阳性。

2. 氯化铁实验

在干燥试管中加入2 mL氯仿，再加入4～5滴待测样品，搅拌。若不溶或只部分溶解，再加入2～3 mL氯仿并且加热，冷却后依次加入2滴1%氯化铁－氯仿溶液和3滴吡啶，摇动，注意立即生成的颜色。若出现蓝色、紫色、紫罗兰色、绿色、红棕色，则结果为阳性。

氯化铁－氯仿溶液配制：在100 mL氯仿中加入1 g无水氯化铁晶体，间歇性摇动1 h，静置沉降不溶物。倒出淡黄色清液。

五、醚的鉴定

氧原子可以接受强酸提供的质子生成锌盐正离子，并溶于强酸中，锌盐是不稳定的强酸弱碱盐，将其置于冰水中便可分解释放出醚。低级醚与浓硫酸混合热较大。在实验室中，常用浓硫酸除去烃中含有的少量醚杂质。

六、羰基化合物的鉴定

1. 2,4－二硝基苯肼实验

向2 mL 95%乙醇中加入1～2滴待测样品，溶解后将溶液加入3 mL 2,4－二硝基苯肼试剂。剧烈振荡，如果没有沉淀生成，再静置15 min。

2,4－二硝基苯肼试剂配制：见附录2。

2. 吐伦实验

在洁净的试管里加入1 mL 2%硝酸银溶液，然后加入10%氢氧化钠溶液2滴，振荡试管，可以看到棕色沉淀。再逐滴滴入2%稀氨水，直到最初产生的沉淀恰好溶解为止，这时得到的溶液叫作银氨溶液。最后滴入样品，振荡后把试管放在热水中温热，观察现象。

注意：银氨溶液只能临时配制，不能久置。如果久置会析出氮化银、亚氨基化银等爆炸性沉淀物。这些沉淀物即使用玻璃棒摩擦也会分解而发生猛烈爆炸。所以，实验完毕应立即将试管内的废液倾去，用稀硝酸溶解管壁上的银镜，然后用水将试管冲洗干净。

3. 碘仿反应

取2滴样品溶于1 mL水中，加入1 mL 10%氢氧化钠溶液，然后慢慢加入约1 mL碘-碘化钾溶液，观察现象。

七、羧酸及其衍生物、取代羧酸的鉴定

1. 碳酸氢钠实验

将少量待测物溶于1 mL甲醇中，再缓慢加入1 mL碳酸氢钠饱和溶液中。若有二氧化碳放出则说明原试样有羧酸存在。

2. 异羟肟酸实验

将少量待测样品与1 mL 0.5 mol/L盐酸羟胺的95%乙醇溶液以及0.2 mL 6 mol/L氢氧化钠溶液混合，加热煮沸。溶液自然冷却后再加入2 mL 1 mol/L盐酸。如果溶液呈现浑浊(异羟肟酸)，加入2 mL 95%乙醇，再加入1滴5%氯化铁溶液。如果溶液呈现酒红色或者紫红色，则结果呈阳性。

注意：如果加入氯化铁之后溶液出现颜色但很快消失，继续加入直到颜色不断变化。

3. 硝酸银-乙醇溶液

将少量酰卤样品加入2 mL 2%硝酸银溶液中，若室温放置5 min无反应则加热到沸腾，注意是否有沉淀生成。加入2滴5%硝酸观察溶解性(有机酸银盐可溶于硝酸)。

八、胺的鉴定

1. 亚硝酸实验

将1.5 mL浓盐酸用2.5 mL水稀释，溶解0.5 mL样品，冰浴冷至0℃。将0.5 g亚硝酸钠溶于2.5 mL水，摇动下滴加，同时用淀粉-碘试纸测试溶液直到试纸变蓝，停止滴加。另取试管移入2 mL反应液，加热检验是否有气体放出。

滴加时若有气泡/泡沫快速产生证明有脂肪族伯胺；升温时放出气体则为芳香族伯胺。如果没有气体放出，出现的是淡黄色油状物或者低熔点固体(*N*-亚硝胺)，则样品为仲胺。如果滴加亚硝酸钠时试纸立刻变蓝，则为脂肪族叔胺。如果出现深橙色溶液或者析出橙色结晶，则为芳香族叔胺。

2. 氯化镍实验

向5 mL水中加入1~2滴待测样品。在试管中依次加入1 mL氯化镍-二硫化碳试剂、0.5~1 mL浓氨水、0.5~1 mL待测溶液。出现明显沉淀证明仲胺存在。

$$R_2NH \xrightarrow{CS_2 + NH_3 \cdot H_2O} R_2N{-}C({=}S){-}S^- \ NH_4^+ \xrightarrow{NiCl_2} (R_2N{-}C({=}S){-}S)_2Ni$$

氯化镍-二硫化碳试剂配制：在100 mL水中加入0.5 g六水合氯化镍，然后加入二硫化碳，量以摇动混合物时瓶底有油珠附着为准。

注意：本实验为对仲胺的特征实验。

九、碳水化合物的鉴定

1. 斐林试剂

样品的水溶液加斐林试剂，于沸水浴加热数分钟，若有还原性糖类成分存在，则产生砖红色氧化亚铜沉淀。若有非还原性低聚糖及多糖存在，则必须加稀酸水解后，才能与斐林试剂呈阳性反应。

2. 莫力许反应

样品的水溶液加 α－萘酚试剂数滴，摇匀后沿管壁加入浓硫酸，若有糖类成分与苷类存在，则在两液面交界处出现紫红色环。

3. 成脎反应

样品的水溶液与盐酸苯肼液共热，只要有还原性糖类成分存在，即生成黄色的糖脎结晶。根据结晶的形状而鉴定出糖的种类。

4. 层析法

取样品的水溶液(多糖类需水解)，以某种糖为对照品一起进行层析检测。常用纸层析法，正丁醇－乙酸－水(体积比 4:1:5)作展开剂，新配制的氨化硝酸银溶液为显色剂，结果还原糖形成黑色斑点。

十、氨基酸、蛋白质鉴别

1. 盐析实验

取一支试管，加入牛血清蛋白溶液 2 mL，再加入 2 mL 饱和硫酸铵溶液，振荡后析出蛋白质沉淀，溶液变浑浊。取浑浊液 1 mL 于另一支试管中，加入蒸馏水2 mL，振荡后观察现象。

2. 茚三酮实验

取 2 支试管，分别加 1 mL 牛血清蛋白溶液和 1 mL 0.5% 甘氨酸溶液，再分别加入 3 mL 0.1% 茚三酮溶液，混合后，放在沸水浴中加热 1～5 min，观察并比较两管的显色时间及颜色情况。

3. 米隆(Millon)试剂

取4 支试管，分别加入2 mL 牛血清蛋白溶液，1 mL 0.5% 苯酚溶液，1 mL 0.5% 酪氨酸溶液和 1 mL 0.5% 苯丙氨酸溶液，再分别加入 1 mL 米隆试剂，振摇，观察现象。再将试管置于沸水浴中加热(不要煮沸，加热勿过久，否则颜色消退)，再观察现象。

4. 黄蛋白实验

取一支试管，加入 1 mL 牛血清蛋白溶液及 2 滴浓硝酸，出现白色沉淀或浑浊，然后加热煮沸，观察现象，反应液冷却后再滴入 10% 氢氧化钠溶液至反应液呈碱性，观察颜色变化。

5. 醇对蛋白质的作用

取 1 mL 牛血清蛋白溶液于试管中，加入 10 滴 95% 乙醇，振荡，静置数分钟，溶液浑浊，取浑浊液 10 滴滴于另一支试管中，再加入 1 mL 蒸馏水，振摇，观察现象，与盐析结果比较。

6. 双缩脲实验

取2支试管，分别加入1 mL牛血清蛋白溶液、0.5%甘氨酸溶液，再各加入1 mL 10%氢氧化钠溶液，混合后，再分别加入1%硫酸铜溶液(勿过量)，振荡后，观察现象，比较结果。

7. 蛋白质与生物碱试剂作用

取2支试管，各加入1 mL牛血清蛋白溶液和0.5 mL乙酸，一支试管加入0.5 mL饱和苦味酸，另一支试管加入0.5 mL 5%单宁酸，观察有无沉淀生成。

8. 蛋白质与重金属盐作用

取2支试管，各加入1 mL牛血清蛋白溶液，一支试管中加入0.2 mL 5%碱式乙酸铅溶液，另一支试管中加入0.2 mL 5%硫酸铜溶液，立即产生沉淀(切勿加过量试剂，否则，沉淀又复溶解)。再用水稀释，观察沉淀是否溶解，与盐析结果做比较。

第 8 部分

微型与小型化学实验简介

有机化学试剂绝大多数是易燃、易爆、沸点低和易挥发的物质，而且相当一部分有机化学试剂有毒性，有的甚至剧毒。实验室里长期大量存放这类物质，再加上学生实验后的回收产物和副产物，导致实验室长期存在化学品的毒性污染和事故隐患。教师和学生长时间在这种条件下工作与学习，必然会对身体造成伤害，并对环境造成污染。实验规模微型或小型化是解决以上问题的一种行之有效的方案。

微型化学实验(M. L)是用微小型的仪器，尽可能减少中间生成物的转移过程，以减少试剂在器皿上的附着量，用尽可能少的化学试剂进行实验，从而极大地减少了实验产生的“三废”。微型化学实验对学生环境保护意识培养能起到重要作用。微型化学实验由于仪器微型化，操作简捷，经济省时，安全便携，能把某学习阶段所需要的仪器都装入一个小小的实验箱内。学生手提“实验箱”进入课堂进行边学边做实验，一方面实现了让学生在课堂上多做实验的愿望，从根本上改变了教师做学生看、教师讲学生听的传统灌输式教学模式；另一方面由于学生能较快地了解和熟悉绝大多数仪器的构造、性能和使用方法，能较多地进行设计实验，可以克服照方抓药的实验现象。

然而，微型与小型化学实验还存在一些问题，如实验仪器的设计是否能够满足要求；温度能否准确反映实际温度；产量太少，会影响系列实验的进行等。

微型化学实验使用微型仪器，反应容器体积在 1 ~ 10 mL，药品用量一般为常量的1/100 ~ 1/10。

有机化学反应原药用量分成几个等级：常量法，投料量为 25 ~ 100 g；半微量法，固体化合物投料量为 0. 1 ~ 1 g，液体化合物投料量为 1 ~ 5 g。有机化学实验课上的小量 - 半微量合成实验，固液体投料量都在 1 ~ 5 g。

部分微型和小量 - 半微量实验仪器装置如图 8-1 ~ 图 8-9 所示。

微型与小型化学实验必须要满足以下几个要求：

①合成产物的量必须满足检测所需用量。

②应该使学生在实验过程中能够观察到反应现象。

③多步反应和产率较低的实验应使学生最终能够得到适合量的产物，有足够量的粗产品，可以让学生进一步对其进行纯化操作。

④学生在进行小量 - 半微量实验操作之前应有一定程度的常量实验操作训练，对有机化学实验的特点、规律有基本了解。

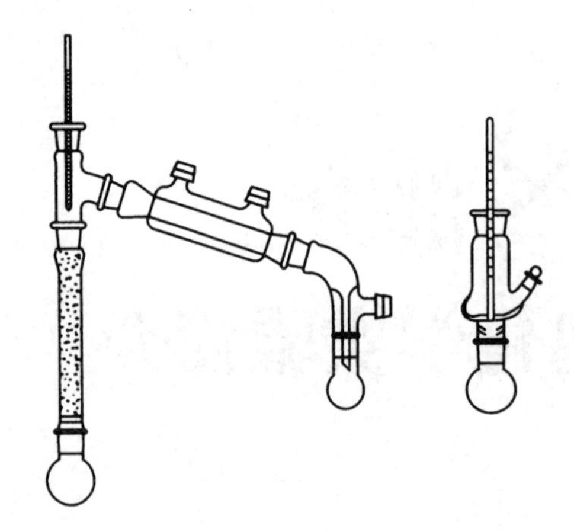

图 8-1　微型分馏装置

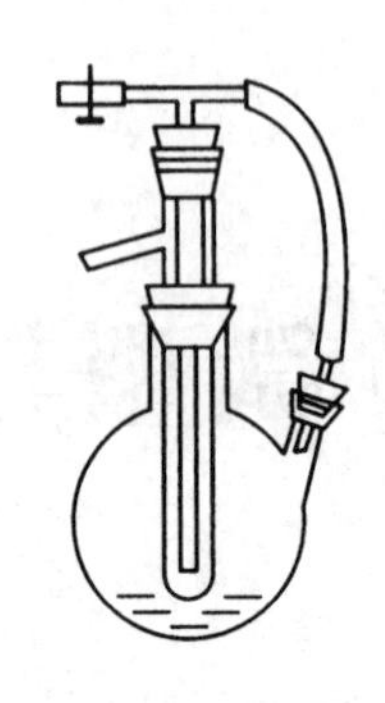

图 8-2　微型水蒸气蒸馏装置

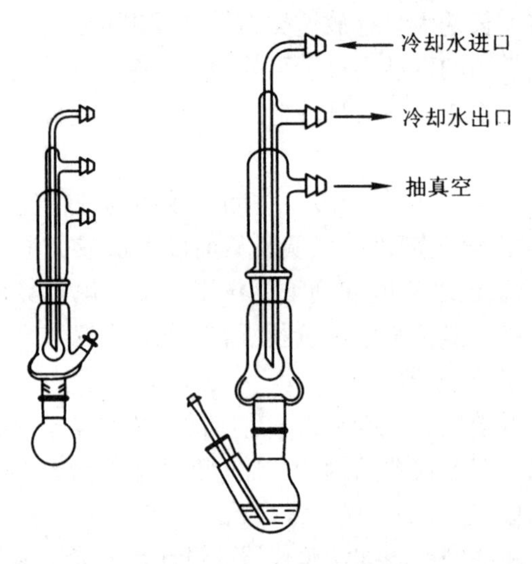

图 8-3　微型减压蒸馏装置

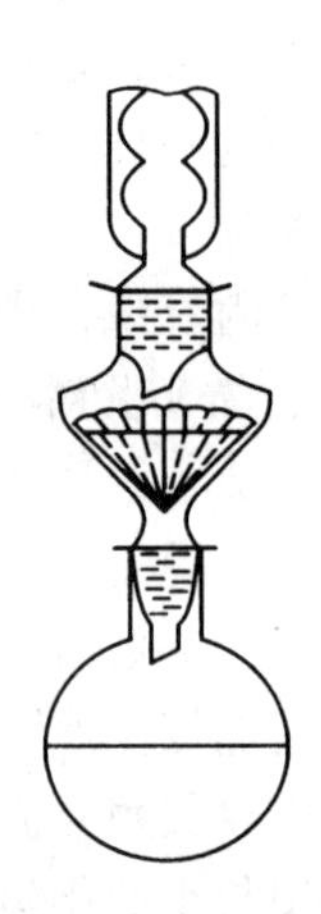

图 8-4　简易提取器

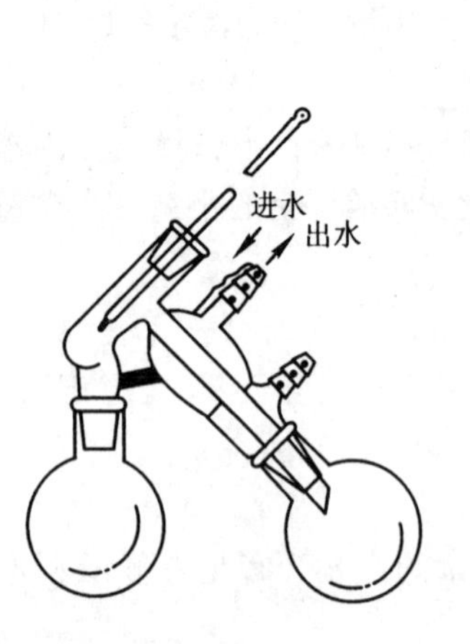

图 8-5　小量蒸馏装置

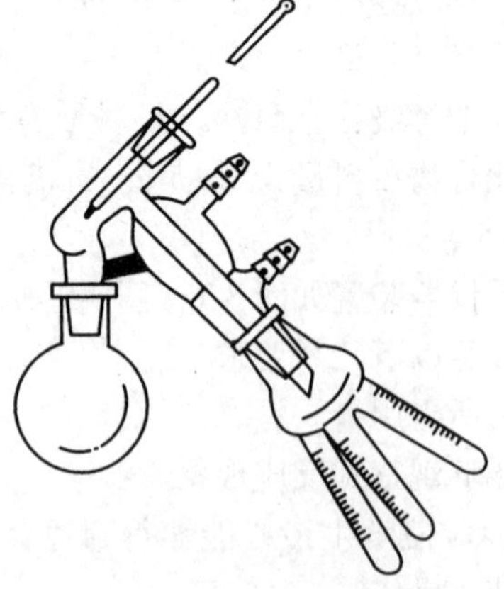

图 8-6　小量减压蒸馏装置

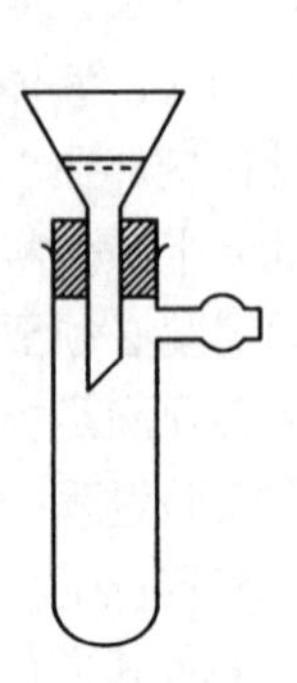

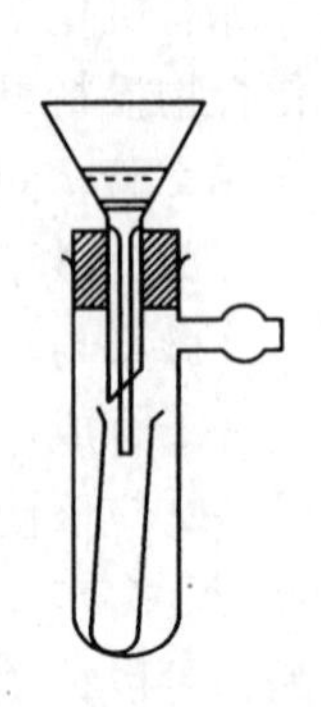

图 8-7　重结晶过滤装置

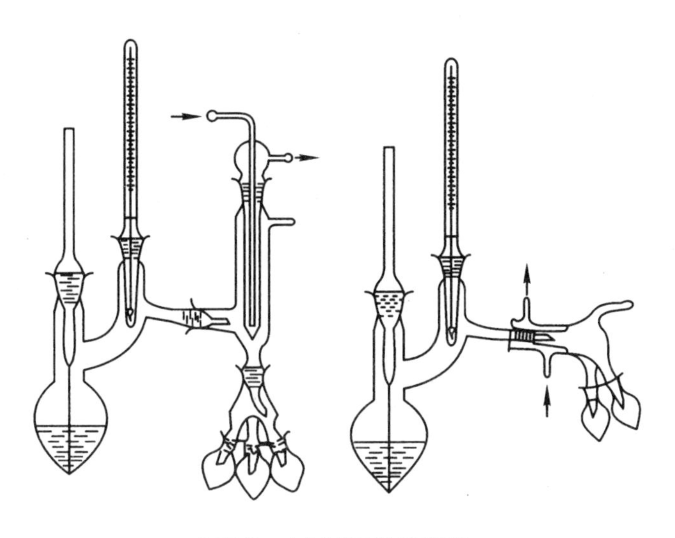

图 8-8　小量减压蒸馏装置

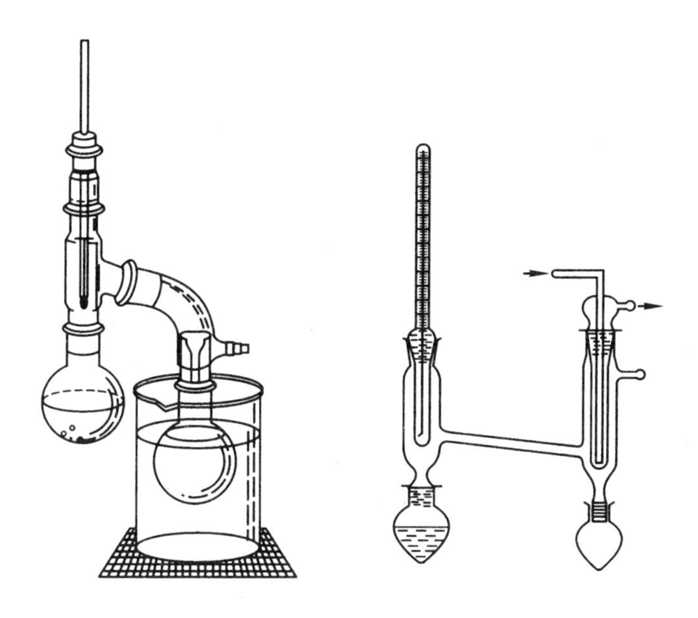

图 8-9　蒸馏装置

小量 - 半微量有机化学实验的特点有以下几点：

①能较大程度地减少化学试剂和溶剂的用量，有效节约经费开支。

②操作安全性提高。随着试剂用量减少，爆炸和中毒等事故隐患也随之减少。

③明显减少了实验室污染，改善了师生的实验环境。

④提高了实验效率。实验进度加快，在同样的学时内，可以完成更多的实验，丰富了教学内容。

⑤教学内容更新。过去因试剂用量大、原料贵、条件苛刻或溶剂处理不安全等多种因素不能开设的近代新反应、新方法的实验，实验规模小型化或微型化后具备了开设条件。使学生有了更多的实践机会，开阔了视野。

⑥多步骤合成训练，使学生科研能力增强。绝大多数学生在查阅资料、手册，实验基础

操作，观察、推理，综合表达，分析解决问题这5个方面的能力都有了长足的进步。

⑦可增加应用性实验内容的课时。例如，增加了染料、医药、食品添加剂和香料等内容的实验。

此外，这类实验还具有一个很重要的优点，即促使学生在基础课阶段就接触一些先进的分析仪器。由于得到的产物量特别少，用传统的方法对其结构、纯度进行鉴定，已不能满足要求。有必要利用红外光谱、核磁共振谱、紫外光谱、质谱、气相色谱和高效液相色谱等现代分析仪器进行最终的产品鉴定，从而使学生在本科阶段便有机会运用最先进、最前沿的分析手段。

微型、小量-半微量实验与常规的实验究竟有哪些具体的不同之处，本书收取了几个微型、小量-半微量合成实验，以供读者了解这类实验，对这类实验有一个基本认识。

为了便于将这类实验与常规实验进行比较，本书选了一些常做的合成实验，这些实验也可供实验课选做。

一、微型实验举例

(一)乙酸乙酯的制备

1. 实验目的

了解酯化反应的原理，学习乙酸乙酯的制备方法；进一步熟悉微型蒸馏、过滤、回流等操作。

2. 仪器和药品

(1)仪器　圆底烧瓶、微型球形冷凝器、微型蒸馏头、具塞离心试管、玻璃漏斗等。

(2)药品　无水乙醇、冰乙酸、浓硫酸、无水硫酸钠、饱和碳酸钠溶液、饱和氯化钠溶液、饱和氯化钙溶液等。

3. 实验步骤

将1.1 mL无水乙醇和0.19 mL冰乙酸加入5 mL圆底烧瓶中，边摇边缓慢地加入0.3 mL浓硫酸，混合均匀，投入沸石，装上球形冷凝管，低温加热，控制热源温度在110~125℃，使反应物缓缓回流30 min。停止加热，待冷却后，取下球形冷凝管，装上微型蒸馏头，重新投入沸石，加热蒸馏。馏出液体积约为反应物总体积的2/3。

用毛细管吸出馏出液，置于3 mL具塞离心试管中，慢慢地向馏出液中加入饱和碳酸钠溶液，并不断搅拌，直到不再有二氧化碳气体产生为止。用毛细滴管向液体中挤入空气搅拌，进行微型洗涤，静置分层后，用毛细滴管分去水层。酯层用0.2 mL饱和氯化钠溶液洗涤，分去水层后，分别再用0.2 mL饱和氯化钙溶液和蒸馏水洗涤，分去下层液体。

在玻璃漏斗上用少许棉花填塞其颈部，称取80 mg无水硫酸钠放在漏斗颈部的棉花上，将洗涤后的酯用毛细滴管吸取，加入漏斗内，漏斗下面用一个干燥的3 mL圆底烧瓶作接收瓶。

向装有干燥过的酯的3 mL圆底烧瓶中加一粒沸石，装上微型蒸馏头，蒸馏，收集73~80℃馏分。

纯乙酸乙酯的沸点为77.2℃，折光率n_D^{20}为1.3723。

微型蒸馏装置和微量液体干燥装置如图8-10所示。

(二)乙酰苯胺的制备

1. 实验目的

掌握苯胺酰化的原理和方法；熟练掌握重结晶的操作技术。

2. 仪器和药品

(1)仪器　圆底烧瓶、微型空气冷凝管、微型减压抽滤装置等。

(2)药品　苯胺、冰乙酸、锌粉、活性炭等。

3. 实验步骤

在 5 mL 干燥的圆底烧瓶中，加入 0.60 mL 新蒸馏过的苯胺，0.80 mL 冰乙酸和少许锌粉(约 0.1 g)，装上微型空气冷凝管，小火加热至沸。沸腾后，提高反应体系温度，使反应中生成的水分蒸发，使回流蒸汽上升至冷凝管的 2/3，但不要冲出冷凝管。保持回流 40 min，停止加热。

在不断搅拌下，趁热将反应物慢慢倒入盛有 10 mL 冷水的烧杯中，冷却后即有粗乙酰苯胺结晶析出。待其充分冷却后，减压过滤，然后用5 mL 蒸馏水洗涤产品，以除去残留的酸。将乙酰苯胺的粗产品溶于8 mL 热水中，加热至沸，移去热源，待其稍冷后，加入约 0.02 g 活性炭，搅拌煮沸，然后减压过滤，母液冷却后即有乙酰苯胺结晶析出。

待母液充分冷却后，减压抽滤，将抽干的固体晾干。

纯乙酰苯胺为无色片状结晶。熔点 114℃。

乙酰苯胺制备装置如图 8-11 所示。

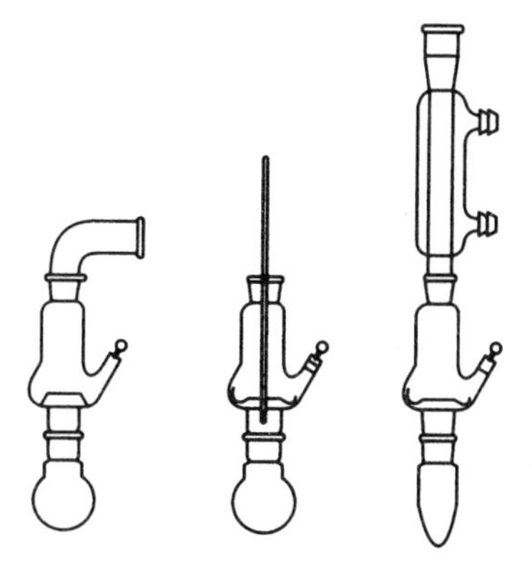

图 8-10　微型蒸馏装置

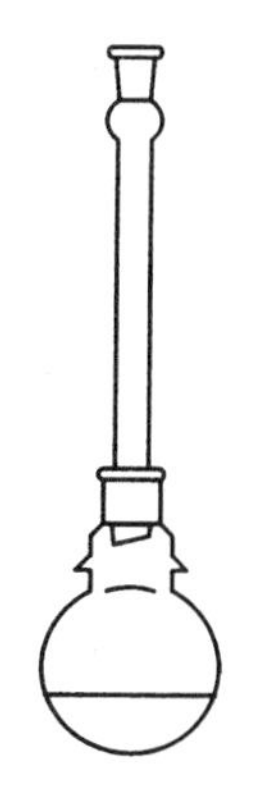

图 8-11　乙酰苯胺制备装置

(三)乙酰水杨酸的制备

1. 实验目的

了解酰化反应的原理和酰化剂的使用；学习无水条件下的微型回流操作。

2. 实验步骤

在 5 mL 圆底烧瓶中放入 126 mg 水杨酸，用 1 mL 吸量管加入 0.18 mL 新蒸馏过(139 ~ 140℃馏分)的乙酸酐，用毛细滴管加入 1 滴浓硫酸，装上冷凝管和装有无水氯化钙的干燥管，加入磁搅拌子，开启热源并搅拌，维持热源温度在 90℃左右，回流约 15 min，将反应物趁热倒入 10 mL 冷水中，得白色沉淀，用冰水浴冷却，使沉淀完全。用微型漏斗抽滤，并

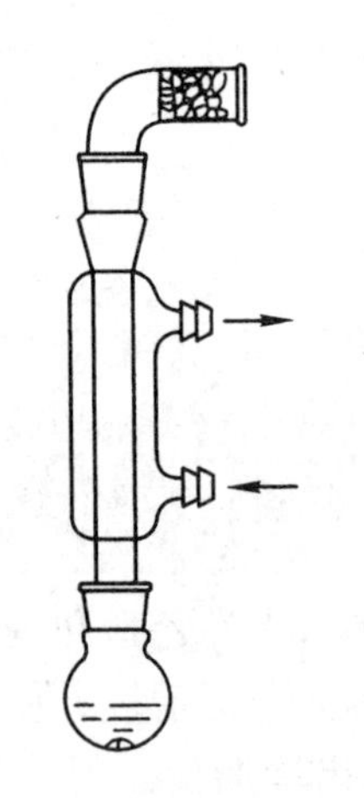

图 8-12 微型防潮回流装置

用少量冷水洗涤沉淀，抽干后，将固体放在空气中晾干，得到乙酰水杨酸大约 120 mg，产率为 74%。粗产品可以用乙醇－水进行重结晶。

纯乙酰水杨酸熔点文献值为 138℃。

3. 产品检验

取少量产品放在点滴板上，加 1 滴 1% 氯化铁溶液，观察有无颜色产生，如有未反应的水杨酸混在其中，则会显紫色。

微型防潮回流装置如图 8-12 所示。

(四)从茶叶中提取咖啡因

1. 实验目的

学习从茶叶中提取咖啡因的基本原理和方法；了解咖啡因的一般性质。

2. 方法一

(1)仪器和药品

①仪器：圆底烧瓶、吸量管、微型直形冷凝管、微型蒸馏装置、微型抽滤装置、真空冷指、干燥柱等。

②药品：碳酸钠、茶叶、四氯化碳溶液、5% 鞣酸溶液、10% 盐酸、10% 碘－碘化钾溶液等。

(2)实验步骤　在 50 mL 烧杯中加入 1.0 g 碳酸钠、10 mL 水、1 g 茶叶，盖上表面皿，温热至微沸，维持 30 min。趁热减压抽滤，并挤压茶叶，用 1 mL 热水洗涤烧杯 2 次，滤液转移到分液漏斗中。

向滤液中加入 2 mL 四氯化碳溶液，盖上塞子，振摇几次①，然后静置分层，分出四氯化碳萃取液，重复操作 4 次。

合并 4 次四氯化碳萃取液，通过装有无水硫酸钠的干燥柱②，干燥后的四氯化碳萃取液收集在 10 mL 圆底烧瓶中。再用 2 mL 四氯化碳溶液洗涤干燥柱，洗涤液并入圆底烧瓶中，加入 2 粒沸石，装上微型蒸馏头，蒸出并回收四氯化碳③，直到蒸干为止。这时圆底烧瓶底部有白色残渣，即为粗制的咖啡因。

产品可经升华提纯，具体操作如下：取下圆底烧瓶上的微型蒸馏头，换上真空冷指，接上冷凝水和抽气水泵减压。将圆底烧瓶放入热源上加热④，热源温度 180～190℃时，咖啡因因升华凝结在真空冷指上。升华完毕后，小心地取下真空冷指，用刮铲刮下冷指上白色针状结晶。

(3)产品鉴定　与生物碱试剂的作用：取咖啡因结晶的 1/2 于试管中，加入 2 mL 水，

---

① 滤液中的一些成分会因剧烈振动而导致乳浊液形成，不利于四氯化碳萃取液的分离。

② 干燥柱的制作方法：取一支微型层析柱，将少许棉花填塞到柱口，称取 1.0 g 无水硫酸钠，通过微型玻璃漏斗装入柱中即可。干燥柱使用前应先用四氯化碳润湿。

③ 四氯化碳有轻度麻醉作用，最好在通风橱里进行蒸馏。

④ 冷指底部的位置应略高于热源上部。

微加热，使固体溶解。分装入2支试管中，一支中加入1或2滴5%鞣酸溶液；另一支中加入1或2滴10%盐酸，再加入1或2滴10%碘－碘化钾溶液等，分别记录现象。

微型减压升华装置如图8-13所示。

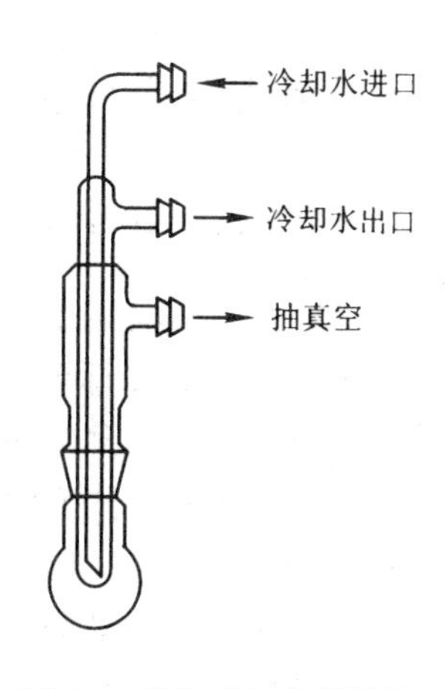

图8-13　微型减压升华装置

3. 方法二

（1）仪器和药品

①仪器：烧杯、蒸发皿、玻璃漏斗等。

②药品：茶叶、生石灰等。

（2）实验步骤

①提取：称取1 g茶叶置于20 mL烧杯中，加15 mL水加热至沸腾，用小火维持沸腾状态10 min，过滤，然后重复上述操作4次，每次加15 mL水。将提取过程中的滤液合并放入50 mL烧杯中，隔石棉网加热蒸发浓缩，待浓缩液剩余约3 mL时停止加热。稍冷将残留液倒入蒸发皿中，加入0.5 g生石灰，充分搅拌，隔石棉网用小火加热蒸发至干，焙烧，除尽水分，用滤纸擦去沾在蒸发皿边缘的粉末。

②纯化：详见实验30。

（五）肉桂油的提取和鉴定

1. 实验目的

进一步了解从天然物中提取有效成分的方法；熟练水蒸气蒸馏的操作技术。

2. 仪器和药品

（1）仪器　圆底烧瓶、微型球形冷凝管、微型分液漏斗等。

（2）药品　桂皮、乙醚、无水硫酸钠、溴的四氯化碳溶液、2,4－二硝基苯肼试剂、吐伦试剂等。

3. 实验步骤

取3 g桂皮，在研钵中研碎，放入20 mL圆底烧瓶中，加8 mL水，装上球形冷凝管，加热回流10 min。冷却后倒入蒸馏瓶中进行水蒸气蒸馏，收集馏出液5～6 mL。

将馏出液转移到15 mL分液漏斗中，用每份2 mL乙醚萃取2次。弃去水层，乙醚层移入小试管中，加入少量无水硫酸钠干燥，20 min后，移出萃取液，在通风橱内蒸出乙醚。试管中的剩余物即为肉桂油。

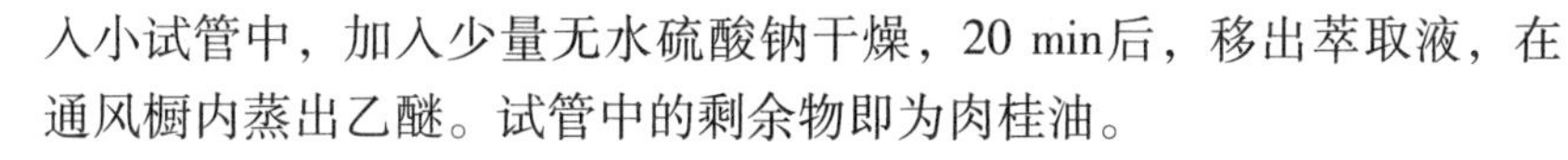

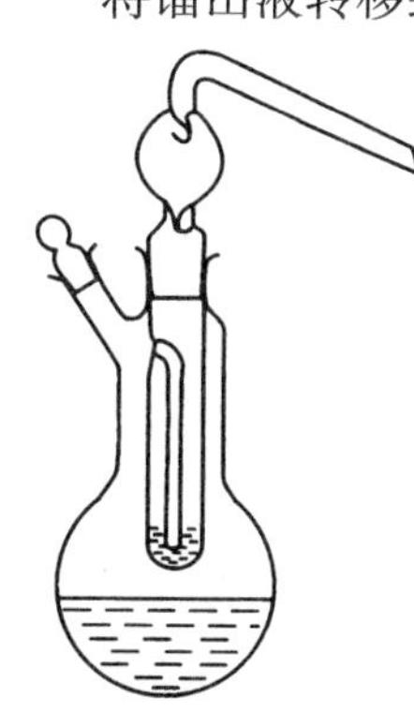

图8-14　微型水蒸气蒸馏器

4. 产品鉴定

（1）取肉桂油1滴于试管中，加入1滴溴的四氯化碳溶液，观察红棕色是否褪去。

（2）取肉桂油2滴于试管中，加入2滴2,4－二硝基苯肼试剂，观察有无黄色沉淀生成。

（3）取肉桂油1滴于试管中，加入2或3滴吐伦试剂，水浴加热，观察有无银镜产生。

（4）取肉桂油测其红外光谱，将结果与标准谱图对照。

微型水蒸气蒸馏装置如图8-14所示。

二、小量-半微量实验举例

(一)溴乙烷的制备

在50 mL圆底烧瓶中加入5 mL 95%乙醇及4 mL水，在不断振摇和冷水冷却下，慢慢加入10 mL浓硫酸，冷却至室温后，加入7.7 g研成细粉的溴化钠，稍加振摇混合后，加入几粒沸石，安装成常压蒸馏装置。在接收器中加入冰水，使接收管的末端刚好与冰水接触为宜。将反应物加热，先低温小心加热，有油状馏出物产生，然后慢慢提高温度，直至无油状物馏出为止。

将馏出物倒入分液漏斗中，分出的有机层置于25 mL干燥锥形瓶中，在冰水浴中，边摇边滴加浓硫酸，直至锥形瓶底分出硫酸层为止。用干燥的分液漏斗分去硫酸，将溴乙烷粗产品倒入蒸馏瓶中，用水浴或控温加热套加热蒸馏，接收器外用冰水浴冷却，收集37~40℃馏分。

(二)苯乙酮的制备

在装有回流冷凝管和滴液漏斗的50 mL三口烧瓶中加入10.0 g无水氯化铝和14 mL无水无噻吩苯，冷凝管上口接一个氯化钙干燥管，干燥管与气体氯化氢接收系统连接。从滴液漏斗中慢慢滴加3.0 mL乙酸酐，滴加速度以反应瓶稍热为宜，约10 min滴加完毕。反应过程中要不断振荡反应混合物，使反应充分。在水浴上加热回流至反应体系中不再有盐酸气体产生为止。待反应物冷却后，将反应液倒入装有25.0 mL浓盐酸和25 g碎冰的烧杯中冰解(在通风橱内)。若有固体不溶物，可加入少量盐酸使之溶解，然后将该溶液倒入分液漏斗中，分出有机相，水相用30 mL石油醚分2次洗提，提取液和有机相合并，依次用1.25 mol/L氢氧化钠水溶液和水各洗一次至中性。经无水硫酸钠干燥，蒸出石油醚，加热，收集198~202℃馏分。

参考文献

北京大学化学学院有机化学研究所，2002. 有机化学实验[M].2 版. 北京：北京大学出版社.

陈虹锦，2007. 实验化学(上册)[M].2 版. 北京：科学出版社.

龚报森，1993. 有机化学实验[M]. 西安：陕西科学技术出版社.

蒋荣立，2006. 无机及分析化学实验[M]. 徐州：中国矿业大学出版社.

李华昌，符斌，2006. 实用化学手册[M]. 北京：化学工业出版社.

李楠，张曙生，2002. 基础有机化学实验[M]. 北京：中国农业大学出版社.

李兆陇，阴金香，林天舒，2001. 有机化学实验[M]. 北京：清华大学出版社.

刘约权，李贵深，2005. 实验化学[M]. 北京：高等教育出版社.

史长华，唐树戈，2006. 普通化学实验[M]. 北京：科学出版社.

王兴勇，尹文萱，高宏峰，2004. 有机化学实验[M]. 北京：科学出版社.

辛剑，孟长功，2004. 基础化学实验[M]. 北京：高等教育出版社.

徐莉英，2005. 无机及分析化学实验[M]. 上海：上海交通大学出版社.

杨高文，2010. 基础化学实验有机化学部分[M]. 南京：南京大学出版社.

阴金香，2010. 基础有机化学实验[M]. 北京：清华大学出版社.

尹立辉，石军，2001. 实验化学[M]. 天津：南开大学出版社.

曾昭琼，2000. 有机化学实验[M].3 版. 北京：高等教育出版社.

张春荣，吕苏琴，揭念芹，2007. 基础化学实验[M].2 版. 北京：科学出版社.

张书圣，温永红，丁彩凤，2007. 有机化合物系统鉴定手册[M]. 北京：化学工业出版社.

赵建庄，陈洪，2017. 有机化学实验[M].3 版. 北京：高等教育出版社.

赵建庄，符史良，2007. 有机化学实验[M]. 北京：高等教育出版社.

赵建庄，高岩，2003. 有机化学实验[M]. 北京：高等教育出版社.

赵建庄，黄孟娇，1999. 有机化学实验[M]. 北京：中国林业出版社.

周其镇，方国女，樊行雪，2002. 大学基础化学实验(I)[M]. 北京：化学工业出版社.

朱霞石，2006. 大学化学实验·基础化学实验[M].2 版. 南京：南京大学出版社.

BAUM S J, BOWEN W R, POULTER S R, 1981. Laboratory exercises in organic and biologital chemistry[M]. 2nd ed. Macmillan Publishing Co., Inc.

FLEMING L, WILLIMS D, 1980. Spectroscopic methods in organic chemistry[M]. 3rd ed. McGraw-Hill Book Company Limited.

MOOR J A, DALRYMPLE D L, RODIG O R, 1982. Experimental methods in organic chemistry [M]. 3rd ed. CBS College Publishing.

LEHMAN J W, 1988. Operational organic chemistry (Alaboratory course)[M]. 2nd ed. Allyn and Bacon Inc.

PAVIA D L, LAMPMAN G M, G SKRIZ J R, 1976. Introduction to organic laboratory techniques [M]. W B Saunders Company.

ROBERTS R M, 1985. Modern experimental organic chemistry[M]. 4th ed. CBS College Publishing.

附 录

附录1 化学元素的序数、相对原子质量、价电子排布式、原子半径与电负性

中文名	英文名	符号	原子序数	相对原子质量	价电子排布式	原子半径（$\times 10^{-10}$ m）	电负性
锕	actinium	Ac	89	227	$6d^17s^2$	—	1.10
铝	aluminum	Al	13	26.981 54	$3s^23p^1$	1.82	1.61
镅	americium	Am	95	243	$5f^77s^2$	—	1.30
锑	antimony	Sb	51	121.757	$4d^{10}5s^25p^3$	1.53	2.05
氩	argon	Ar	18	39.948	$3s^23p^6$	0.88	—
砷	arsenic	As	33	74.921 59	$3d^{10}4s^24p^3$	1.33	2.18
砹	astatine	At	85	210	$4f^{14}5d^{10}6s^26p^5$	1.43	2.20
钡	barium	Ba	56	137.327	$6s^2$	2.78	0.89
锫	berkelium	Bk	97	247	$5f^97s^2$	—	1.30
铍	beryllium	Be	4	9.012 182	$2s^2$	1.40	1.57
铋	bismuth	Bi	83	208.9804	$4f^{14}5d^{10}6s^26p^3$	1.63	2.02
铍	bohrium	Bh	107	262	$6d^57s^2$	—	—
硼	boron	B	5	10.811	$2s^22p^1$	1.17	2.04
溴	bromine	Br	35	79.904	$3d^{10}4s^24p^5$	1.12	2.96
镉	cadmium	Cd	48	112.411	$4d^{10}5s^2$	1.71	1.69
钙	calcium	Ca	20	40.078	$4s^2$	2.23	1.00
锎	californium	Cf	98	251	$5f^{10}7s^2$	—	1.30
碳	carbon	C	6	12.011	$2s^22p^2$	0.91	2.55
铈	cerium	Ce	58	140.115	$4f^15d^16s^2$	2.7	1.12
铯	cesium	Cs	55	132.9054	$6s^1$	3.34	0.79
氯	chlorine	Cl	17	35.4527	$3s^23p^5$	0.97	3.16
铬	chromium	Cr	24	51.9961	$3d^54s^1$	1.85	1.66
钴	cobalt	Co	27	58.9332	$3d^74s^2$	1.67	1.88
铜	copper	Cu	29	63.546	$3d^{10}4s^1$	1.57	1.90
锔	curium	Cm	96	247	$5f^76d^17s^2$	—	1.30
钍	dubnium	Db	105	262	$6d^37s^2$	—	—

(续)

中文名	英文名	符号	原子序数	相对原子质量	价电子排布式	原子半径 ($\times 10^{-10}$ m)	电负性
镝	dysprosium	Dy	66	162.5	$4f^{10}5s^2$	2.49	1.22
锿	einsteinium	Es	99	252	$5f^{11}7s^2$	—	1.30
铒	erbium	Er	68	167.26	$4f^{12}6s^2$	2.45	1.24
铕	europium	Eu	63	151.965	$4f^7 6s^2$	2.56	1.20
镄	fermium	Fm	100	257	$5f^{12}7s^2$	—	1.30
氟	fluorine	F	9	18.9984	$2s^2 2p^5$	0.57	3.98
钫	francium	Fr	87	223	$7s^1$	—	0.70
钆	gadolinium	Gd	64	157.25	$4f^7 5d^1 6s^2$	2.54	1.20
镓	gallium	Ga	31	69.723	$3d^{10}4s^2 4p^1$	1.81	1.81
锗	germanium	Ge	32	72.61	$3d^{10}4s^2 4p^2$	1.52	2.01
金	gold	Au	79	196.9665	$4f^{14}5d^{10}6s^1$	1.79	2.54
铪	hafnium	Hf	72	178.49	$4f^{14}5d^2 6s^2$	2.16	1.30
𬭶	hassium	Hs	108	265	$6d^6 7s^2$	—	—
氦	helium	He	2	4.002 602	$1s^2$	0.49	—
钬	holmium	Ho	67	164.9303	$4f^{11}6s^2$	2.47	1.23
氢	hydrogen	H	1	1.007 94	$1s^1$	0.79	2.20
铟	indium	In	49	114.82	$4d^{10}5s^2 5p^1$	2.00	1.78
碘	iodine	I	53	126.9045	$4d^{10}5s^2 5p^5$	1.32	2.66
铱	iridium	Ir	77	192.22	$4f^{14}5d^7 6s^2$	1.87	2.20
铁	iron	Fe	26	55.847	$3d^6 4s^2$	1.72	1.83
氪	krypton	Kr	36	83.8	$3d^{10}4s^2 4p^6$	1.03	—
镧	lanthanum	La	57	138.9055	$5d^1 6s^2$	2.74	1.10
铹	lawrencium	Lr	103	260	$5f^{14}6d^1 7s^2$	—	—
铅	lead	Pb	82	207.2	$4f^{14}5d^{10}6s^2 6p^2$	1.81	2.33
锂	lithium	Li	3	6.941	$1s^2 2s^1$	2.05	0.98
镥	lutetium	Lu	71	174.967	$4f^{14}5d^1 6s^2$	2.25	1.27
镁	magnesium	Mg	12	24.305	$3s^2$	1.72	1.31
锰	manganese	Mn	25	54.938 05	$3d^5 4s^2$	1.79	1.55
鿏	meitnerium	Mt	109	266	$6d^7 7s^2$	—	—
钔	mendelevium	Md	101	258	$5f^{13}7s^2$	—	1.30
汞	mercury	Hg	80	200.59	$4f^{14}5d^{10}6s^2$	1.76	2.00
钼	molybdenum	Mo	42	95.94	$4d^5 5s^1$	2.01	2.16
钕	neodymium	Nd	60	144.24	$4f^4 6s^2$	2.64	1.14
氖	neon	Ne	10	20.1797	$2s^2 2p^6$	0.51	—
镎	neptunium	Np	93	237.0482	$5f^4 6d^1 7s^2$	—	1.36
镍	nickel	Ni	28	58.6934	$3d^8 4s^2$	1.62	1.91

（续）

中文名	英文名	符号	原子序数	相对原子质量	价电子排布式	原子半径（$\times 10^{-10}$ m）	电负性
铌	niobium	Nb	41	92.906 38	$4d^45s^1$	2.08	1.60
氮	nitrogen	N	7	14.006 74	$2s^22p^3$	0.75	3.04
锘	nobelium	No	102	259	$5f^{14}7s^2$	—	1.30
锇	osmium	Os	76	190.2	$4f^{14}5d^66s^2$	1.92	2.20
氧	oxygen	O	8	15.9994	$2s^22p^4$	0.65	3.44
钯	palladium	Pd	46	106.42	$4d^{10}$	1.79	2.20
磷	phosphorus	P	15	30.97376	$3s^23p^3$	1.23	2.19
铂	platinum	Pt	78	195.08	$4f^{14}5d^96s^1$	1.83	2.28
钚	plutonium	Pu	94	244	$5f^67s^2$	—	1.28
钋	polonium	Po	84	209	$4f^{14}5d^{10}6s^26p^4$	1.53	2.00
钾	potassium	K	19	39.0983	$4s^1$	2.77	0.82
镨	praseodymium	Pr	59	140.9077	$4f^36s^2$	2.67	1.13
钷	promethium	Pm	61	145	$4f^56s^2$	2.62	1.13
镤	protactinium	Pa	91	213.0359	$5f^26d^17s^2$	—	1.50
镭	radium	Ra	88	226.0254	$7s^2$	—	0.90
氡	radon	Rn	86	222	$4f^{14}5d^{10}6s^26p^6$	1.34	0
铼	rhenium	Re	75	186.207	$5f^{14}5d^56s^2$	1.97	1.90
铑	rhodium	Rh	45	102.9055	$4d^85s^1$	1.83	2.28
铷	rubidium	Rb	37	85.4678	$5s^1$	2.98	0.82
钌	ruthenium	Ru	44	101.07	$4d^75s^1$	1.89	2.20
𬬻	rutherfordium	Rf	104	261	$6d^27s^2$	—	—
钐	samarium	Sm	62	150.36	$4f^66s^2$	2.59	1.17
钪	scandium	Sc	21	44.955 91	$3d^14s^2$	2.09	1.36
𨭎	seaborgium	Sg	106	263	$6d^47s^2$	—	—
硒	selenium	Se	34	78.96	$3d^{10}4s^24p^4$	2.55	2.55
硅	silicon	Si	14	28.0855	$3s^23p^2$	1.46	1.90
银	silver	Ag	47	107.8682	$4d^{10}5s^1$	1.75	1.93
钠	sodium	Na	11	22.989 77	$3s^1$	2.23	0.93
锶	strontium	Sr	38	87.62	$5s^2$	2.45	0.95
硫	sulfur	S	16	32.066	$3s^23p^4$	1.09	2.58
钽	tantalum	Ta	73	180.9479	$4f^{14}5d^36s^2$	2.09	1.50
锝	technetium	Tc	43	98	$4d^55s^2$	1.95	1.90
碲	tellurium	Te	52	127.6	$4d^{10}5s^25p^4$	1.42	2.10
铽	terbium	Tb	65	158.9253	$4f^96s^2$	2.51	1.20
铊	thallium	Tl	81	204.3833	$4f^{14}5d^{10}6s^26p^1$	2.08	2.04
钍	thorium	Th	90	232.0381	$6d^27s^2$	—	1.30

(续)

中文名	英文名	符号	原子序数	相对原子质量	价电子排布式	原子半径 ($\times 10^{-10}$ m)	电负性
铥	thulium	Tm	69	168.9342	$4f^{13}6s^2$	2.42	1.25
锡	tin	Sn	50	118.71	$4d^{10}5s^25p^2$	1.72	1.96
钛	titanium	Ti	22	47.88	$3d^24s^2$	2.00	1.54
钨	tungsten	W	74	183.85	$5d^46s^2$	2.02	2.36
铀	uranium	U	92	238.0289	$5f^36d^17s^2$	—	1.38
钒	vanadium	V	23	50.9415	$3d^34s^2$	1.92	1.63
氙	xenon	Xe	54	134.29	$5s^25p^6$	1.24	0
镱	ytterbium	Yb	70	173.04	$4f^{14}6s^2$	2.40	1.10
钇	yttrium	Y	39	88.905 85	$4d^15s^2$	2.27	1.22
锌	zinc	Zn	30	65.39	$3d^{10}4s^2$	1.53	1.65
锆	zirconium	Zr	40	91.224	$4d^25s^2$	2.16	1.33

附录2 常用有机试剂的配制

1. 中性高锰酸钾试剂

0.05%高锰酸钾溶液。

2. 碱性高锰酸钾试剂

溶液Ⅰ：1%高锰酸钾溶液；溶液Ⅱ：5%碳酸钠溶液；溶液Ⅰ和Ⅱ等量混合使用。

3. 氯化铁试剂

1%～5%氯化铁水溶液或乙醇溶液，加盐酸酸化。

4. 碘化汞钾试剂

1.36 g氯化汞和5 g碘化钾各溶于20 mL水中，将氯化汞溶液慢慢加入碘化钾溶液，混合后，加水至100 mL。

5. α－萘酚－硫酸试剂

溶液Ⅰ：10% α－萘酚乙醇溶液；溶液Ⅱ：硫酸。

6. 斐林试剂

溶液Ⅰ：6.93 g结晶硫酸铜溶于100 mL水中；溶液Ⅱ：34.6 g酒石酸钾钠、10 g氢氧化钠溶于100 mL水中。

7. 吐伦试剂

1 g硝酸银，加水20 mL溶解，小心加入适量氨水，边加边搅拌，至开始产生的沉淀将近全部溶解为止。

8. 茚三酮试剂

0.2 g茚三酮溶于100 mL正丁醇中，加3 mL冰乙酸，或者0.2 g茚三酮溶于100 mL乙醇或丙酮中。

9. 双缩脲试剂

溶液Ⅰ：10% 氢氧化钠溶液；溶液Ⅱ：1% 硫酸铜溶液。

10. 卢卡斯试剂

将34 g熔化过的无水氯化锌溶于23 mL浓盐酸中，同时冷却以防氯化氢逸出，放冷后，存放玻璃瓶中，塞紧。

11. α－萘酚乙醇溶液

将2 g α－萘酚溶于20 mL 95%乙醇中，用95%乙醇稀释至100 mL，贮存于棕色瓶中，一般是用前新配。

12. 间苯二酚盐酸试剂

将0.05 g间苯二酚溶于50 mL浓盐酸中，用蒸馏水稀释至100 mL。

13. 间苯三酚盐酸试剂

将0.3%间苯三酚溶于60 mL浓盐酸中。

14. 2,4－二硝基苯肼试剂

将1 g 2,4－二硝基苯肼溶解于7.5 mL浓硫酸中，在搅拌下，将此酸性溶液加到75 mL 95%乙醇中，最后用蒸馏水稀释到250 mL，充分搅拌，如有不溶物，过滤，配好的溶液，贮存于棕色瓶中备用。

如作定性分析试剂，要求稀溶液，可用下法配制：将0.25 g 2,4-二硝基苯肼加入42 mL浓盐酸与50 mL蒸馏水的混合液中，在水浴上加热使溶解，冷却后，加蒸馏水稀释到250 mL，将此溶液贮存于棕色瓶中备用(此溶液不含乙醇，仅适用于可溶性样品)。

15. 饱和亚硫酸氢钠溶液

在180 mL 40%亚硫酸氢钠溶液中，加入不含醛的无水乙醇42 mL，滤去析出的结晶，存入瓶中备用(此溶液不稳定，容易被氧化和分解，不宜久存，应在临用时配制为好。另外，库存过期的亚硫酸氢钠，因久置后极易失去二氧化硫而变质，不宜采用)。

16. 本尼地特溶液

取86.5 g柠檬酸钠结晶及50 g无水碳酸钠，共溶于350 mL蒸馏水中；另取8.65 g硫酸铜结晶，溶于50 mL水中，然后在不断搅拌下，将硫酸铜溶液慢慢地加到柠檬酸钠和碳酸钠的混合液中，稀释至500 mL搅匀，贮存于瓶中备用。

配好的本尼地特溶液，应十分清澈，否则应过滤。本尼地特溶液较稳定，放置不易变质，故可保存供用。

17. 溴水

给一定量的水中加入过量的溴，塞紧，振摇后静置，上层棕红色的溶液即为溴水。倾入一棕色瓶中备用。

溴水在放置过程中容易逸出而失效，应在临用时配制。此外，溴易燃烧伤皮肤，其蒸气严重损伤呼吸道，全操作过程应在通风橱中进行，并注意防护。

18. 10%碘-碘化钾溶液

将20 g碘化钾溶解于100 mL蒸馏水中，再加研细的碘10 g，溶解后贮存于棕色瓶中备用。

19. β-苯酚氢氧化钠溶液

取β-苯酚0.25 g，加氢氧化钠溶液10 mL溶解。

20. 苯肼试剂

将5 g盐酸苯肼加入于100 mL水中，必要时可微热助溶，如果溶液呈深色，可加入0.5 g活性炭共过滤，然后进入9 g乙酸钠晶体，搅拌使溶，贮存于棕色瓶中备用(本试剂久置会失效)。

或使用固体混合物：将2份盐酸苯肼与3份乙酸钠晶体混合研匀后，贮存于瓶中，临用时取适量混合物，溶于水便可使用。也可将混合物直接加入糖溶液中进行成脎反应。

21. 淀粉浆

取5 g干燥的水溶性淀粉于一研钵中，加入30 mL水，研磨成悬浊液后，在搅拌下，倾入装有300 mL沸水的烧杯中，迅速搅匀，可得到几乎透明的淀粉浆。

22. 碱性乙酸铅溶液

将150 g乙酸铅与50 g氧化铅置于研钵中，加入25 mL蒸馏水，研磨碎后转移到蒸发皿中，用表面皿(或玻璃板)盖住，放在沸水浴上加热到黄色混合物变成白色或紫色，然后边搅边加475 mL热蒸馏水，同时将混合物倾入瓶中，塞上塞子，放在温水浴中保温到溶液澄清。最后将上清液过滤保存在完全密封瓶中。

23. 米隆试剂

将 2 g 金属汞溶于 3 mL 浓硝酸中，用蒸馏水稀释至 10 mL。

米隆试剂主要含有汞、硝酸亚汞和硝酸汞，以及硝酸和少量亚硝酸等。

24. 蛋白质溶液

将除去蛋黄的鸡蛋白与 20 倍体积的水混合，充分打搅后，用数层纱布过滤，即得蛋白质溶液。

附录3 乙醇溶液的相对密度及浓度组成表

质量分数/%	相对密度 d_4^{20}	体积分数/%(20℃)	质量分数/%	相对密度 d_4^{20}	体积分数/%(20℃)
5	0.9894	8.2	75	0.8556	81.3
10	0.9810	12.4	80	0.8434	85.5
15	0.9751	18.5	85	0.8310	89.5
20	0.9686	24.5	90	0.8180	93.3
25	0.9617	30.4	91	0.8153	94.0
30	0.9538	36.2	92	0.8126	94.7
35	0.9449	41.8	93	0.8098	95.4
40	0.9352	47.3	94	0.8071	90.1
45	0.9247	52.7	95	0.8042	96.8
50	0.9138	57.8	96	0.8014	97.5
55	0.9026	62.8	97	0.7985	98.1
60	0.8911	67.7	98	0.7955	98.8
65	0.8975	72.4	99	0.7924	99.4
70	0.8677	76.9	100	0.7893	100.0

附录4 常用酸、碱溶液的配制

1. 稀硫酸

一般来说，所用稀硫酸分别为溶质质量分数为25%和9.25%两种。可用密度为1.84 g/cm^3，溶质质量分数为95.6%的浓硫酸配制。注意在配制过程中，必须将浓硫酸沿烧杯壁慢慢倒入水中，并用玻璃棒不断搅拌，切勿将水倒入酸中。

2. 稀盐酸

常用稀盐酸浓度为21.45%、7.15%、3.38% 3种，可用密度为1.19 g/cm^3，溶质质量分数为38%的浓盐酸加水配制。

3. 稀硝酸

用密度为1.42 g/cm^3、溶质质量分数为69.8%的浓硝酸配制。所需质量分数一般为32.36%。

4. 氢氧化钠溶液

配制溶质质量分数为40%的浓氢氧化钠溶液可取其固体572 g，以少量水溶解后，稀释至1 L；配制溶质质量分数为19.7%的浓氢氧化钠溶液，可取其固体240 g，以少量水溶解后稀释到1 L；配制为7.4 g/L的稀氢氧化钠溶液，可以取该固体以少量水溶解后，加水稀释至1 L。

5. 氢氧化钡溶液

向烧杯内加入适量氢氧化钡固体，加水并搅拌，静置一段时间后，过滤，可得氢氧化钡的饱和溶液[约含 $Ba(OH)_2$ 氢氧化钡 · $8H_2O$ 63 g/L]。

6. 氢氧化钙溶液

向烧杯内加入适量熟石灰，加水并不断搅拌。

附录5 常用酸碱溶液的相对密度、质量分数(w)与物质的量浓度(c)对应表

相对密度(15℃)	HCl		HNO_3		H_2SO_4	
	w/%	c/(mol/L)	w/%	c/(mol/L)	w/%	c/(mol/L)
1.02	4.13	1.15	3.70	0.6	3.1	0.3
1.04	8.16	2.3	7.26	1.2	6.1	0.6
1.05	10.2	2.9	9.0	1.5	7.4	0.8
1.06	12.2	3.5	10.7	1.8	8.8	0.9
1.08	16.2	4.8	13.9	2.4	11.6	1.3
1.10	20.0	6.0	17.1	3.0	14.4	1.6
1.12	23.8	7.3	20.2	3.6	17.0	2.0
1.14	27.7	8.7	23.3	4.2	19.9	2.3
1.15	29.6	9.3	24.8	4.5	20.9	2.5
1.19	37.2	12.2	30.9	5.8	26.0	3.2
1.20	—	—	32.3	6.2	27.3	3.4
1.25	—	—	39.8	7.9	33.4	4.3
1.30	—	—	47.5	9.8	39.2	5.2
1.35	—	—	55.8	12.0	44.8	6.2
1.40	—	—	65.3	14.5	50.1	7.2
1.42	—	—	69.8	15.7	52.2	7.6
1.45	—	—	—	—	55.0	8.2
1.50	—	—	—	—	59.8	9.2
1.55	—	—	—	—	64.3	10.2
1.60	—	—	—	—	68.7	11.2
1.65	—	—	—	—	73.0	12.3
1.70	—	—	—	—	77.2	13.4
1.84	—	—	—	—	95.6	18.0
0.88	35.0	18.0	—	—	—	—
0.90	28.3	15	—	—	—	—
0.91	25.0	13.4	—	—	—	—
0.92	21.8	11.8	—	—	—	—
0.94	15.6	8.6	—	—	—	—
0.96	9.9	5.6	—	—	—	—
0.98	4.8	2.8	—	—	—	—
1.05	—	—	4.5	1.25	5.5	1.0
1.10	—	—	9.0	2.5	10.9	2.1
1.15	—	—	13.5	3.9	16.1	3.3
1.20	—	—	18.0	5.4	21.2	4.5
1.25	—	—	22.5	7.0	26.1	5.8
1.30	—	—	27.0	8.8	30.9	7.2
1.35	—	—	31.8	10.7	35.5	8.5

附录6 常用有机溶剂的纯化

1. 甲醇

沸点64.96℃，折光率1.3288，相对密度0.7914。

普通未精制的甲醇含有0.02%丙酮和0.1%水。将甲醇用分馏柱分馏，收集64℃的馏分，再用镁去水，可制得纯度达99.9%以上的甲醇。

2. 乙醇

沸点78.5℃，折光率1.3616，相对密度0.7893。

制备无水乙醇的方法很多，根据对无水乙醇质量的要求不同而选择不同的方法。

若要求98%～99%乙醇，可用生石灰脱水。于100 mL 95%乙醇中加入新鲜的块状生石灰20 g，回流3～5 h，然后进行蒸馏。

若要99%以上的乙醇，可采用下列方法：

(1)在100 mL 99%乙醇中，加入7 g金属钠，待反应完毕，再加入27.5 g邻苯二甲酸二乙酯或25 g草酸二乙酯，回流2～3 h，然后进行蒸馏。

(2)在60 mL 99%乙醇中，加入5 g镁和0.5 g碘，待镁溶解生成醇镁后，再加入900 mL 99%乙醇，回流5 h后，蒸馏，可得到99.9%乙醇。

3. 乙醚

沸点34.51℃，折光率1.3526，相对密度0.713 78。

普通乙醚常含有2%乙醇和0.5%水。先用无水氯化钙除去大部分水，再经金属钠干燥。其方法是：将100 mL乙醚放在干燥锥形瓶中，加入20～25 g无水氯化钙，瓶口用软木塞塞紧，放置1 d以上，并间断摇动，然后蒸馏，收集33～37℃的馏分。用压钠机将1 g金属钠直接压成钠丝放于盛乙醚的瓶中，用带有氯化钙干燥管的软木塞塞住。或在木塞中插一末端拉成毛细管的玻璃管，这样，既可防止潮气浸入，又可使产生的气体逸出。放置至无气泡发生即可使用；放置后，若钠丝表面已变黄变粗时，须再蒸一次，然后压入钠丝。

4. 丙酮

沸点56.2℃，折光率1.3588，相对密度0.7899。

普通丙酮常含有少量的水及甲醇、乙醛等还原性杂质。于250 mL丙酮中加入2.5 g高锰酸钾回流，若高锰酸钾紫色很快消失，再加入少量高锰酸钾继续回流，至紫色不褪为止。然后将丙酮蒸出，用无水碳酸钾或无水硫酸钙干燥，过滤后蒸馏，收集55～56.5℃的馏分。

5. 四氢呋喃

沸点67℃(64.5℃)，折光率1.4050，相对密度0.8892。

四氢呋喃与水能混溶，并常含有少量水分及过氧化物。用氢化铝锂在隔绝潮气下回流(通常1000 mL四氢呋喃需2～4 g氢化铝锂)除去其中的水和过氧化物，然后蒸馏，收集66℃的馏分。精制后的液体加入钠丝并应在氮气氛中保存。

6. 石油醚

石油醚为轻质石油产品，是低相对分子质量烷烃类的混合物。其沸程为30～150℃，收集的温度区间一般为30℃左右，有30～60℃、60～90℃、90～120℃等沸程规格的石油醚。

其中，含有少量不饱和烃，沸点与烷烃相近，用蒸馏法无法分离。

石油醚的精制通常将石油醚用其体积的浓硫酸洗涤 2 ~ 3 次，再用 10% 硫酸加入高锰酸钾配成的饱和溶液洗涤，直至水层中的紫色不再消失为止。然后用水洗，经无水氯化钙干燥后蒸馏。若需绝对干燥的石油醚，可加入钠丝(与纯化无水乙醚相同)。

7. 吡啶

沸点 115.5℃，折光率 1.5095，相对密度 0.9819。

分析纯的吡啶含有少量水分，可供一般实验用。如要制得无水吡啶，可将吡啶与粒状氢氧化钾(钠)一同回流，然后隔绝潮气蒸出备用。干燥的吡啶吸水性很强，保存时应将容器口用石蜡封好。

8. 乙酸乙酯

沸点 77.06℃，折光率 1.3723，相对密度 0.9003。

乙酸乙酯一般含量为 95% ~ 98%，含有少量水、乙醇和乙酸。于 1000 mL 乙酸乙酯中加入 100 mL 乙酸酐，10 滴浓硫酸，加热回流 4 h，除去乙醇和水等杂质，然后进行蒸馏。馏液用20 ~ 30 g 无水碳酸钾振荡，再蒸馏。产物沸点为 77℃，纯度可达 99% 以上。

9. 二甲基亚砜(DMSO)

沸点 189℃，熔点 18.5℃，折光率 1.4783，相对密度 1.100。

二甲基亚砜能与水混合，可用分子筛长期放置加以干燥。然后减压蒸馏，收集 76℃/1600 Pa(12 mmHg)馏分。蒸馏时，温度不可高于 90℃，否则会发生歧化反应生成二甲砜和二甲硫醚。也可用氧化钙、氢化钙、氧化钡或无水硫酸钡来干燥，然后减压蒸馏。也可用部分结晶的方法纯化。

附录7 常用指示剂的配制

指示剂名称	配制方法	pH 变色范围
酚酞	0.10 g 溶于 60 mL 乙醇中，稀释至 100 mL	无色 8.0 ~ 10.0 红
甲基橙	0.10 g 溶于 100 mL 水	红 3.0 ~ 4.4 黄
甲基紫	0.25 g 溶于 100 mL 水	黄 0.1 ~ 1.5 蓝
甲基红	0.10 g 溶于 3.72 mL 0.02 mol/L 氢氧化钠溶液中，稀释至 250 mL	红 4.2 ~ 6.2 黄
茜素黄 R	0.10 g 溶于 100 mL 温水	红 1.9 ~ 3.3 黄
溴酚蓝	0.10 g 溶于 13.6 mL 0.02 mol/L 氢氧化钠溶液中，稀释至 250 mL	黄 3.0 ~ 4.6 紫
刚果红	0.10 g 溶于 100 mL 水	蓝紫 3.0 ~ 5.2 红
甲酚红	0.10 g 溶于 13.1 mL 0.02 mol/L 氢氧化钠溶液中，稀释至 250 mL	黄 7.2 ~ 8.8 紫红
喹啉蓝	0.10 g 溶于 100 mL 乙醇	无色 7.0 ~ 8.0 紫蓝

附录8 常用洗涤剂的配制

1. 铬酸洗液

由重铬酸钾和浓硫酸配制而成，具强氧化性及强酸性，凡能溶于酸和可被氧化的物质，均可用其去除。

配制方法：将20 g $K_2Cr_2O_7$ 放在500 mL烧杯中，加40 mL水，加热溶解，冷却后，缓慢加入320 mL浓硫酸(注意边加边搅拌)即成。贮于磨口细口瓶中备用。

2. 乙二胺四乙酸二钠溶液($EDTA-Na_2$)

用0.2 mol/L $EDTA-Na_2$ 溶液加热煮沸可洗脱附着于玻璃仪器内壁之白色沉淀物(Ca^{2+}、Mg^{2+} 盐类)和不易溶解的重金属盐类。

3. 7.5 mol/L 尿素洗液

尿素洗液对蛋白质有较好的清洗能力。

附录9 常见的共沸混合物

1. 与水形成的二元共沸物(水沸点100℃)

溶剂	沸点/℃	共沸点/℃	含水量/%	溶剂	沸点/℃	共沸点/℃	含水量/%
氯仿	61.2	56.1	2.5	甲苯	110.5	85.0	20.0
四氯化碳	77.0	66.0	4.0	正丙醇	97.2	87.7	28.8
苯	80.4	69.2	8.8	异丁醇	108.4	89.9	88.2
丙烯腈	78.0	70.0	13.0	二甲苯	137~140.5	92.0	37.5
二氯乙烷	83.7	72.0	19.5	正丁醇	117.7	92.2	37.5
乙腈	82.0	76.0	16.0	吡啶	115.5	94.0	42.0
乙醇	78.3	78.1	4.4	异戊醇	131.0	95.1	49.6
乙酸乙酯	77.1	70.4	8.0	正戊醇	138.3	95.4	44.7
异丙醇	82.4	80.4	12.1	氯乙醇	129.0	97.8	59.0
乙醚	35.0	34.0	1.0	二硫化碳	46.0	44.0	2.0
甲酸	101.0	107.0	26.0				

2. 常见有机溶剂间的共沸混合物

共沸混合物	组分的沸点/℃	共沸物的组成(质量)/%	共沸物的沸点/℃
乙醇-乙酸乙酯	78.3，78.0	30:70	72.0
乙醇-苯	78.3，80.6	32:68	68.2
乙醇-氯仿	78.3，61.2	7:93	59.4
乙醇-四氯化碳	78.3，77.0	16:84	64.9
乙酸乙酯-四氯化碳	78.0，77.0	43:57	75.0
甲醇-四氯化碳	64.7，77.0	21:79	55.7
甲醇-苯	64.7，80.4	39:61	48.3
氯仿-丙酮	61.2，56.4	80:20	64.7
甲苯-乙酸	101.5，118.5	72:28	105.4
乙醇-苯-水	78.3，80.6，100	19:74:7	64.9

附录10 常见发色团的特征吸收峰

发色团	化合物	λ_{max}/nm	ε_{max}	跃迁类型	溶剂
$>C=C<$	乙醇	171	15 530	$\pi\to\pi^*$	(气)
$-C\equiv C-$	乙炔	173	6000	$\pi\to\pi^*$	(气)
$-CHO$	乙醛	180 290	10 000 12	$\pi\to\pi^*$ $n\to\pi^*$	己烷
$>C=O$	丙酮	188 279	900 15	$\pi\to\pi^*$ $n\to\pi^*$	己烷
$-COOH$	乙酸	208	32	$n\to\pi^*$	乙醇
$-COOR$	乙酸乙酯	211	57	$n\to\pi^*$	乙醇
$-CONH_2$	乙酰胺	178 220	9500 32	$\pi\to\pi^*$ $n\to\pi^*$	己烷
$-NO_2$	硝基甲烷	201 274	5000 17	$\pi\to\pi^*$ $n\to\pi^*$	甲醇
$-N=N-$	偶氮甲烷	338	4	$\pi\to\pi^*$	乙醇

附录 11　红外光谱中的一些特征吸收频率

键型	化合物类型	波数/cm^{-1}	强度
C—H	烷烃	2960 ~ 2850	强
C—C	烷烃	1200 ~ 700	弱
═C—H	烯烃及芳烃	3100 ~ 3010	中等
≡C—H	烯烃	1680 ~ 1620	可变
C═C	炔烃	3300	强
	炔烃	2700 ~ 2100	可变
＞C═O	醛	1740 ~ 1720	强
	酮	1725 ~ 1705	强
	酸及酯	1770 ~ 1710	强
	酰胺	1690 ~ 1650	强
—O—H	醇及酚	3650 ~ 3610	可变，尖锐
—N—H	胺	3500 ~ 3300	中等，双峰
C—Cl	氯化物	750 ~ 760	中
C—Br	溴化物	700 ~ 500	中

附录12 常用有机溶剂的物理常数

溶剂	熔点/℃	沸点/℃ (101 325Pa)	相对密度 (20℃)	折射率 (20℃)	相对介质常数	摩尔折射率	偶极矩
丙酮	-95	56	0.788	1.3587	20.7	16.2	2.85
乙腈	-44	82	0.782	1.3441	37.5	11.1	3.45
苯甲醚	-3	154	0.994	1.5170	4.33	33	1.38
苯	5	80	0.879	1.5011	2.27	26.2	0.00
溴苯	-31	156	1.495	1.5580	5.17	33.7	1.55
二硫化碳	-112	46	1.274	1.6295	2.6	21.3	0.00
四氯化碳	-23	77	1.594	1.4601	2.24	25.8	0.00
氯苯	-46	132	1.106	1.5248	5.62	31.2	1.54
氯仿	-64	61	1.489	1.4458	4.81	21	1.15
环己烷	6	81	0.778	1.4262	2.02	27.7	0.00
丁醚	-98	142	0.769	1.3992	3.1	40.8	1.18
1,2-二氯乙烷	-36	84	1.253	1.4448	10.36	21	1.86
二乙胺	-50	56	0.707	1.3864	3.6	24.3	0.92
乙醚	-117	35	0.713	1.3524	4.33	22.1	1.30
N,*N*-二甲基乙酰胺	-20	166	0.937	1.4384	37.8	24.2	3.72
N,*N*-二甲基甲酰胺	-60	152	0.945	1.4305	36.7	19.9	3.86
二甲基亚砜	19	189	1.096	1.4783	46.7	20.1	3.90
1,4-二氧六环	12	101	1.034	1.4224	2.25	21.6	0.45
乙醇	-114	78	0.789	1.3614	24.5	12.8	1.69
乙酸乙酯	-84	77	0.901	1.3724	6.02	22.3	1.88
苯甲酸乙酯	-35	213	1.050	1.5052	6.02	42.5	2.00
甲酰胺	3	211	1.133	1.4475	111.0	10.6	3.37
异丙醇	-90	82	0.786	1.3772	17.9	17.5	1.66
甲醇	-98	65	0.791	1.3284	32.7	8.2	1.70
硝基苯	6	211	1.204	1.5562	34.82	32.7	4.02
吡啶	-42	115	0.983	1.5102	12.4	24.1	2.37
四氢呋喃	-109	66	0.888	1.4072	7.58	19.9	1.75
甲苯	-95	111	0.867	1.4969	2.38	31.1	0.43
三乙胺	-115	90	0.726	1.4010	2.42	33.1	0.87
三氟乙酸	-15	72	1.489	1.2850	8.55	13.7	2.26
邻二甲苯	-25	144	0.880	1.5054	2.57	35.8	0.62

附录13 危险化学品的使用知识

分子式	名称	火灾危险	处置方法
$AgCN$	氰化银	本品不会燃烧，但遇酸会产生极毒、易燃的氰化氢气体；剧毒，吸入粉尘易中毒；与氟剧烈反应生成氟化银	禁用酸碱灭火剂；可用沙土、石粉压盖
$AgClO_3$	氯酸银	有爆炸性，与有机物、还原剂及易燃物(如硫、磷等)混合后，摩擦、撞击，有引起燃烧爆炸危险	雾状水、沙土、泡沫
$AgClO_4$	高氯酸银	与易燃物(如硫、磷等)、有机物、还原剂混合后，摩擦、撞击，有引起燃烧爆炸的危险	雾状水、沙土、泡沫灭火剂
$AgMnO_4$	高锰酸银	与有机物、还原剂、易燃物(如硫、磷等)混合，有成为爆炸性混合物的危险	水、沙土、泡沫
As_2O_3	三氧化二砷	剧毒，不会燃烧，但一旦发生火灾时，由于本品于193℃开始升华，会产生剧毒气体	水、沙土
$Ba(CN)_2$	氰化钡	本身不会燃烧，但遇酸产生极毒、易燃的气体；剧毒，吸入蒸气和粉尘易中毒	禁用酸碱灭火剂；可用干沙、石粉覆盖
$BaCl_2$	氯化钡	有毒，不会燃烧	水、沙土、泡沫
$Ba(ClO_3)_2$	氯酸钡	与还原剂、有机物、铵的化合物、易燃物(如硫、磷等)或金属粉末等混合，有成为爆炸性混合物的危险；与硫酸接触易发生爆炸；燃烧时发出绿色火焰	雾状水、沙土
$Ba(ClO_4)_2$	高氯酸钡	与有机物、还原剂、易燃物(如硫、磷等)、金属粉末等接触有引起燃烧爆炸的危险	雾状水、沙土
$Ba(NO_3)_2$	硝酸钡	与有机物、还原剂、易燃物(如硫、磷等)混合后，摩擦、碰撞、遇火星，有引起燃烧爆炸的危险；燃烧时发出绿色火焰	雾状水、沙土、二氧化碳
BaO_2	过氧化钡	遇有机物、还原剂、易燃物(如硫、磷等)有引起燃烧爆炸的危险	干沙、干石粉、干粉；禁止用水
Be	铍	极细粉尘接触明火有发生燃烧或爆炸危险；有毒，长期接触易发皮炎，人在含铍0.1 mg/m^3的环境中会引起急性中毒	沙土、二氧化碳
$Be(C_2H_3O_2)_2$	乙酸铍	剧毒，可燃	水、沙土、泡沫
CO	一氧化碳	与空气混合能成为爆炸性混合物，遇高温瓶内压力增大，有爆炸危险；漏气遇火种有燃烧爆炸危险	雾状水、泡沫、二氧化碳
$Ca(CN)_2$	氰化钙	剧毒，本身不会燃烧，但遇酸会产生极毒、易燃的气体，吸入粉尘易中毒；本品水溶液能通过皮肤吸收而引起中毒	可用干沙、石粉压盖；禁用水及酸碱式灭火器
$Ca(ClO_3)_2$	氯酸钙	与易燃物(如硫、磷等)、有机物、还原剂等混合后，经摩擦、撞击、受热有引起燃烧爆炸的危险	雾状水、沙土、泡沫
$Ca(ClO_4)_2$	高氯酸钙	与易燃物、有机物、还原剂混合，能成为有燃烧爆炸危险的混合物	沙土、水、泡沫
CaH_2	氢化钙	遇潮气、水、酸、低级醇分解，放出易燃的氢气；与氧化剂反应剧烈；在空气中燃烧极其剧烈	干沙、干粉；禁止用水和泡沫

(续)

分子式	名称	火灾危险	处置方法
$Ca(MnO_4)_2$	高锰酸钙	与易燃物(如硫、磷等)或有机物、还原剂混合后，摩擦、撞击，有引起燃烧爆炸的危险	雾状水、沙土、泡沫、二氧化碳
$Ca(NO_3)_2$	硝酸钙	与有机物、还原剂、易燃物(如硫、磷等)混合，有成为爆炸性混合物的危险	雾状水
CaO_2	过氧化钙	与有机物、还原剂、易燃物(如硫、磷等)混合，有引起燃烧爆炸的危险；遇潮气也能逐渐分解	干沙、干土、干石粉；禁止用水
Cl_2	液氯	本身虽不燃，但有助燃性，气体外逸时会使人畜中毒，甚至死亡，受热时瓶内压力增大，危险性增加	雾状水
CuCN	氰化亚铜	本身不会燃烧，但遇酸产生极毒的易燃气体；剧毒，吸入蒸气或粉尘易中毒	禁用酸碱灭火剂；可用沙土压盖，可用水
F_2	氟	与多数可氧化物质发生强烈反应，常引起燃烧；与水反应放热，产生有毒及腐蚀性的烟雾；受热后瓶内压力增大，有爆炸危险；漏气可致附近人畜生命危险	二氧化碳、干粉、沙土
$Fe(CO)_5$	五羰基化铁	暴露在空气中，遇热或明火均能引起燃烧，并释放出有毒的CO气体	水、泡沫、二氧化碳、干粉
H_2	氢	氢气与空气混合能形成爆炸性混合物，遇火星、高温能引起燃烧爆炸，在室内使用或储存氢气时，氢气上升，不易自然排出，遇到火星时会引起爆炸	雾状水、二氧化碳
HCN	氰化氢(无水)	剧毒；漏气可致附近人畜生命危险，遇火种有燃烧爆炸危险；受热后瓶内压力增大，有爆炸危险	雾状水
$HClO_4$	高氯酸(72%以上)	性质不稳定，在强烈震动、撞击下会引起燃烧爆炸	雾状水、泡沫、二氧化碳
H_2S	硫化氢	剧毒的液化气体，受热后瓶内压力增大，有爆炸危险，漏气可致附近人畜生命危险	雾状水、泡沫、沙土
H_2O_2	过氧化氢溶液(40%以下)	受热或遇有机物易分解放出氧气，加热到100℃则剧烈分解；遇铬酸、高锰酸钾、金属粉末会起剧烈作用，甚至爆炸	雾状水、黄沙，二氧化碳
$HgCl_2$	氯化汞	不会燃烧；剧毒，吸入粉尘和蒸气会中毒；与钾、钠能猛烈反应	水、沙土
HgI_2	碘化汞	有毒，不会燃烧	雾状水、沙土
$Hg(NO_3)_2$	硝酸汞	受热分解放出有毒的汞蒸气；与有机物、还原剂、易燃物(如硫、磷等)混合，易着火燃烧，摩擦、撞击，有引起燃烧爆炸的危险；有毒	雾状水、沙土
KCN	氰化钾	剧毒，不会燃烧；但遇酸会产生剧毒、易燃的氰化氢气体，与硝酸盐或亚硝酸盐反应强烈，有发生爆炸的危险；接触皮肤极易侵入人体，引起中毒	禁用酸碱灭火剂和二氧化碳；如用水扑救，应防止接触含有氰化钾的水
$KClO_3$	氯酸钾	遇有机物、磷、硫、碳及铵的化合物、氰化物、金属粉末，稍经摩擦、撞击，即会引起燃烧爆炸；与硫酸接触易引起燃烧或爆炸	先用沙土，后用水

（续）

分子式	名称	火灾危险	处置方法
$KClO_4$	高氯酸钾	与有机物、还原剂、易燃物(如硫、磷等)混合有引起爆炸的危险	雾状水、沙土
$KMnO_4$	高锰酸钾	与乙醚、乙醇、硫酸、硫黄、磷、双氧水等接触会发生爆炸；与甘油混合能发生燃烧；与铵的化合物混合有引起爆炸的危险	水、沙土
KNO_2	亚硝酸钾	与硫、磷、有机物、还原剂混合后，摩擦、撞击，有引起燃烧爆炸的危险	雾状水、沙土
KNO_3	硝酸钾	与有机物及硫、磷等混合，有成为爆炸性混合物的危险；浸过硝酸钾的麻袋易自燃	雾状水
K_2O_2	过氧化钾	遇水及水蒸气产生热，量大时可能引起爆炸；与还原剂能产生剧烈反应；接触易燃物如硫、磷等也能引起燃烧爆炸	干沙、干土、干石粉；严禁用水及泡沫
K_2O_4	超氧化钾	本品为强氧化剂；遇易燃物、有机物、还原剂等能引起燃烧爆炸；遇水或水蒸气产生大量热量，可能发生爆炸	干沙、干土、干粉；禁止用水、泡沫
K_2S	硫化钾	其粉尘在空气中可能自燃而发生爆炸；燃烧后产生有毒和刺激性的二氧化硫气体；遇酸类产生易燃的硫化氢气体	水、沙土
$LiAlH_4$	氢化铝锂	易燃；当碾磨、摩擦或有静电火花时能自燃；遇水或潮湿空气、酸类、高温及明火有引起燃烧危险；与多数氧化剂混合能形成比较敏感的混合物，容易爆炸	干沙、干粉、石粉；禁止用水和泡沫
$Mg(ClO_3)_2$	氯酸镁	与易燃物(如硫、磷等)、有机物、还原剂等混合后，摩擦、撞击，有引起燃烧爆炸的危险	雾状水、沙土、泡沫
$Mg(ClO_4)_2$	高氯酸镁	与有机物、还原剂、易燃物(如硫、磷等)及金属粉末等接触，有引起燃烧爆炸的危险	雾状水、沙土
NH_3	液氨	猛烈撞击钢瓶受到震动，气体外逸会危及人畜健康与生命，遇水则变为有腐蚀性的氨水，受热后瓶内压力增大，有爆炸危险，空气中氨蒸气浓度达15.7%～27.4%，有引起燃烧危险，有油类存在时，更增加燃烧危险	雾状水、泡沫
NH_4ClO_3	氯酸铵	与有机物、易燃物(如硫、磷等)、还原剂及硫酸相接触，有燃烧爆炸的危险；遇高温(100℃以上)或猛烈撞击也会引起爆炸	雾状水
NH_4ClO_4	高氯酸铵	与有机物、还原剂、易燃物(如硫、磷等)及金属粉末等混合及与强酸接触有引起燃烧爆炸的危险	雾状水、沙土
NH_4MnO_4	高锰酸铵	属强氧化剂；遇有机物、易燃物、还原性物质能引起燃烧或爆炸；受热、震动撞击均能引起爆炸，分解出有毒气体	水、沙土
NH_4NO_2	亚硝酸铵	遇高温(60℃以上)、猛撞，以及与易燃物、有机物接触，有发生爆炸的危险	雾状水、沙土
NH_4NO_3	硝酸铵	混入有机杂质时，能明显增加本品的爆炸危险性；与硫、磷、还原剂相混合，有引起燃烧爆炸的危险	雾状水
NO_2	二氧化氮	不会燃烧，但有助燃性，具强氧化性，如接触碳、磷和硫有助燃作用	干沙、二氧化碳、不可用水
N_2O	一氧化二氮	受高温有爆炸危险，有助燃性	雾状水

(续)

分子式	名称	火灾危险	处置方法
N_2O_3	三氧化二氮	遇可燃物、有机物、还原剂易燃烧，受热分解放出 NO_2 有毒烟雾；漏气可致附近人畜生命危险	雾状水、二氧化碳
$NaBH_4$	硼氢化钠	与氧化剂反应剧烈，有燃烧危险，与水或水蒸气反应能产生氢气；接触酸或酸性气体反应剧烈，放出氢气和热量，有燃烧危险	干沙、干粉；禁止用水和泡沫
$NaClO_2$	亚氯酸钠	与易燃物(如硫、磷等)、有机物、还原剂、氰化物、金属粉末混和以及与硫酸接触，有引起着火燃烧或爆炸的危险	雾状水、沙土
$NaClO_3$	氯酸钠	与有机物、还原剂及硫、磷等混合，有成为爆炸性混合物的危险；与硫酸接触会引起爆炸	雾状水
$NaClO_4$	高氯酸钠	与有机物、还原剂、易燃物(如硫、磷等)混合或与硫酸接触有引起燃烧爆炸的危险	水、沙土
$NaMnO_4$	高锰酸钠	与有机物、还原剂、易燃物(如硫、磷等)接触有引起燃烧爆炸的危险；遇甘油立即分解而强烈燃烧	雾状水、沙土
NaN_3	叠氮化钠	遇明火、高温、震动、撞击、摩擦，有引起燃烧爆炸危险	雾状水、泡沫；禁止用沙土压盖
$NaNO_3$	硝酸钠	其危险程度略低于硝酸钾；与硫、磷、木炭等易燃物混合，有成为爆炸性混合物的危险	雾状水
Na_2O_2	过氧化钠	与有机物、易燃物(如硫、磷等)接触能引起燃烧，甚至爆炸；与水分起剧烈反应产生高温，量大时能发生爆炸	干沙、干土、干石粉；禁止用水，泡沫
Na_2O_4	超氧化钠	本品为强氧化剂；接触易燃物、有机物、还原剂能引起燃烧爆炸；遇水或水蒸气产生热，量大时能发生爆炸	干沙、干土、干粉；禁止用水、泡沫
$Na_2S_2O_4$	连二亚硫酸钠	有极强的还原性，遇氧化剂、少量水或吸收潮湿空气能发热，引起冒黄烟燃烧，甚至爆炸	干沙、干粉、二氧化碳；禁止用水
$Ni(CO)_4$	羰基镍	剧毒，遇明火、高温、氧化剂能燃烧；受热、遇酸或酸雾会产生极毒气体，能与空气、氧、溴强烈反应引起爆炸	雾状水、二氧化碳、沙土、泡沫；消防员应戴防毒面具
O_2	氧	与乙炔、氢、甲烷等按一定比例混合，能使油脂剧烈氧化引起燃烧爆炸，有助燃性	切断气流，根据情况采取相应措施
OsO_4	四氧化锇	本身不会燃烧，但受热能分解放出剧毒的烟雾；剧毒，触及皮肤能引起皮炎甚至坏死；能刺激眼睛结膜，甚至失明；吸入蒸气可使人死亡	水、沙土
P_4	红磷	遇热、火种、摩擦、撞击或溴、氯气等氧化剂都有引起燃烧的危险	烟及初起火苗时用黄沙、干粉、石粉；大火时用水，但应注意水的流向，以及赤磷散失后的场地处理，防止复燃
P_4	黄磷	在空气中会冒白烟燃烧；受撞击、摩擦或与氯酸钾等氧化剂接触能立即燃烧甚至爆炸	雾状水、沙土(火熄灭后应仔细检查，将剩下的黄磷移入水中，防止复燃)

（续）

分子式	名称	火灾危险	处置方法
PF_5	五氟化磷	受热后瓶内压力增大，有爆炸危险，漏气可致附近人畜生命危险	二氧化碳、干沙、干粉
PH_3	磷化氢	能自燃，受热分解放出有毒的 PO_x 气体；遇氧化剂发生强烈反应；遇火种立即燃烧爆炸	雾状水、泡沫、二氧化碳
$Pb(C_2H_5)_4$	四乙基铅	剧毒，可燃，遇明火、高温有燃烧危险，受热分解放出有毒气体；遇氧化剂反应剧烈	雾状水、泡沫、二氧化碳、沙土
$Pb(ClO_4)_2$	高氯酸铅	与有机物、还原剂及硫、磷等混合后，撞击、摩擦引起燃烧爆炸的危险；与硫酸接触易着火燃烧	水、沙土
$Pb(NO_3)_2$	硝酸铅	与有机物、还原剂及易燃物硫、磷等混合后，稍经摩擦，即有引起燃烧爆炸的危险；有毒	雾状水、沙土
SF_4	四氟化硫	剧毒，受热，遇水、水蒸气，酸或酸雾生成有毒及腐蚀性烟雾，漏气可致附近人畜生命危险，受热后瓶内压力增大，有爆炸危险	二氧化碳、干粉、干沙；禁止用水
SO_2	二氧化硫	剧毒，受热后瓶内压力增大，有爆炸危险，漏气可致附近人畜生命危险	雾状水、泡沫、沙土
SeO_2	二氧化硒	剧毒，不会燃烧，遇明火、高温时放出的蒸汽极毒；按国家规定，车间空气中最高容许浓度为0.1 mg/m^3	水、沙土
SiF_4	四氟化硅	剧毒，漏气可致附近人畜生命危险，受热后瓶内压力增大，有爆炸危险	雾状水
Th	金属钍	不燃，粉末有燃烧爆炸危险；粉尘遇火星易爆炸；在室温时，遇明火即可着火燃烧；能与卤素、硫、磷作用，引起燃烧；燃烧爆炸时能形成放射性灰尘，污染环境，危害人们健康	干沙、干粉
$Th(NO_3)_4$	硝酸钍	遇高温分解，遇有机物、易燃物能引起燃烧，燃烧后有放射性灰尘，污染环境，危害人们健康	雾状水、泡沫、沙土、二氧化碳(火灾后现场要进行射线测定及消毒处理)
Tl	铊	不会燃烧，但剧毒，易经皮肤吸收，吸入后使肾脏受到刺激，毛发脱落，或有精神症状	干沙、二氧化碳
$TlC_2H_3O_2$	乙酸亚铊	剧毒，可燃	水、泡沫、沙土
$UO_2(NO_3)_2$	硝酸铀酰	硝酸铀酰的醚溶液在阳光照射下能引起爆炸，高温分解；遇有机物、易燃物能引起燃烧，燃烧时产生大量放射性灰尘，污染环境，危害人们健康	泡沫、沙土、二氧化碳。不宜用水(火灾后现场要进行射线测定及消毒处理)
$Zn(CN)_2$	氰化锌	本身不会燃烧，但遇酸会产生极毒、易燃的氰化氢气体；剧毒，吸入蒸气和粉尘易中毒	禁用酸碱灭火剂；可用沙土、石粉压盖；如用水，要防止流入河道，污染环境
$Zn(ClO_3)_2$	氯酸锌	与易燃物、有机物、还原剂等混合后，经摩擦、撞击、受热能引起燃烧爆炸；接触硫酸易着火或爆炸	雾状水、泡沫、沙土
$Zn(MnO_4)_2$	高锰酸锌	与有机物、还原剂、易燃物(如硫、磷等)混合后，经摩擦、撞击，有引起燃烧爆炸的危险	雾状水、沙土、泡沫、二氧化碳

(续)

分子式	名称	火灾危险	处置方法
$Zn(NO_3)_2$	硝酸锌	与易燃物(如硫、磷等)、有机物、还原剂等混合后，易着火，稍经摩擦，有引起燃烧爆炸的危险	水、沙土
$ZrSiO_4$	锆英石	有放射性	水、沙土、二氧化碳
B_2H_6	乙硼烷	毒性相当于光气；受热，遇热水迅速分解放出氢气；遇卤素反应剧烈	干沙、石粉、二氧化碳，切忌用水
B_5H_9	戊硼烷	毒性高于氢氰酸，遇热、明火易燃	干沙、石粉、二氧化碳；禁用水和泡沫
CH_4	甲烷	与空气混合能形成爆炸性混合物；遇火星、高温有燃烧爆炸危险	雾状水、泡沫、二氧化碳
CH_3Cl	氯甲烷	空气中遇火星或高温(白热)能引起爆炸，并生成光气，接触铝及其合金能生成有自燃性的铝化合物	雾状水、泡沫
CH_3NH_2	一甲胺(无水)	遇明火、高温有引起燃烧爆炸危险；钢瓶和附件损坏会引起爆炸	雾状水、泡沫、二氧化碳、干粉
CH_2N_2	重氮甲烷	化学反应时，能发生强烈爆炸；未经稀释的液体或气体，在接触碱金属、粗糙的物品表面，或加热到100℃，能发生爆炸	干粉、石粉、二氧化碳、雾状水
CH_3NO_3	硝酸甲酯	遇明火、高温、受撞击，有引起燃烧爆炸危险	雾状水；禁止用沙土压盖
CH_3SH	甲硫醇	遇明火易燃烧，遇酸放出有毒气体，遇水放出有毒易燃气体，遇氧化剂反应强烈，其蒸气能与空气形成爆炸性混合物	二氧化碳、化学干粉、1211 灭火剂、沙土，忌用酸碱灭火剂、水和泡沫
CCl_3NO_2	三氯硝基甲烷	剧毒，不易燃烧，受热分解放出有毒气体，遇发烟硫酸分解生成光气和亚硝基硫酸，在碱和乙醇中分解加快	水、泡沫、沙土
$C(NO_2)_4$	四硝基甲烷	遇明火、高温、震动、撞击，有引起燃烧爆炸危险	雾状水、二氧化碳
$COCl_2$	碳酰氯	剧毒，漏气可致附近人畜生命危险；受热后瓶内压力增大，有爆炸危险	雾状水、二氧化碳；万一有光气泄漏，微量时可用水蒸气冲散，可用液氨喷雾解毒
CS_2	二硫化碳	遇火星、明火极易燃烧爆炸，遇高温、氧化剂有燃烧危险	水、二氧化碳、黄沙；禁止使用四氯化碳
CCl_3CHO	三氯乙醛(无水)	不燃烧，但受热分解放出有催泪性及腐蚀性的气体	雾状水、泡沫、沙土、二氧化碳
$CH_2{=}CH_2$	乙烯	易燃，遇火星、高温、助燃气有燃烧爆炸危险	水、二氧化碳
$CH_2{=}CHCl$	氯乙烯	能与空气形成爆炸性混合物，遇火星、高温有燃烧爆炸危险	雾状水、泡沫、二氧化碳
C_2H_5Cl	氯乙烷	与空气混合能形成爆炸性混合物，遇火星、高温有燃烧爆炸危险	雾状水、泡沫、二氧化碳

（续）

分子式	名称	火灾危险	处置方法
CH_3CHO	乙醛	遇火星、高温、强氧化剂、湿性易燃物品、氨、硫化氢、卤素、磷、强碱等，有燃烧爆炸危险；其蒸气与空气混合成为爆炸性混合物	干沙、干粉、二氧化碳、雾状水、泡沫
CH_2ClCHO	氯乙醛	可燃，并有腐蚀性及刺激性臭味	雾状水、泡沫、二氧化碳、干粉
CH_2FCOOH	氟乙酸	可燃，受热分解放出有毒的氟化物气体；有腐蚀性	泡沫、雾状水、沙土、二氧化碳
$C_2H_5NH_2$	乙胺	易燃，有毒，遇高温、明火、强氧化剂有引起燃烧爆炸危险	泡沫、二氧化碳、雾状水、干粉、沙土
$(CH_2)_2O$	环氧乙烷	与空气混合能形成爆炸性混合物，遇火星有燃烧爆炸危险	水、泡沫、二氧化碳
CH_3OCH_3	甲醚	与空气混合能形成爆炸混合物，遇火星、高温有燃烧爆炸危险	雾状水、泡沫、二氧化碳
$(CH_3O)_2SO_2$	硫酸二甲酯	剧毒，可燃；蒸气无严重气味，不易被察觉，往往在不知不觉中中毒；遇明火、高温能燃烧，与氢氧化铵反应强烈	雾状水、泡沫、二氧化碳、沙土
$(CH_3)_2S$	甲硫醚	易燃，遇热分解，分解剧烈时有爆炸危险；与氧化剂反应剧烈；遇高温、明火极易燃烧	二氧化碳、干粉、泡沫、沙土
CH_3SCN	硫氰酸甲酯	有毒，遇明火能燃烧，受热放出有毒气体	雾状水、泡沫、干粉、沙土；忌用酸碱灭火剂
$CH_3CH_2CH_3$	丙烷	与空气混合能形成爆炸性混合物，遇火星、高温有燃烧爆炸危险	雾状水、二氧化碳
C_3H_6	环丙烷	与空气混合形成爆炸性混合物，遇火星、高温有燃烧爆炸危险	二氧化碳、泡沫
$CH_3CH{=}CH_2$	丙烯	与空气混合能形成爆炸性混合物，遇火星、高温有燃烧爆炸危险	雾状水、泡沫、二氧化碳
$CH_3C{\equiv}CH$	丙炔	遇明火易燃易爆，受高温引起爆炸，遇氧化剂反应剧烈	水、二氧化碳
$ClCH_2CH_2CN$	3-氯丙腈	有毒，遇明火燃烧，受热放出有毒物质，易经皮肤吸收中毒，其毒性介于丙烯腈和氢氰酸之间	泡沫、二氧化碳、干粉、沙土
CH_3COCH_3	丙酮	蒸气与空气混合能为爆炸性混合物，遇明火、高温易引起燃烧	抗溶性泡沫、泡沫、二氧化碳、化学干粉、黄沙
$CH_2{=}CHCHO$	丙烯醛	易燃，能与空气形成爆炸性混合物；遇火星易燃，遇光和热有促进作用，能引起爆炸的危险	泡沫、干粉、二氧化碳、沙土
$C_2H_5OCH_3$	甲乙醚	遇高温、明火、强氧化剂有引起燃烧爆炸的危险，其蒸气能与空气形成爆炸性混合物	泡沫、抗溶性泡沫、二氧化碳、干粉
$HCOOC_2H_5$	甲酸乙酯	遇热、明火、氧化剂有引起燃烧危险	泡沫、二氧化剂、干粉、沙土、雾状水
$C_3H_5(ONO_2)_3$	硝化甘油	遇暴冷暴热、明火、撞击，有引起爆炸的危险	雾状水

(续)

分子式	名称	火灾危险	处置方法
$CH_3(CH_2)_2CH_3$	正丁烷	与空气混合能形成爆炸性混合物，遇火星、高温有燃烧爆炸危险	水、雾状水、二氧化碳
$C_2H_5CH{=}CH_2$	1-丁烯	与空气混合能形成爆炸性混合物，遇火星、高温有燃烧爆炸危险	雾状水、泡沫、二氧化碳
$CH_2{=}CHCH{=}CH_2$	丁二烯	与空气混合能形成爆炸性混合物，遇火星、高温有燃烧爆炸危险	雾状水、二氧化碳
$CH_2{=}CHCH_2CN$	3-丁烯腈	剧毒，在空气中能燃烧，受热分解或接触酸能生成有毒的烟雾	雾状水、泡沫、沙土、二氧化碳；禁用酸碱式灭火器
$(C_2H_5)_2NH$	二乙胺	易燃、遇高温、明火、强氧化剂有引起燃烧危险	雾状水、泡沫、干粉、二氧化碳
$CH_3OC_3H_7$	甲基丙基醚	遇热、明火、强氧化剂有引起燃烧爆炸危险，其蒸气极易燃烧	泡沫、二氧化碳、干粉、抗溶性泡沫
$(C_2H_5)_2O$	乙醚	极易燃烧，遇火星、高温、氧化剂、过氯酸、氯气、氧气、臭氧等有发生燃烧爆炸危险，有麻醉性，对人的麻醉浓度为109.8~196.95 g/m^3，浓度超过303 g/m^3时有生命危险	干粉、二氧化碳、沙土、泡沫
$O(CH_2)_3CH_2$	四氢呋喃	蒸气能与空气形成爆炸物；与酸接触能发生反应；遇明火、强氧化剂有引起燃烧危险；与氢氧化钾、氢氧化钠有反应；未加过稳定剂的四氢呋喃暴露在空气中能形成有爆炸性的过氧化物	泡沫、干粉、沙土
$HN(CH_2)_3CO$	2-吡咯烷酮	有毒，遇明火能燃烧，受热时能分解出有毒的氧化氮气体；能与氧化剂发生反应	雾状水、泡沫、二氧化碳、沙土
$ClCH_2COOC_2H_5$	氯乙酸乙酯	有毒，受热分解，产生有毒的氯化物气体；与水或水蒸气起化学反应产生有毒及腐蚀性气体；能与氧化剂发生反应；遇明火、高温能燃烧	泡沫、二氧化碳、沙土
$(CH_3)_4Si$	四甲基硅烷	遇热、明火、强氧化剂有引起燃烧的危险	沙土、二氧化碳、泡沫
$CH_3(CH_2)_3CH_3$	正戊烷	易燃，其蒸气与空气混合能形成爆炸性混合物；遇明火、高温、强氧化剂有引起燃烧危险	泡沫、干粉、二氧化碳、沙土
$(CH_2)_5$	环戊烷	遇热、明火、氧化剂能引起燃烧；其蒸气如与空气混合形成有爆炸性危险的混合物	泡沫、二氧化碳、干粉、1211 灭火剂、沙土
$O(CH_2)_4CH_2$	四氢吡喃	存放过程中遇空气能产生有爆炸性的物质；遇热、明火、强氧化剂有引起燃烧的危险	泡沫、二氧化碳、沙石
$CH_3(CH_2)_4CH_3$	正己烷	遇热或明火能发生燃烧爆炸；蒸气与空气形成爆炸或混合物	泡沫、二氧化碳、干粉
$(CH_2)_6$	环己烷	易燃，遇明火、氧化剂能引起燃烧、爆炸	泡沫、二氧化碳、干粉、沙土

（续）

分子式	名称	火灾危险	处置方法
$CH_2{=}CH(CH_2)_3CH_3$	1－己烯	遇热、明火、强氧化剂有燃烧爆炸危险；其蒸气能与空气形成爆炸性混合物	泡沫、二氧化碳、干粉、1211灭火剂、沙土
$(C_2H_5)_3B$	三乙基硼	遇空气、氧气、氧化剂、高温或遇水分解（放出有毒易燃气体），均有引起燃烧危险（比三丁基硼活泼）	二氧化碳、干沙、干粉；禁止用1211等含卤化合物的灭火剂
$(C_3H_7)_2O$	正丙醚	遇热、明火、强氧化剂有引起燃烧的危险	泡沫、二氧化碳、干粉、黄沙
$C_6H_5NO_2$	硝基苯	有毒，遇火种、高温能引起燃烧爆炸，与硝酸反应强烈	雾状水、泡沫、二氧化碳、沙土
$C_6H_3(NO_2)_3$	1,3,5－三硝基苯	遇明火、高温或经震动、撞击、摩擦，有引起燃烧爆炸危险	雾状水；禁止用沙土盖
$(NO_2)_2C_6H_3NHNH_2$	2,4－二硝基苯肼	干品受震动、撞击会引起爆炸，与氧化剂混合能成为有爆炸性的混合物	水、泡沫、二氧化碳
C_6H_5OH	苯酚	遇明火、高温、强氧化剂有燃烧危险，有毒和腐蚀性	水、沙土、泡沫
NOC_6H_4OH	4－亚硝基（苯）酚	遇明火，受热或接触浓酸、浓碱，有引起燃烧爆炸的危险	水、干粉、泡沫、二氧化碳
$2,4-(NO_2)_2C_6H_3OH$	2,4－二硝基苯酚	遇火种、高温易引起燃烧，与氧化剂混合能成为爆炸性混合物；遇重金属粉末能起化学作用而生成盐，增加危险性；有毒	雾状水、黄沙、泡沫、二氧化碳
$2,4,6-(NO_2)_3C_6H_2OH$	2,4,6－三硝基苯酚	与重金属（除锡外）或重金氧化物作用生成盐类，这类苦味酸盐极不稳定，受摩擦、震动，易发生剧烈爆炸；遇明火、高温也有引起爆炸的危险	水
C_6H_5SH	苯硫酚	可燃；受热分解或接触酸类放出有毒的硫化物气体，并有腐蚀性	雾状水、泡沫、二氧化碳、沙土
$C_6H_5SO_2NHNH_2$	苯磺酰肼	遇火种、高温或与氧化剂接触，有引起燃烧的危险	雾状水、二氧化碳、泡沫、沙土
$C_6H_5CH_2Cl$	苄基氯	有毒，遇明火能燃烧，当有金属（如铁）存在时分解，并可能引起爆炸；与水或水蒸气发生作用，能产生有毒和腐蚀性的气体，与氧化剂能发生强烈反应	泡沫、沙土、二氧化碳、干粉
$C_6H_5CHCl_2$	二氯甲基苯	可燃，有毒和腐蚀性	干沙、二氧化碳
$C_6H_5CH(OH)CN$	苯乙醇腈	剧毒，可燃，遇热、酸分解放出有毒气体	水、二氧化碳、沙土；禁用酸碱灭火剂
$C_6H_5N(CH_3)_2$	*N*,*N*－二甲（基）苯胺	有毒，遇明火能燃烧，受热能分解放出有毒的苯胺气味；能与氧化剂发生反应	泡沫、二氧化碳、干粉、沙土
$C_6H_5N{=}NNHC_6H_5$	重氮氨基苯	受强烈震动或高温有爆炸危险	沙土、泡沫、二氧化碳、雾状水

(续)

分子式	名称	火灾危险	处置方法
$C_{12}H_{16}O_6(NO_3)_4$	硝化纤维素(含氮≤12.6%,含硝化纤维素≤55%)	遇火星、高温、氧化剂、大多数有机胺(如间苯二甲胺等)会发生燃烧和爆炸；干燥品久储变质后，易引起自燃，通常加乙醇、丙醇或水作湿润剂；湿润剂干燥后，容易发生火灾	水、泡沫、二氧化碳
$C_{10}H_4(NO_2)_4$	四硝基萘	受撞击或高温会发生爆炸；摩擦敏感度较 TNT 稍低；遇还原剂反应剧烈，分解后放出有毒的氧化氮气体	雾状水、泡沫；禁止用沙土压盖

附录 14　有机化学实验文献中常见英文术语

adapter 接液管
air condenser 空气冷凝管
alkalinity 碱性
alkalinization 碱化
analysis 分解
anode 阳极，正极
apparatus 设备
beaker 烧杯
boiling flask 烧瓶
boiling flask-3-neck 三口烧瓶
Bunsen burner 本生灯
burette clamp 滴定管夹
burette stand 滴定架台
burette 滴定管
Busher funnel 布氏漏斗
calcine 煅烧
catalysis 催化作用
catalyst 催化剂
cathode 阴极，负极
Claisen distilling head 减压蒸馏头
combustion 燃烧
condenser-Allihn type 球形冷凝管
condenser-west tube 直形冷凝管
crucible pot，melting pot 坩埚
crucible tongs 坩埚钳
crucible with cover 带盖的坩埚
cupel 烤钵
dehydrate 脱水
dissolution 分解
distil，to distill 蒸馏
distillation 蒸馏
distilling head 蒸馏头
distilling tube 蒸馏管
electrode 电极
electrolysis 电解
endothermic reaction 吸热反应
Erlenmeyer flask 锥形瓶
evaporating dish(porcelain)瓷蒸发皿
exothermic reaction 放热反应
fermentation 发酵
filter flask(suction flask)抽滤瓶
filter 滤管
flask 烧瓶
florence flask 平底烧瓶
fractionating column 分馏柱
fractionation 分馏
fusion，melting 熔解
Geiser burette(stopcock)酸式滴定管
graduate，graduated flask 量筒，量杯
graduated cylinder 量筒
Hirsch funnel 赫氏漏斗
hydrate 水合，水化
hydrogenate 氢化
hydrolysis 水解
litmus paper 石蕊试纸
litmus 石蕊
long-stem funnel 长颈漏斗
matrass 卵形瓶
medicine dropper 滴管
Mohr burette for use with pinchcock 碱氏滴定管
Mohr measuring pipette 量液管
mortar 研钵
neutralize 中和
oxidization，oxidation 氧化
oxidize 氧化
oxygenate，to oxidize 脱氧，氧化
pestle 研杵
pH indicator pH 值指示剂，氢离子(浓度的)负指数指示剂
pinch clamp 弹簧节流夹

pipette 吸液管
plastic squeeze bottle 塑料洗瓶
precipitate 沉淀
precipitation 沉淀
product 化学反应产物
reagent 试剂
reducer 还原剂
reducing bush 大变小转换接头
retort 曲颈瓶
reversible 可逆的
rubber pipette bulb 吸耳球
screw clamp 螺旋夹
separatory funnel 分液漏斗
solution 溶解
stemless funnel 无颈漏斗
still 蒸馏釜
stirring rod 搅拌棒
synthesis 合成
test tube holder 试管夹
test tube 试管
Thiele melting point tube 提勒熔点管
transfer pipette 移液管
tripod 三角架
volumetric flask 容量瓶
watch glass 表面皿
wide-mouth bottle 广口瓶

附录15 常用有机化学工具书及网络化学信息资源

1. 化学大词典. 高松主编. 科学出版社，2017.

2. 英汉化学化工词汇(2版). 化学工业出版社辞书编辑部编. 化学工业出版社，2011.

3. 化学工程手册(3版). 第1卷. 袁渭康等主编. 化学工业出版社，2019.

4. 化学试剂·化学药品手册(3版). 赵天宝主编. 化学工业出版社，2019.

5. 溶剂手册(第五版). 程能林编著. 化学工业出版社，2015.

6. 有机人名反应、试剂与规则(2版). 黄培强主编. 化学工业出版社，2019.

7. 有机化合物合成手册. 孙昌俊等主编. 化学工业出版社，2011.

8. 有机化合物的分子量与分子式. 丛浦珠著. 化学工业出版社，2011.

9. 化学辞典(2版). 周公度主编. 化学工业出版社，2011.

10. 化合物词典. 申泮文，王积涛编著. 上海辞书出版社，2002.

11. 危险化学品信息速查手册. 李政军等主编. 化学工业出版社，2018.

12. 世界常用农药核磁谱图集. 庞国芳等著. 化学工业出版社，2018.

13. 数据有机合成工艺研究与开发. (美)尼尔G. 安德森著，陈芬儿主译. 化学工业出版社，2018.

14. 有机化合物系统鉴定手册(8版). (英)施里纳主编. 化学工业出版社，2007.

15. 有机化学：结构与功能. (美)K. 彼得·C. 福尔哈特等著，戴立信等译. 化学工业出版社，2022.

16. 当代有机反应和合成操作(2版). (德)梯泽等著，罗千福等译. 华东理工大学出版社，2017.

17. March高等有机化学——反应、机理与结构. (美)史密斯等编著，李艳梅译. 化学工业出版社，2014.

18. 有机化合物的波谱解析(8版). (美)罗伯特·西尔弗斯坦等著，药明康德新药开发有限公司译. 华东理工大学出版社，2017.

19. CRC Handbook of Chemistry & Physics, 102 th ed. John R. Rumble. Taylor & Francis Press, 2021.

20. 中国科学(月刊，1951年创刊)

21. 科学通报(半月刊，1950年创刊)

22. 化学学报(月刊，1933年创刊)

23. 高等学校化学学报(月刊，1980年创刊)

24. 有机化学(月刊，1981年创刊)

25. 化学通报(月刊，1952年创刊)

26. Journal of the Organic Chemistry(月刊，1936年创刊)

27. Chemical Reviews(双月刊，1924年创刊)

28. Journal of Chemical Society(月刊，1841年创刊)

29. Journal of the American Chemical Society(半月刊，1879年创刊)

30. 中国知网(http://www.cnki.net)
31. 万方数据知识服务平台(https://www.wanfangdata.com.cn/index.html? index=true)
32. 国家知识产权局(https://www.cnipa.gov.cn/col/col1510/)
33. 中国专利信息中心(http://www.cnpat.com.cn/)
34. 中国化学会(http://www.chemsoc.org.cn/)
35. 中国化工网(http://china.chemnet.com/)
36. 中国化工仪器网(http://www.chem17.com/)
37. 中国化学仪器网(http://www.chemshow.cn/)
38. 实验室信息网(http://www.lab365.com/)
39. 爱化学(http://www.ichemistry.cn/chemtool/chemicals.asp)
40. 百灵威科技(http://www.jkchemical.com/)
41. 危险化学品 MSDS 数据库(https://organchem.csdb.cn/scdb/main/msds_introduce.asp)
42. 国家虚拟仿真实验教学课程共享平台(HTTPS://WWW.ILAB-X.COM/LOGIN)
43. 欧洲专利局:http(//www.epo.org/)
44. 全球标准查询网(http://www.standard123.com/)
45. 英国皇家化学学会(RSC)期刊及数据库(http://www.rsc.org)
46. Belstein/Gmelin Crossfire 数据库(http://www.mdli.com/products/products.htmL)
47. 美国化学学会(ACS)数据库(http://pubs.acs.org)
48. 美国专利商标局网站数据库(http://www.uspto.gov)
49. 美国化学工业网(http://www.chemindustry.com)
50. 美国化学文摘网(http://www.cas.org/)

学，2020, 47(22): 4185-4189.

[71] 赵紫奉，李韶斌，孔抗美. 基于决策树算法的疾病诊断分析[J]. 中国卫生信息管理杂志，2011(5): 3.

[72] 曾波，李树良，孟伟. 灰色预测理论及应用[M]. 北京：科学出版社，2020.

[73] 曾祥艳，何芳丽. 区间数序列的数学模型预测技术[M]. 北京：北京交通大学出版社，2020.

[74] 周志华. 机器学习[M]. 北京：清华大学出版社，2016.

101-113.
[47] 陈强. 高级计量经济学及 Stata 应用[M]. 2 版. 北京：高等教育出版社，2014.
[48] 邓聚龙. 灰理论基础[M]. 武汉：华中科技大学出版社，2002.
[49] 董锋，谭清美，周德群. 多指标面板数据下的企业 R&D 能力因子分析[J]. 研究与发展管理，2009, 21(03): 50-56.
[50] 黄宏斌，翟淑萍，陈静楠. 企业生命周期融资方式与融资约束[J]. 金融研究，2016, (7): 96-112.
[51] 李航. 统计学习方法[M]. 2 版. 北京：清华大学出版社，2019.
[52] 李琳，谈肸，徐洁. 长江中游城市群市场一体化水平评估与比较[J]. 城市问题，2016(10): 12-21.
[53] 李因果，何晓群. 面板数据聚类方法及应用[J].统计研究，2010, 27(09): 73-79.
[54] 李因果. 面板数据多远统计分析：理论、方法及应用[M]. 北京：经济科学出版社，2020.
[55] 连玉君，廖俊平. 如何检验分组回归后的组间系数差异[J]. 郑州航空工业管理学院学报，2017, 35(6): 97-109.
[56] 梁洪川，韩宏，郎素平，等. 似乎不相关回归模型及其在老年认知功能研究中的应用[J]. 中国卫生统计，2005(06): 362-364+372.
[57] 林晓曼，林德钦. 投资者情绪与上证综指收益率及波动率关系实证研究[J]. 吉林工商学院学报，2020, 36(03): 58-63.
[58] 刘思峰，杨英杰，吴利丰，等. 灰色系统理论及其应用[M]. 北京：科学出版社，2014.
[59] 任娟. 多指标面板数据融合聚类分析[J]. 数理统计与管理，2013, 32(01): 57-67.
[60] 谈肸. 长江经济带三大城市群市场一体化评价与一体化模式研究[D]. 长沙：湖南大学，2017.
[61] 汪卢俊，骆永民. 中国房价泡沫的城市差异与扩散特征[J]. 统计与决策，2020.4(19): 86-90.
[62] 王晓红，李雅欣. 数字经济对经济高质量发展的影响研究——基于 2013-2018 年省级面板数据[J]. 经济视角，2021, 40(01): 44-53.
[63] 王燕妮. 基于自由现金流的高管激励与研发投入关系研究[J]. 科学学与科学技术管理，2013, (4): 143-149.
[64] 魏星集，夏维力，孙彤彤. 基于 BW 模型的 A 股市场投资者情绪测度研究[J]. 管理观察，2014(33): 71-73.
[65] 仵豪. 基于机器学习的糖尿病预测系统研究[D]. 北京交通大学，2020.
[66] 谢申祥，刘生龙，李强. 基础设施的可获得性与农村减贫——来自中国微观数据的经验分析[J]. 中国农村经济，2018(05): 112-131.
[67] 张茂军，饶华城，南江霞，等. 基于决策树的量化交易择时策略[J]. 系统工程，2022, 40(02): 118-130.
[68] 张舒. 我国社会消费品零售总额影响因素分析[J]. 全国流通经济，2019(03): 3-6.
[69] 张学工. 关于统计学习理论与支持向量机[J]. 自动化学报，2000, 26(1): 11.
[70] 赵建国，贾巧娟，王丽莹，等. 气象因素对登革热传播影响的研究进展[J]. 现代预防医